新编21世纪高等职业教育精品教材
装备制造类

U0853181

电气控制与PLC技术应用

主　审◎邹敏明
主　编◎汪志敏　包西平　刘魏晋
副主编◎汪建武　赵益斌　麦兆昌
胡珂瑞　周月侠　严仕先
郑春梅　廖昌明　杜选福

中国人民大学出版社
·北京·

图书在版编目（CIP）数据

电气控制与PLC技术应用 / 汪志敏，包西平，刘魏晋主编. -- 北京：中国人民大学出版社，2025. 6.
（新编21世纪高等职业教育精品教材）. -- ISBN 978-7-300-33976-4

Ⅰ. TM571.2；TM571.61

中国国家版本馆CIP数据核字第2025XV9618号

新编21世纪高等职业教育精品教材·装备制造类

电气控制与PLC技术应用

主　审　邹敏明

主　编　汪志敏　包西平　刘魏晋

副主编　汪建武　赵益斌　麦兆昌　胡珂瑞　周月侠　严仕先　郑春梅
　　　　廖昌明　杜选福

Dianqi Kongzhi yu PLC Jishu Yingyong

出版发行	中国人民大学出版社		
社　　址	北京中关村大街31号	**邮政编码**	100080
电　　话	010－62511242（总编室）		010－62511770（质管部）
	010－82501766（邮购部）		010－62514148（门市部）
	010－62515195（发行公司）		010－62515275（盗版举报）
网　　址	http://www.crup.com.cn		
经　　销	新华书店		
印　　刷	中煤（北京）印务有限公司		
开　　本	787 mm × 1092 mm　1/16	**版　　次**	2025年6月第1版
印　　张	17	**印　　次**	2025年6月第1次印刷
字　　数	343 000	**定　　价**	56.00元

版权所有　侵权必究　　　印装差错　负责调换

P R E F A C E

前言

党的二十大报告指出，教育、科技、人才是全面建设社会主义现代化国家的基础性、战略性支撑。教育是国之大计、党之大计。职业教育是我国教育体系的重要组成部分，肩负着“为党育人、为国育才”的神圣使命。本书以习近平新时代中国特色社会主义思想为指导，深入贯彻落实党的二十大精神，将思想道德建设与专业素质培养融为一体，着力培养爱党爱国、敬业奉献、具有工匠精神的高素质技能人才。

当前，全球制造业正经历新一轮科技革命与产业变革，工业自动化技术作为智能制造的核心驱动力，对高素质技能人才的需求日益迫切。党的二十大报告明确指出，要“统筹职业教育、高等教育、继续教育协同创新，推进职普融通、产教融合、科教融汇，优化职业教育类型定位”，为新时代职业教育高质量发展指明了方向。

鉴于此，我们精心编写了这本PLC教材，旨在为读者提供一个系统、全面、实用的学习平台。本书以低压电器与电气电路知识作为开篇，培养读者的电气控制思维。本书的中间部分讲解PLC的基本原理、工作指令、编程方法等知识，帮助读者了解PLC的指令系统和应用。教材的项目6~8介绍了KTP700触摸屏、TPC7062Ti触摸屏、步进电动机、编码器和变频器，以及相应的画面组态、高速脉冲、高速计数器等知识。

本书不仅适合作为高等职业院校机电一体化、自动化、电气工程等专业的教材，也适合作为工程技术人员的自学参考书。在编写过程中，我们力求做到以下四点。

一、内容全面，结构清晰

本书从低压电器知识入手，介绍了PLC原理、工作指令、编程方法，以及PLC控制系统常见的外围设备等。每一个项目都按照循序渐进的原则进行编排，确保读者能够逐步掌握PLC的整体控制思维。

二、理论与实践相结合

本书在介绍PLC理论知识的同时，还穿插了大量的实例分析和实验项目，帮助读者将所学知识应用于实际问题的解决。通过这些实践环节，读者可以加深对PLC工作原理和编程技巧的理解，提高解决实际问题的能力。

三、注重前沿技术与发展趋势

随着智能制造技术的不断发展，PLC也在不断地进行技术革新和升级。本书在介绍传统PLC技术的同时，还融合了PLC在智能制造等新兴领域的应用和发展趋势，为读者提供了更广阔的视野和更深入的思考。

四、强调工程素养与创新能力培养

除了传授PLC的专业知识外，本书还注重培养读者的工程素养和创新能力。通过案例分析、问题讨论等方式，引导读者学会如何运用所学知识解决实际问题、如何在实际工作中进行技术创新和改进。

最后，我们衷心感谢所有为本书编写提供支持和帮助的同事、朋友和学生。同时，本书在编写过程中得到了行业企业专家、职业教育研究机构的大力支持，在此深表谢意。由于编者水平有限，书中难免存在疏漏之处，恳请广大读者批评指正。

编者

C O N T E N T S

目录

项目1

低压电器与电气控制电路

【情境导入】

低压电器产品种类繁多，主要包括以下十二大类产品：刀开关和刀形转换开关、熔断器、断路器、控制器、接触器、起动器、控制继电器、主令电器、电阻器及变阻器、调整器、电磁铁、其他低压电器。电气控制技术是以采用各类电动机来驱动的传动装置与系统为对象，实现生产过程自动化的控制技术。电气控制系统是由各种控制电器和连接导线组成，以实现对机械设备进行电气控制的系统，是电气控制技术具体体现的主干部分，是实现工业生产自动化的重要技术手段。

低压电器是组成低压电气控制线路的基本器件。在工厂中常用继电器、接触器、按钮和开关等电器组成电动机的起动、停止、反转和制动控制线路。电气控制系统的可靠性、先进性、经济性与所用的低压电器有着直接的关系。

【内容图谱】

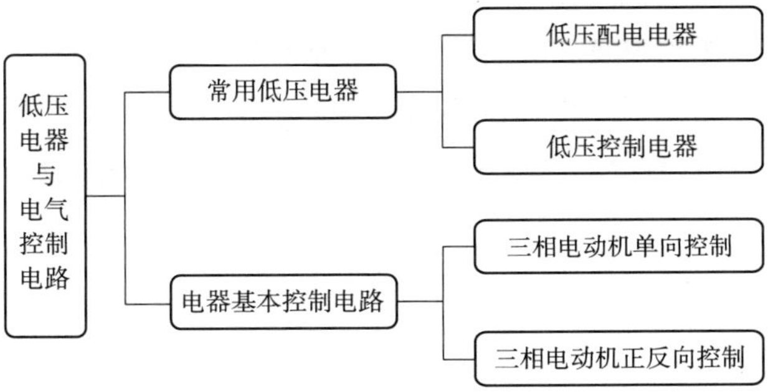

【重点、难点】

重点内容：低压电器的选型、图形及文字符号；电气控制电路。

难点内容：低压电器的选型及电气控制电路设计。

【立德树人】

低压电器按照一定的控制原则组合在一起构成低压电气控制线路，实现电动机等负载按照要求运行，其中各低压电器分别发挥各自的功能作用，既各自独立又有机统一。就像我们的伟大祖国，各单位、各团体乃至个人都是社会的一分子，在党的集中统一领导下，人人都各尽其责、各尽所能地建设我们的伟大祖国，才能形成推动社会前进的磅礴力量，进而推动中国式现代化不断向前，最终实现中华民族的伟大复兴。

任务1.1 常用低压电器

【任务描述】

凡是自动和手动接通和断开电路，以及能实现对电路或非电对象进行切换、控制、保护、检测、变换和调节目的的电器元件统称为电器。低压电器是指用于交流额定电压1200V及以下、直流额定电压1500V及以下的电路中起通断、保护、控制或调节作用的电器产品。

低压电器根据用途和功能，可以分为低压配电电器和低压控制电器。低压配电电器主要用于主电路中，功能是控制电能的分配和保护电路的安全运行，主要有刀开关、低压断路器、转换开关、熔断器等。对配电电器的主要技术要求是分断能力强、限流效果和保护性能好、有良好的动稳定性和热稳定性。

低压控制电器主要用于辅助电路中，功能是控制主电路中负载设备的运行状态，起到信号传递的作用。低压控制电器主要有接触器、继电器、主令电器等，主要的技术要求是有相应的转换能力、操作频率高、电器寿命和机械寿命长。

通过本任务，掌握常用低压电器的型号、功能、应用场景，熟悉常用低压电器的图形符号和文字符号，进行简单电气控制线路中的器件选型、器件检测与维护维修。

【任务目标】

1. 知识目标

- 了解低压电器的定义、分类、功能及使用场景。
- 掌握低压电器的图形符号及文字符号。

2. 技能目标

- 能够根据实际需求及使用场合，选择合适型号的低压电器。
- 能够绘制常用低压电器的图形符号、正确书写其文字符号。

【任务实施】

1.1.1 低压配电电器

1. 低压断路器

低压断路器即低压自动空气开关，又称自动空气断路器，是一种既能手动通断电路，又能自动进行欠压、失压、过载和短路保护的电器。

低压断路器具有操作安全、工作可靠、动作值可调、分断能力较高等优点，广泛应用于保护线路和电气设备，是低压配电网络和电力拖动系统中常用的重要保护电器之一。常见的低压断路器外形如图1–1所示。

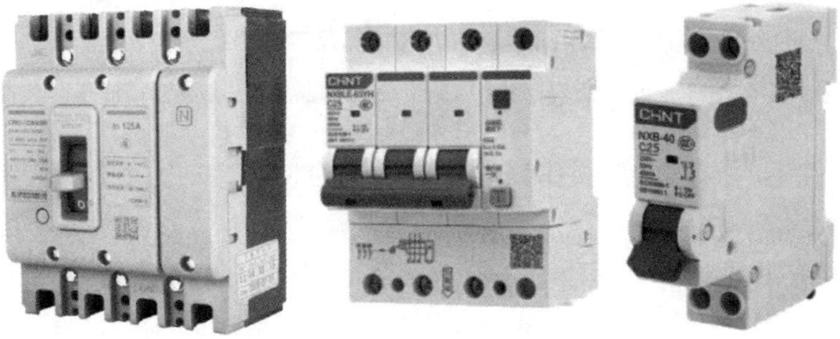

图1–1 常见的低压断路器外形

（1）常见低压断路器的结构与参数标识。

从外部看，低压断路器由外壳、操作手柄、接线孔、导轨卡扣等组成，其中在外壳上一般会有该断路器的参数标识，如额定电压、额定电流、产品特征、产品极数、接线方式、安装方式、产品功能、产品认证等，如图1–2所示。

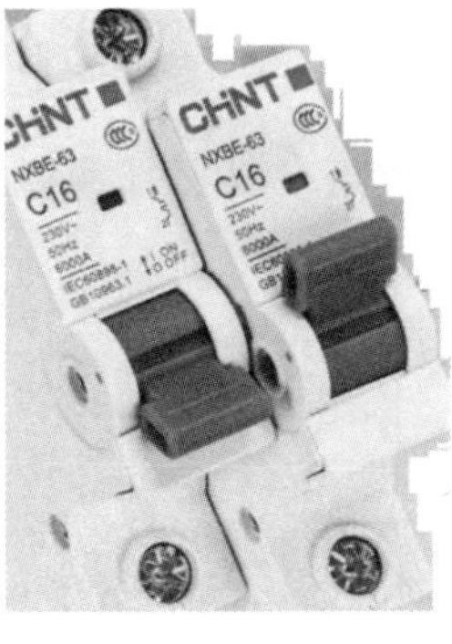

图1–2 低压断路器的结构与参数标识

（2）低压断路器的内部结构与工作原理。

低压断路器由操作机构、触头、保护装置（各种脱扣器）、灭弧系统及外壳等组成。

低压断路器的内部结构及工作原理如图 1–3 所示。

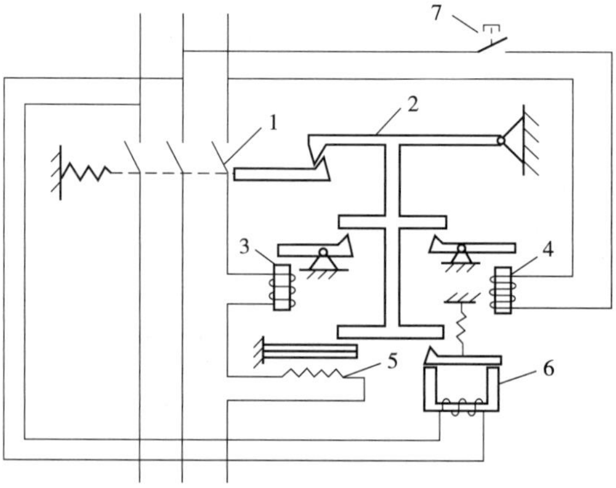

图 1–3　低压断路器的内部结构及工作原理示意图

1—主触头；2—自由脱扣器；3—过电流脱扣器；4—分磁脱扣器；5—热脱扣器；6—欠压脱扣器；7—按钮

使用低压断路器时，将主触头串联在三相电路中。当手动或电动合闸时，外力使自由脱扣克服反作用弹簧的反作用力，将主触头锁在合闸位置上，主触头处于接通状态。

当电路发生短路或严重过载时，磁场将过电流脱扣器的衔铁吸合，使自由脱扣器动作，主触头断开。

当电路过载时，热脱扣器的热元件发热，使双金属片向上弯曲，推动自由脱扣器动作，主触头断开。

当电路欠电压时，欠压脱扣器产生的磁力不足以将衔铁吸合，在弹簧的作用下衔铁释放，推动自由脱扣器动作，主触头断开。

分磁脱扣器用于远距离控制，正常工作时其线圈是断电的，当需要远距离控制时，按下按钮使线圈通电，衔铁吸合，推动自由脱扣器动作，主触头断开。

（3）低压断路器符号。

低压断路器的文字、图形符号如图 1–4 所示。

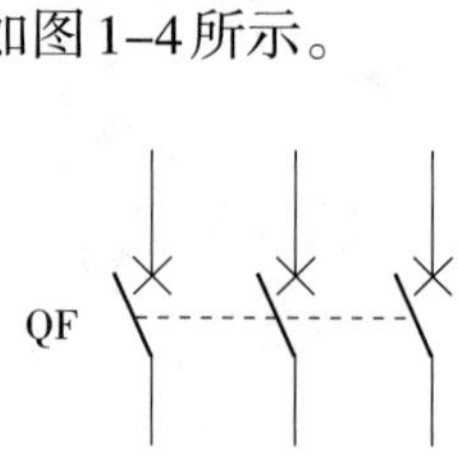

图 1–4　低压断路器的文字、图形符号

2. 刀开关

刀开关是一种结构简单的手控低压电器，俗称闸刀，广泛用于照明电路和容量小于 7.5kW、不频繁起动的动力电路的控制电路。刀开关主要由操作手柄、触刀、静触头、瓷底座组成。

安装刀开关时，瓷底座应与地面垂直，易于操作。不得倒装或平装刀开关，避免触刀因自重落下而引起误合闸，危及人身和设备安全。刀开关的外形与结构如图1–5所示。

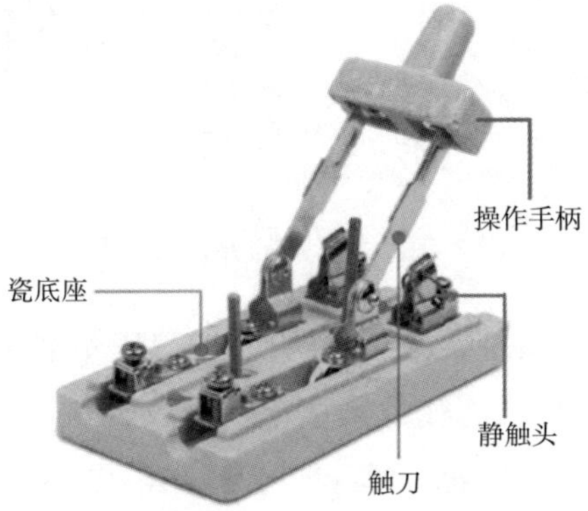

图1–5　刀开关的外形与结构

刀开关按刀数分为单级、双级、三级，对应的文字、图形符号如图1–6所示。

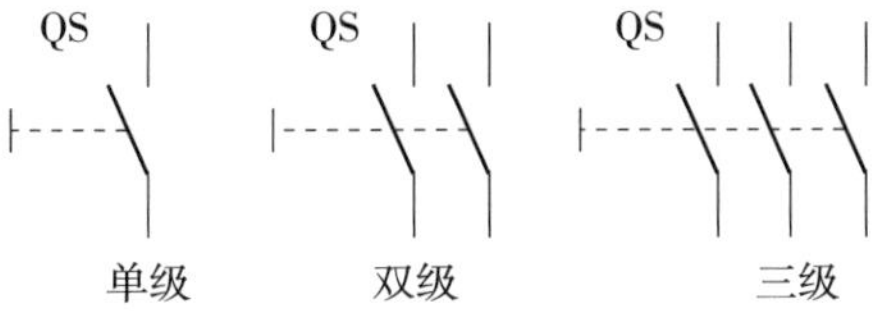

图1–6　刀开关对应的文字、图形符号

3. 熔断器

熔断器是一种当电流超过规定值一定时间后，以它本身产生的热量使熔体熔化而分断电路的电器。熔断器广泛应用于低压配电系统，也可在用电设备中用作短路和过电流保护。由于熔断器具有结构简单、价格便宜、使用维护方便等优点，因此得到了广泛应用。

熔断器一般由熔体（俗称保险丝）和安装熔体的熔管（或熔座）两部分组成。熔体是熔断器的主要组成部分，熔体的材料通常有两种，一种是由铅、铅锡合金、锌等制成的低熔点材料，另一种是由银、铜等制成的较高熔点材料。熔管是熔体的保护外壳，由陶瓷、绝缘钢纸或玻璃纤维等耐热绝缘材料制成，在熔体熔断时兼有灭弧作用。熔断器的外形及符号如图1–7所示。

使用熔断器时，需要配合底座进行接线，串联在被保护的电路中。当电路正常工作时，熔体允许通过一定大小的电流而不会熔断。当电路发生严重过载或短路时，熔体能在瞬间熔断。更换熔体时应切断电源，并用相同额定电流的熔体更换，不得随意加大、加粗熔体或用铜线代替。

图1–7　熔断器的外形及符号

选用熔断器，应遵循以下原则：①对照明和电热等负载电流较稳定设备的短路保护，熔体的额定电流应等于或稍大于负载的额定电流；②对一台运行稳定、不经常起停的电动机的短路保护，应考虑电动机起动时电流较大，熔断器不能熔断，$I_{RE} \geqslant (1.5 \sim 2.5) I_E$；③对多台电动机的短路保护，$I_{RE} \geqslant (1.5 \sim 2.5) I_{Emax} + \sum I_E$。

其中，I_{RE}指熔断器的额定电流，I_E指电动机的额定电流，I_{Emax}指多台电动机中功率最大的一台电动机的额定电流，$\sum I_E$指多台电动机中除功率最大的一台电动机外，其余电动机的额定电流之和。

1.1.2　低压控制电器

1. 按钮

按钮是在低压控制电路中，用于手动发出指令或信号的电器。按钮一般由按钮帽、复位弹簧、支柱连杆、动触点、常开触点、常闭触点及外壳等部分组成，按钮外形及结构如图1–8所示。图1–8右图中1、2是常闭触点，3、4是常开触点。

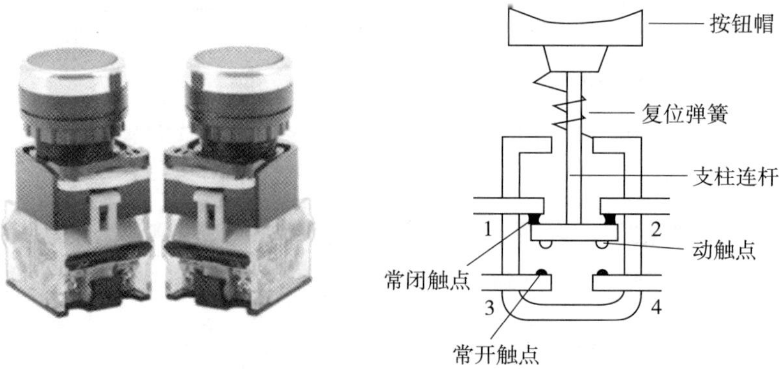

图1–8　按钮外形及结构图

操作时，操作人员将按钮帽往下按，动触点就向下运动，先与常闭触点断开，再与常开触点接通。一旦操作人员的手指离开按钮帽，在复位弹簧的作用下，动触点向上运动，恢复初始位置。根据单个功能或复合功能，按钮对应的符号如图1–9所示。

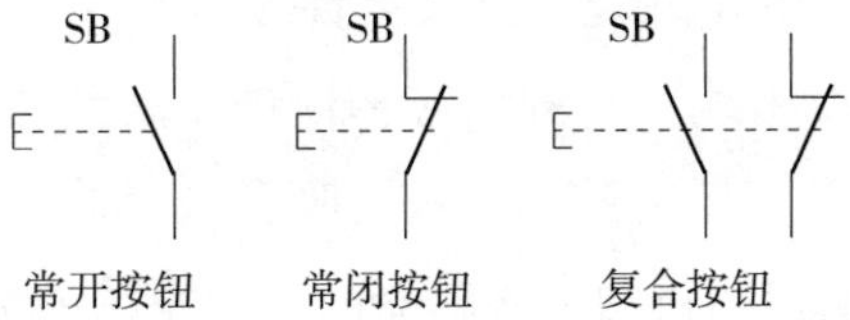

图1–9　按钮符号图

为了便于操作人员识别，避免发生误操作，生产中采用不同颜色的按钮帽来区分按钮的功能及作用。起动按钮的按钮帽一般采用绿色，停止按钮的按钮帽一般采用红色。

2. 行程开关

行程开关又称限位开关，是一种利用生产机械的某些运动部件的撞击来发出控制信号的主令电器。行程开关主要用于生产机械的运动方向、行程大小控制或位置保护等。

行程开关有常开触点与常闭触点，由机械运动部件来撞动触点。当运动部件到达一定的行程位置时，撞动行程开关，使其常开触点闭合，常闭触点断开。

行程开关的结构、工作原理与按钮大体相同，区别在于行程开关不是由手触碰的，而是利用运动部件使其触点动作。行程开关的外形与符号如图1–10所示。

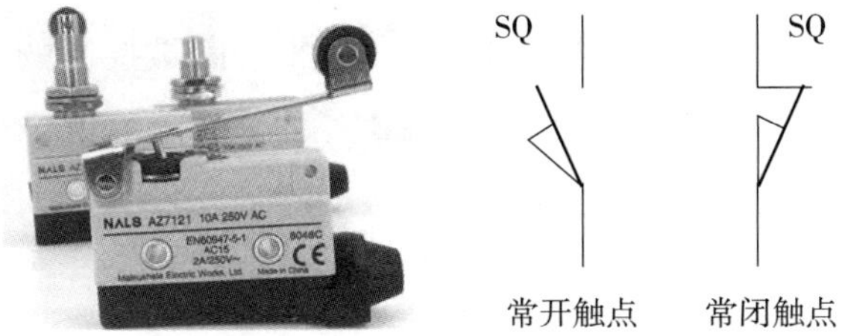

图1–10　行程开关的外形与符号

3. 接触器

接触器是一种用于远距离频繁地接通或断开交直流主电路及大容量控制电路的自动切换电器，在电力拖动自动控制系统中大量应用。在功能上，接触器除能自动切换电器外，还具有欠电压释放保护功能。在PLC控制系统中，接触器常作为输出执行元件，用于控制电动机、电热设备、电焊机、电容器组等负载，具有控制容量大、工作可靠、操作频率高、使用寿命长等优点，接触器外形如图1–11所示。

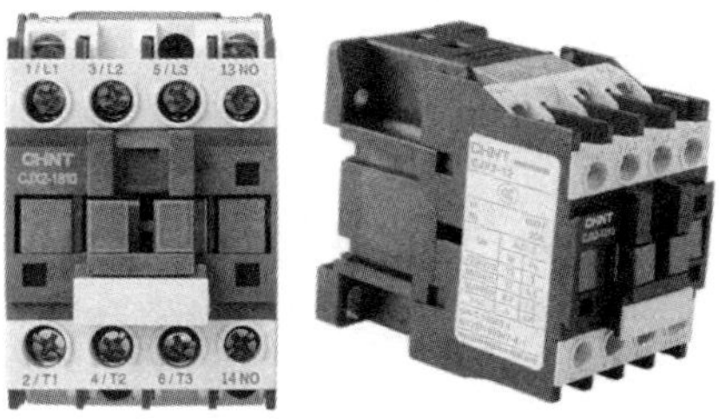

图1–11　接触器外形

（1）接触器的内部结构及工作原理。

接触器主要由电磁系统、触点系统、灭弧装置等组成。

电磁系统。电磁系统主要由线圈、静铁芯和衔铁（动铁芯）三部分组成。电磁系统的作用是利用线圈的通电或断电，使衔铁和静铁芯吸合或释放，从而带动动触点与静触点闭合或分断，实现接通或断开电路的目的。接触器的电磁系统内部结构示意图如图1–12所示。

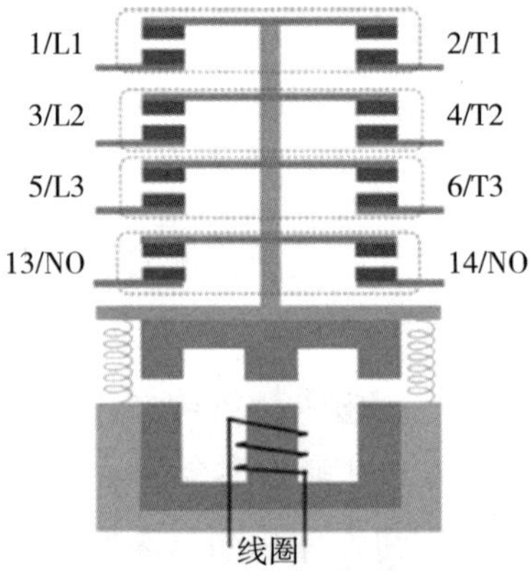

图1–12　接触器的电磁系统内部结构

触点系统。触点系统是接触器的执行元件，用来通断被控制的电路。按触点的接触情况划分，可分为点接触式、线接触式和面接触式三种。按触点的结构形式划分，有桥式触点和指形触点两种。若按通断能力划分，交流接触器的触点分为主触点和辅助触点，主触点用以通断电流较大的主电路，辅助触点用以通断电流较小的控制电路。按触点的初始状态可分为常开触点和常闭触点。

灭弧装置。接触器在断开大电流或高电压电路时，在动、静触点之间会产生很强的电弧，这是气体自持放电形式之一。电弧的产生，一方面会灼伤触点，减少触点的使用寿命；另一方面会使电路切断时间延长，甚至造成弧光短路或引起火灾事故。因此，电流在10A以上的接触器中都装有灭弧装置，有的还带有磁吹灭弧装置。

接触器的工作原理：当接触器的线圈通电后，线圈中流过的电流产生磁场，使铁芯产生足够大的吸力，克服反作用弹簧的反作用力，将衔铁吸合，通过传动机构带动触点动作，即常闭触点断开，常开触点闭合。当接触器线圈断电或电压显著下降时，由于电磁吸力消失或过小，衔铁在弹簧反作用力的作用下复位，带动各触点恢复到原始状态。

（2）接触器的分类。

接触器按主触点通过电流的种类，可分为交流接触器和直流接触器两种；按其主触点系统的驱动方式，可分为电磁式接触器、气动式接触器和液压式接触器等多种，其中电磁式接触器应用最广泛。

（3）接触器的选用。

1）接触器的额定电压是指主触点的额定电压应等于负载的额定电压。通常交流接触器电压等级有380V、660V、1140V等。直流接触器电压等级有220V、440V、660V等。

2）接触器的额定电流是指主触点的额定电流，应等于或稍大于负载的额定电流。

3）电磁线圈的额定电压等于控制电路的电源电压，通常交流电磁线圈电压等级有36V、127V、220V、380V等；直流电磁线圈电压等级有24V、48V、110V、220V等。使用时交流负载一般用交流接触器，直流负载用直流接触器，但对于频繁动作的交流负载，可选用带直流电磁线圈的交流接触器。

4）接触器的触点数目应能满足控制线路的要求。各种类型的接触器触点数目不同，接触器的主触点一般有3对（常开触点），辅助触点有若干对（常见的有2对常开触点、2对常闭触点）。

5）接触器的额定操作频率是指每小时接通的次数，通常交流接触器为600次/h；直流接触器为1200次/h。

（4）接触器的符号如图1–13所示。

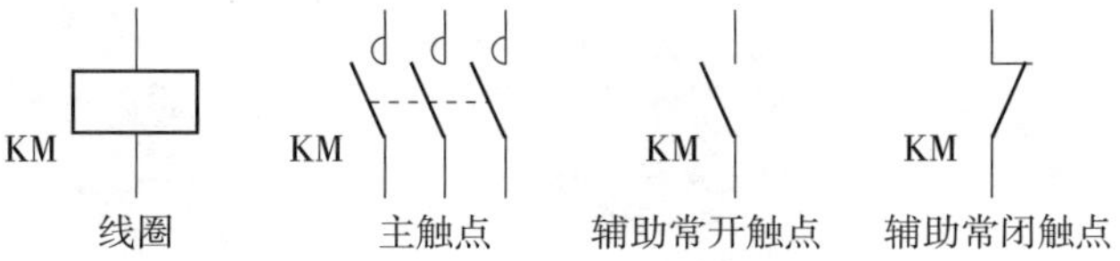

图1–13　接触器的符号

4. 中间继电器

中间继电器是一种根据输入电压信号接通或断开小电流电路，实现远距离自动控制的低压电器。中间继电器的内部构造与接触器类似，也由电磁机构和触点等组成，输入信号是线圈的通电和断电，输出信号是触点的动作。中间继电器的内部结构图如图1–14所示。

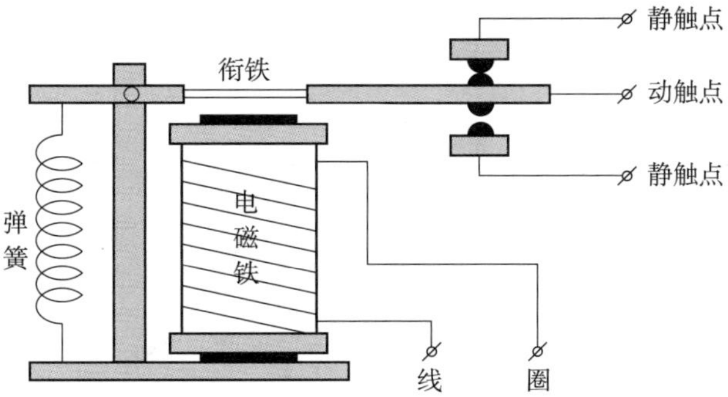

图1–14　中间继电器的内部结构图

中间继电器的符号如图1–15所示。

图1-15　中间继电器的符号

中间继电器与接触器的区别主要是中间继电器用来通断小电流控制电路，接触器用来控制大电流电路；中间继电器没有灭弧装置，也无主辅触点之分。同接触器相比，中间继电器具有触点分断能力小、结构简单、体积小、重量轻、反应灵敏、动作准确、工作可靠等特点。

中间继电器常见的线圈额定电压有交流12V、36V、127V、220V；直流12V、24V、48V，等等。图1-16所示是直流24V中间继电器外形，带针脚的部件是继电器本体，带针孔的部件是继电器底座，用于继电器的固定和接线。

图1-16　直流24V中间继电器外形

中间继电器的针脚均有编号，中间继电器上会有图形说明，图1-17所示为某中间继电器针脚编号，该中间继电器9和5、10和6、11和7、12和8构成4对常开触点，9和1、10和2、11和3、12和4构成4对常闭触点，13和14是线圈。使用该中间继电器时，需要在底座上找到对应编号的螺钉，正确接入电路就可以使用。

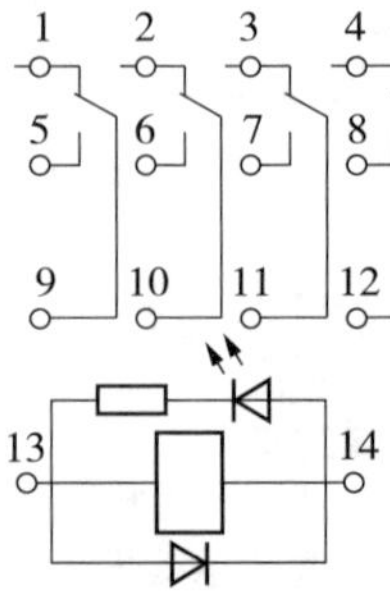

图1-17　某中间继电器针脚编号

5. 热继电器

热继电器是利用电流流过热元件时产生的热量，使双金属片发生弯曲而推动执行机构动作的一种保护电器。主要用于电动机的过载保护、断相保护、三相电流不平衡运行的保护及其他电气设备发热状态的控制。热继电器常和交流接触器配合组成电磁起动器，广泛用于电动机的长期过载保护。热继电器外形如图1–18所示。

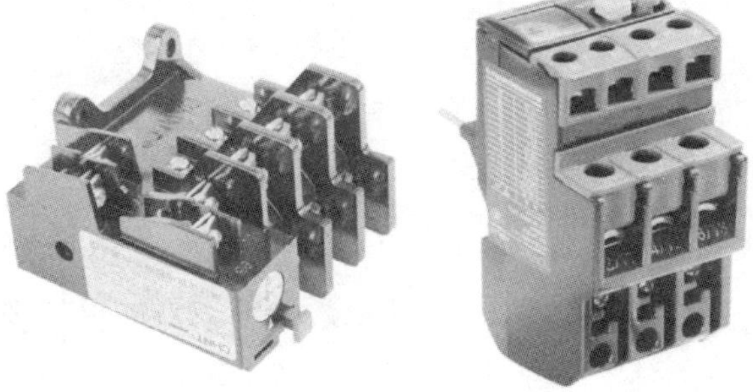

图1–18　热继电器外形

热继电器主要由热元件、触点系统、动作机构、电流整定装置、复位机构等部分组成。热元件是热继电器的主要组成部分，由双金属片和绕在外面的电阻丝组成。双金属片是由两种热膨胀系数不同的金属片复合而成的，金属片的材料多为铁镍铬合金、铁镍合金等。电阻丝一般用康铜、镍铬合金等材料制成。

使用时，将热继电器的热元件串接在电动机的主电路中，常闭触点串接在控制电路的接触器线圈回路中。当电动机过载时，流过电阻丝的电流超过热继电器的整定电流，电阻丝发热，双金属片向左弯曲，推动导板向左移动，从而推动触点系统动作，动触点与静触点分开，使接触器线圈断电，接触器触点断开，将电源切除，起保护作用。电源切除后，双金属片逐渐冷却恢复原位，于是动触点在失去作用力的情况下，靠弹簧的弹性自动复位，也可手动复位。图1–19所示为热继电器结构示意图。

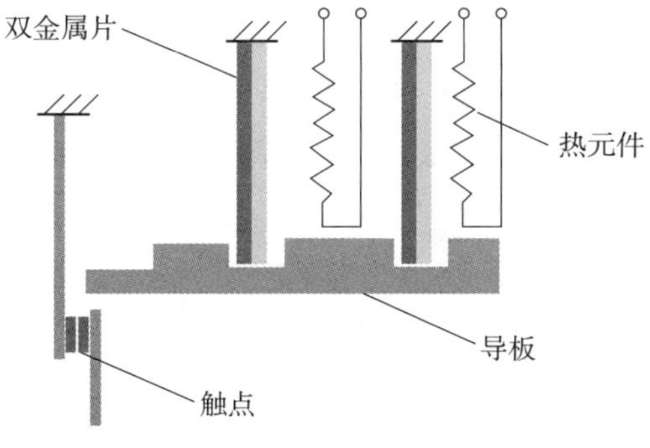

图1–19　热继电器结构示意图

热继电器符号如图 1–20 所示。

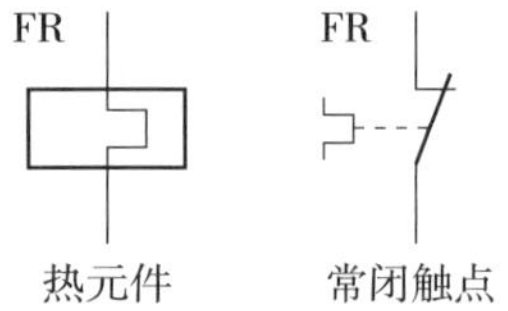

图 1–20　热继电器符号

6. 接近开关

接近开关是一种无需与运动部件直接接触，就能测量位置的非接触式行程开关。接近开关与待检测部件接近，达到一定距离时，就能感应到并发出动作信号，而不需要像机械行程开关那样，直到接触、撞击，才能发出信号。接近开关克服了行程开关的多个不足之处，具有安装位置灵活、响应速度快、检测距离远等多种优点，被应用于众多行业领域。接近开关外形如图 1–21 所示。

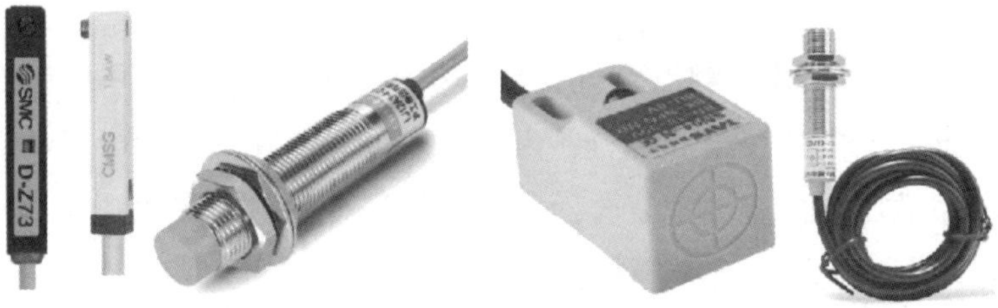

图 1–21　接近开关外形

接近开关应用在电气控制中的功能与行程开关类似，主要有常开、常闭触点功能，接近开关符号如图 1–22 所示。

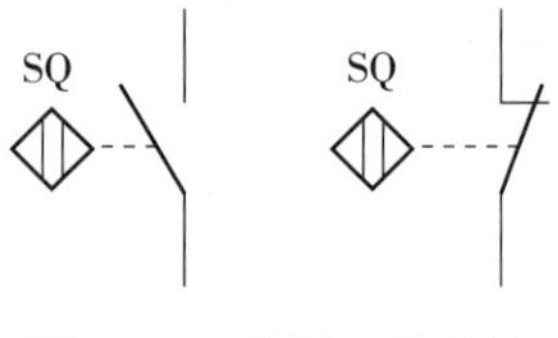

图 1–22　接近开关符号

任务1.2 电气基本控制电路

【任务描述】

通过本任务，选择常用的低压电器。通过继电接触控制的方式，进行简单电气控制线路的设计、安装、调试及维护维修。

【任务目标】

1. 知识目标

- 掌握继电接触式单向点动控制、连续运行控制的设计原理。
- 掌握继电接触式正反转连续运行控制的设计原理。

2. 技能目标

- 能够根据实际需求及使用场合选择低压电器，实现电动机基本控制电路的设计。
- 能够实现电动机基本控制电路的安装、接线、调试。

【任务实施】

1.2.1 三相电动机单向控制

1. 三相电动机的单向点动控制

电气设备工作时常常需要进行点动调整，需要用点动控制电路来完成。点动控制是指按下按钮时，电动机通电起动、运行，松开按钮时，电动机断电、停止，点动控制电路是最简单的控制电路。

采用按钮和接触器实现点动控制的电路如图1–23所示，其中左图是主电路，右图是控制电路。当按下按钮SB1时，接触器KM1的线圈得电，其主触点闭合，三相电动机运转；松开按钮SB1时，接触器KM1的线圈断电，其主触点断开，三相电动机停止运转。

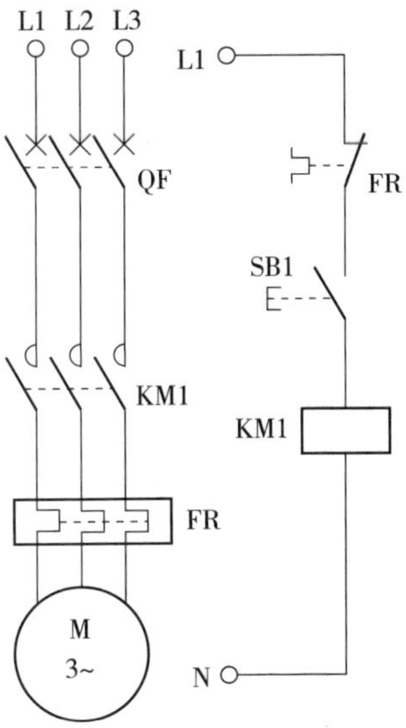

图1–23 点动控制电路图

2. 三相电动机的连续运行控制

图1–24所示为电动机连续运行控制电路图，电路分为主电路和控制电路两部分。主电路由接触器KM1的主触点接通或断开三相交流电源，控制电路由按钮和接触器触点等组成，用来

控制接触器KM1线圈的通电、断电，实现对主电路的控制。

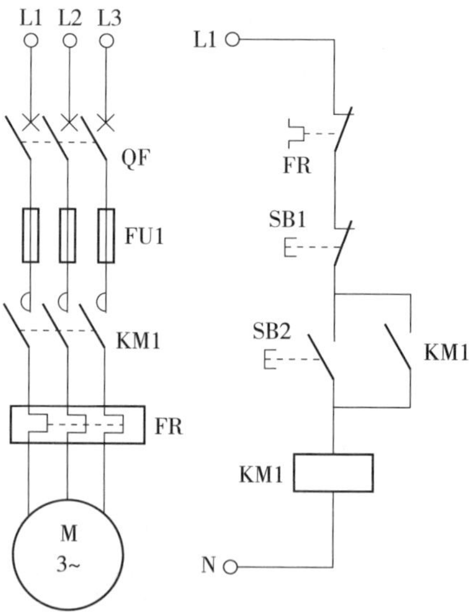

图1-24　电动机连续运行控制电路图

电动机起动过程：合上电源开关QF→按下按钮SB2→KM1线圈通电→KM1主触点闭合，电动机得电起动、运行。同时，KM1的辅助常开触点闭合，当松开按钮SB2后，KM1线圈继续得电，电动机保持连续运行。

电动机停止过程：按下按钮SB1→ KM1线圈失电，KM1主触点断开、KM1辅助常开触点均断开，电动机停止运行。

图1-24中接触器KM1通过自身辅助常开触点与起动按钮并联。保证线圈连续通电、常开触点连续闭合的电路称为自锁电路，其具有自锁功能的辅助常开触点，称为自锁触点。

图1-24中按钮SB2使电动机运行，为起动按钮。按钮SB1使电动机停止运行，为停止按钮。KM1自锁触点，使电动机能保持持续运行状态，该电路因具有起动、停止、保持运行功能，也称为起保停电路。

单相起保停运转控制电路所具有的保护环节：

（1）短路保护。主电路和控制电路分别由熔断器FU1实现短路保护。当主电路出现短路故障时，能迅速有效地断开电源，实现对电器和电动机的保护。

（2）过载保护。由热继电器FR实现对电动机的过载保护。当电动机出现过载且超过规定时间时，热继电器的双金属片过热变形，推动导板，经过传动机构，使动断辅助触点断开，从而使接触器线圈失电，电动机停转，实现过载保护。

（3）欠压保护。当电源电压由于某种原因而下降时，电动机的转矩将显著下降，将使电动机无法正常运转，甚至引起电动机堵转而烧毁。采用具有自锁功能的控制电路可避免出现这种事故。因为当电源电压低于接触器线圈额定电压的75%左右时，接触器就会释放，自锁触点断开，同时主触点也断开，使电动机断电，起到保护作用。

（4）失压保护。电动机正常运转时，电源可能停电，当恢复供电时，如果电动机自行起动，很容易造成设备和人身事故。采用带自锁功能的控制电路后，断电时由于自锁触点已经断开，当恢复供电时，电动机不能自行起动，从而避免了事故的发生。

3. 三相电动机的单向点动与连续运转混合控制

三相电动机的单向点动与连续运转混合控制电路图如图1–25所示。当转换开关SA1接通时，自锁电路有效，电路为连续控制；当转换开关SA1断开时，自锁电路被断开，电路为点动控制。

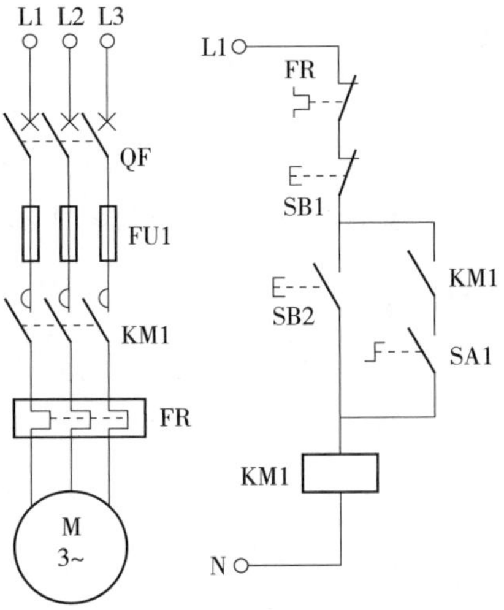

图1–25　三相电动机的单向点动与连续运转混合控制电路图

1.2.2　三相电动机正反向控制

机械运动部件经常需要实现正反两个方向的运动，这就要求拖动电动机有正反两个运转方向。根据电动机原理可知，改变电动机三相电源的任意两相相序，即可改变电动机的运转方向。

三相电动机的正反向运转，使用两个接触器（继电器），其中一个控制电动机正转相序通断电，另一个控制电动机反转相序通断电。控制电路需要完成两个接触器（继电器）的起保停控制，以及相应的保护电路，共同完成三相电动机的正反向运转控制。

1. 没有互锁保护的电动机正反转控制电路

在图1–26所示主电路中，KM1主触点通电相序为正转方向，KM2主触点通电相序为反转方向。

在图1–26所示控制电路中，按钮SB2给KM1线圈通电并自锁，起动电动机正转并连续运行。按钮SB3给KM2线圈通电并自锁，起动电动机并连续反转。当先后按下按钮SB2、SB3时，KM1、KM2线圈同时得电，造成主电路短路。因此，该电路的可靠性很差，一般不采用。

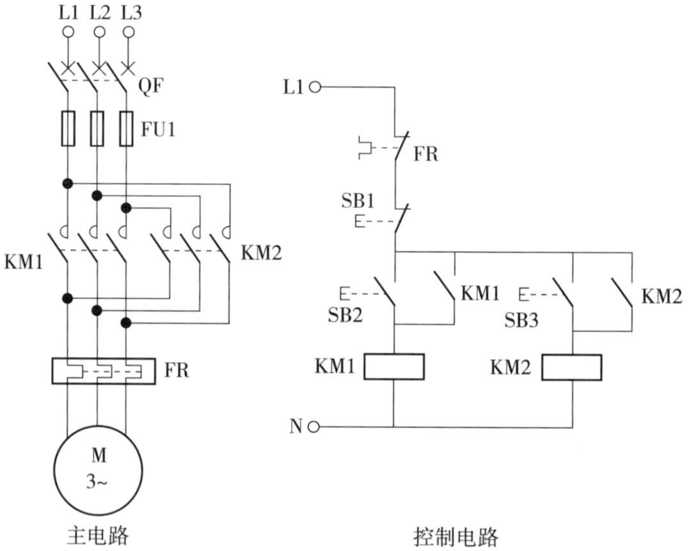

图1-26　没有互锁保护的正反转控制电路图

2. 有电气互锁的正反转控制电路

在图1-27所示电路中，将KM1、KM2线圈的常闭辅助触点互相串联接在对方线圈电路中，使KM1、KM2线圈中有一个线圈先得电时，另一个线圈所在的电路断开，不能再得电。这种相互制约的关系称为互锁控制，由接触器（或继电器）线圈与常闭触点构成的互锁称为电气互锁。电气互锁：电动机正反方向切换，必须先按下停止按钮，才能进行反向的操作，只能构成“正—停—反”的控制方式。

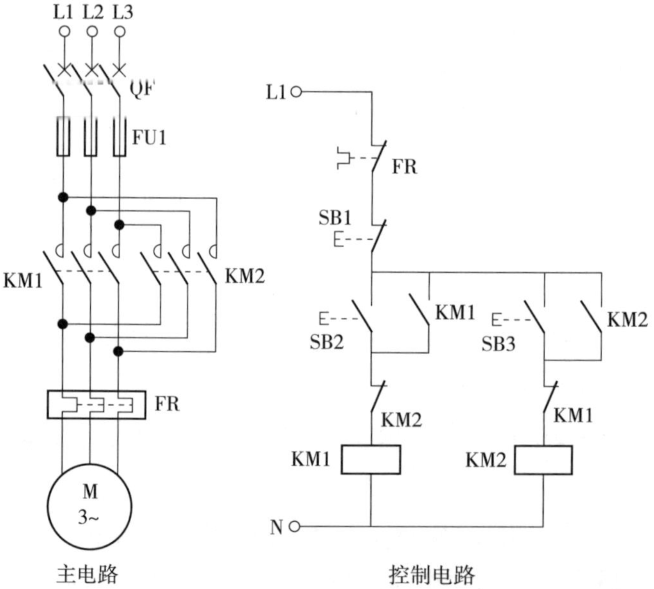

图1-27　有电气互锁的正反转控制电路

有电气互锁的正反转控制电路

3. 有双重互锁的正反转控制电路

当要求电动机能直接完成正反切换时，可在图1–27所示电路的基础上将正转起动按钮和反转起动按钮的常闭辅助触点串联在对方电路中，构成“机械互锁”，如图1–28所示。

图1–28所示电路既有电气互锁，又有机械互锁，可直接实现“正—反—停”的控制。但是这种直接正反转控制电路仅适用于小容量电动机，且用于正反向转换不频繁、惯量较小的场合。

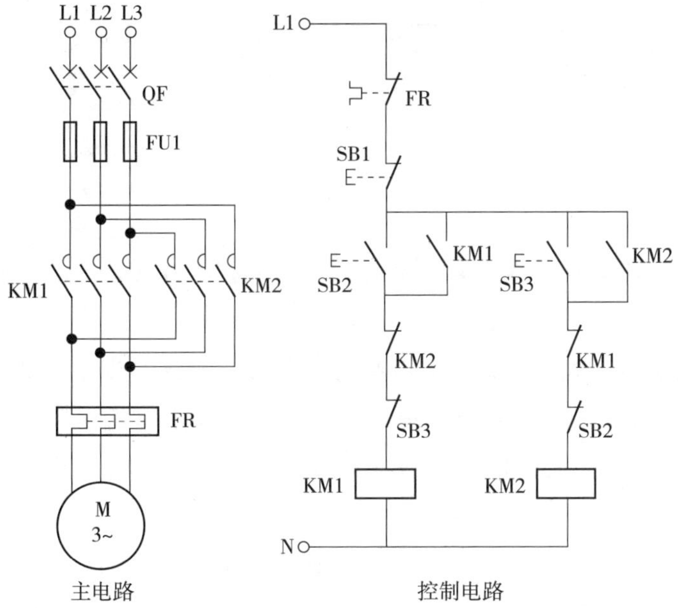

图1–28　有双重互锁的正反转控制电路

有双重互锁的正反转控制电路

项目小结

本项目主要介绍常用低压电器及由低压电器构成的电动机的基本控制线路。常用低压电器选型及其电气控制线路的设计、安装与调试是电气工程技术人员必须具备的基本知识和技能，是进一步学习其他电气控制技术的基础。

通过本项目的学习，能够认识与使用常用的低压电器，能够设计、绘制低压电器的电气控制线路图，并能够进行低压电器与电气控制系统的安装、接线、调试及维护维修，增强对低压电器与电气控制线路的综合应用能力及工程实践能力。

思考与练习

1. 低压电器的定义是什么？
2. 继电器与接触器的相同点是什么、不同点是什么？
3. 接近开关与按钮、行程开关有什么异同点？
4. 请分析电动机正反转控制电路中为什么需要添加双重互锁设计。

项目2

认识S7-1200PLC硬件及博途软件

【情境导入】

PLC的认识和使用是电气工程技术人员必须具备的基本知识和技能，也是进一步学习PLC自动化控制系统设计、安装与调试的基础。

S7-1200系列PLC设计紧凑、成本低廉且具有功能强大的指令集，为各种自动化系统控制提供了近乎完美的解决方案。S7-1200 PLC基于Windows的编程工具，提供了解决自动化问题时需要的灵活性，它与新型SIMATIC HMI的完美匹配确保了自动化系统控制任务的高效完成，易于开发和调试。

全集成自动化软件TIA Portal是西门子工业自动化集团发布的一款全新的全集成自动化软件。它是业内首个采用统一的工程组态和软件项目环境的自动化软件，几乎适用于所有自动化任务。借助该工程技术软件平台，用户能够快速、直观地开发和调试自动化系统。

【内容图谱】

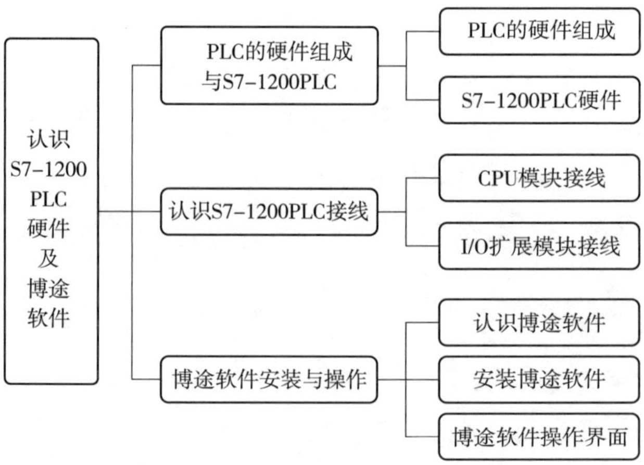

【重点、难点】

重点内容：S7−1200 PLC 硬件识别；博途软件的安装与使用。

难点内容：S7−1200 PLC 输入输出接线。

【立德树人】

我国门类齐全的装备制造业的蓬勃发展与进步是现代化建设的基石，而电气自动化产业是装备制造业中的支柱产业，PLC 技术又是电气自动化产业的核心技术。PLC 硬件的认识与拆装、软件的安装与使用是学习 PLC 的基础。电气工程技术人员需具有细心＋耐心＋恒心（职业“三心”），还应具有一丝不苟、精益求精、攻坚克难的“匠心”。在党的集中统一领导下，人人各尽其责、各尽所能地参与中国式现代化建设，形成推动社会前进的磅礴力量，才能最终实现中华民族的伟大复兴。

任务 2.1 PLC 的硬件组成与 S7–1200PLC

【任务描述】

通过本任务，能够认识 S7–1200 PLC 各部分的硬件及功能；能够根据 PLC 控制功能、应用场景的需要，选择 PLC 的型号并完成安装、调试；能够准确使用 PLC 的相关硬件，实现相应系统功能。

【任务目标】

1. 知识目标

- 了解 PLC 的硬件组成及各部分功能。
- 掌握 S7−1200 PLC 的硬件组成及各部分功能。

2. 技能目标

- 能够根据实际需求及使用场合，选取 PLC 的相关硬件，完成拆装。
- 能够使用 PLC 的相关硬件实现系统功能。

【任务实施】

2.1.1 PLC 的硬件组成

可编程序控制器（Programmable Logic Controller，PLC），是一种数字运算操作的电子系统，专为在工业环境中的应用而设计。

PLC采用可编程序的存储器，用来在其内部存储执行逻辑运算、顺序控制、定时、计数和算术运算等操作指令，并通过数字式或者模拟式的输入输出，控制各种类型的机械生产过程。PLC及其有关的外围设备，都应按易于与工业控制系统连成一个整体、易于扩充其功能的原则设计。

PLC种类繁多，但其基本结构与工作原理相同，例如西门子S7-1200系列、三菱FX3U系列，常见PLC的外形如图2-1所示。

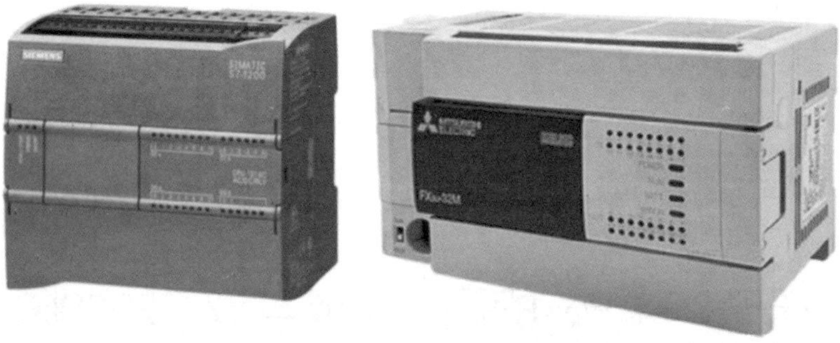

图2-1　常见PLC的外形

PLC一般由CPU（中央处理器）、存储器、通信接口和输入输出接口等部分组成，PLC的结构框图如图2-2所示。

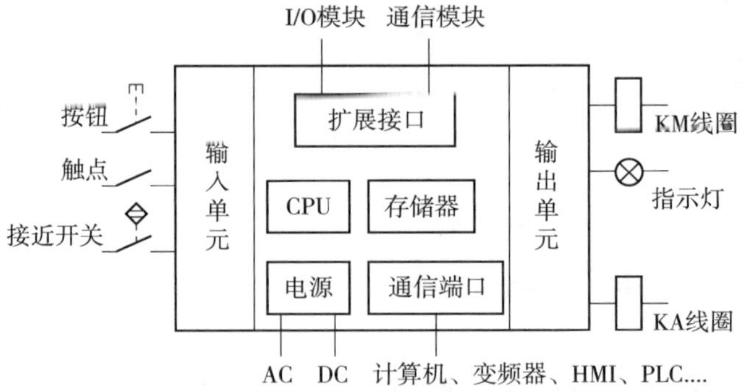

图2-2　PLC的结构框图

1. CPU（中央处理器）

CPU的功能是完成PLC内所有的控制、监视等操作。CPU一般由控制器、运算器和寄存器组成。CPU通过数据总线、地址总线和控制总线与存储器、输入输出接口电路等连接。

2. 存储器

在PLC中通常使用两种类型的存储器：一种是只读类型的存储器ROM，另一种是可读/写的随机存储器RAM。这里所说的ROM泛指PROM（可编程只读存储器）、EPROM（可擦可编程只读存储器）、EEPROM（带电可擦可编程只读存储器）等多种存储器。随着微电子技术的发展，上述存储器逐渐被淘汰，进而被FLASH存储器取而代之，如今提到ROM，通常是指FLASH存储器。

PLC的存储器分为5个区域：程序存储器、系统存储器、I/O状态存储器、数据存储器、用户存储器。其中程序存储器的类型是ROM，可存放PLC的操作系统程序，由制造商固化，通常不能修改；存储器中的程序负责解释和编译用户编写的程序、监控I/O口的状态、对PLC进行自诊断以及扫描PLC中的程序等。系统存储器属于RAM，主要用于存储中间计算结果、数据和进行系统管理。I/O状态存储器属于RAM，用于存储I/O装置的状态信息，每个输入接口和输出接口都在I/O映像表中分配一个地址而且这个地址是唯一的。数据存储器属于RAM，主要用于数据处理，为计算器、定时器、算术计算和过程参数提供存储数据。用户存储器可以是ROM，也可以是RAM。

3. 输入/输出单元

PLC的输入和输出信号可以是数字量或模拟量，其广义上包含两部分，一部分是与PLC输入输出接口（I/O接口）连接的输入/输出电路，另一部分是PLC存储器中输入/输出映像寄存器。

（1）输入接口电路。

PLC的输入接口电路是用于接收外部信号，并将其转换为PLC可以处理的数字信号的电路。输入接口电路通常包括以下4个关键部分。①输入设备：由按钮、行程开关、限位开关、传感器等元件构成，负责检测PLC外部环境的变化，并产生相应的信号。②输入信号：可以是按钮、触点的开/关状态组成的数字量（开关）信号，也可以是传感器输出的电压、电流等连续变化的模拟量信号。③信号调理电路：将数字量输入信号转换为PLC可接收的电平，为保护PLC免受高电压、噪声信号等影响，使用光耦合器隔离信号。④ A/D转换模块：对于模拟量信号，需要使用A/D模块，将模拟量信号转换成数字量信号。

（2）输出接口电路。

PLC有3种输出接口形式，分别是继电器输出、晶体管输出和晶闸管输出。继电器输出形式的PLC负载电源可以是直流电源或交流电源，但其输出频率响应较慢。晶体管输出形式的PLC负载电源是直流电源，其输出频率响应较快。晶闸管输出形式的PLC负载电源是交流电源。

当输出端为数字量信号时，输出端的设备类型可以是电磁阀的线圈、接触器线圈、继电器线圈、电动机起动器、控制柜的指示器、LED灯、报警器和蜂鸣器等。当输出端为模拟量信号时，输出端的设备类型可以是流量阀、交流驱动器、模拟量仪表、温度控制器等。

4. 电源部分

PLC一般使用220V交流电源或24V直流电源。使用交流电源的PLC内部的开关电源为

PLC的CPU、存储器等电路提供5V、12V、24V等直流电源，使PLC能正常工作。电源部件的位置形式有多种，对于整体式结构的PLC，通常将电源封装到机壳内部；对于模块式的PLC，则多采用单独的电源模块。

5. 扩展接口

扩展接口用于将扩展单元或功能模块与基本单元相连，使PLC的配置更加灵活，以满足不同控制系统的需要。

6. 通信接口

PLC通过通信接口可以与计算机、HMI、变频器及其他PLC相连，提供便捷的工控通信；也可以与其他PLC、计算机以及现场总线网络连接，组成多机系统或工业网络控制系统。

2.1.2 S7-1200 PLC硬件

1. 西门子PLC产品系列

20世纪末，西门子公司在S5系列PLC的基础上推出了S7系列产品，如图2-3所示。

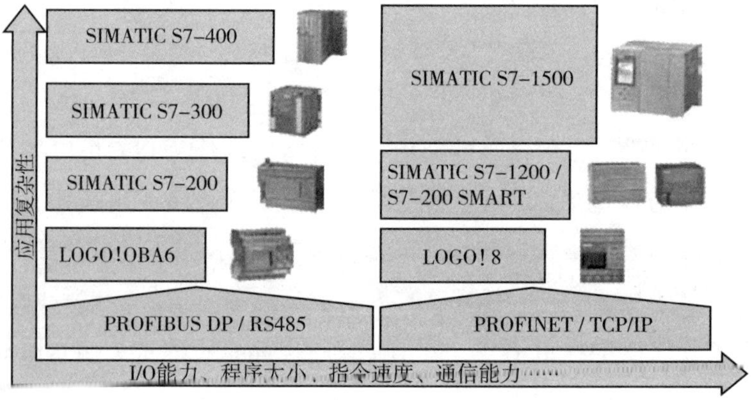

图2-3 西门子S7系列产品

S7产品主要分为S7-200、S7-200SMART、S7-1200、S7-300、S7-400、S7-1500等系列。S7-200是西门子公司在收购的小型PLC的基础上发展而来的，定位于低端、小型PLC。S7-200 SMART PLC是S7-200PLC的升级版本，于2012年7月发布，其大多数的指令和使用方法与S7-200类似，使用Step7 Micro/Win软件编程。

S7-1200系列PLC是2009年推出的小型PLC，主要面向中小型自动化应用，广泛应用于制造业、过程控制、建筑自动化等领域。定位于S7-200PLC和S7-300PLC产品之间，相较于200系列PLC，S7-1200系列PLC适合完成更复杂的控制任务，使用TIA Portal（博途）软件编程。

S7-300/400PLC的定位是中大型PLC产品，2013年西门子公司又推出了新品S7-1500PLC，主要面向中大型自动化项目，适用于复杂的控制任务，采用高度模块化设计，具有更高的灵活性和扩展性。

2. 西门子S7-1200的性能特点

S7-1200系列PLC具有集成PROFINET接口、强大的集成工艺控制功能和灵活的可扩展性等特点，为各种工艺任务提供了简单的通信和有效的解决方案。

（1）集成PROFINET接口。

集成的PROFINET接口用于编程、HMI通信和PLC间的通信，此外，它还通过开放的以太网协议主持与第三方设备的通信，该接口是一个标准的RJ-45连接器，数据传输速率可达10Mbit/s或100Mbit/s，支持TCP/IP、ISO-on-TCP和S7通信，最大连接数为23个。

（2）集成工艺控制功能。

①高速输入。S7-1200控制器带有6个高速计数器。其中3个输入为100kHz、3个输入为30kHz，用于计数和测量。

②高速输出。S7-1200控制器集成了4个100kHz高速脉冲输出，用于步进电动机或伺服电动机的速度和位置控制。

③PID控制。S7-1200控制器中提供了16个带自动调节功能的PID控制回路，用于简单的闭环过程控制。

（3）集成了高容量的存储器。

为用户指令和数据提供150KB的共用工作内存。同时还提供了4MB的集成装载内存和10KB的掉电保持内存。

（4）支持丰富的通信协议。

S7-1200系列PLC提供丰富的通信选项以满足网络通信要求，其可支持的通信协议有I-Device、PROFINET、PROFIBUS、远距离控制通信、点对点通信、USS通信、Modbus RTU、AS-I、I/O Link MASTER等。

3. S7-1200 PLC的硬件认识

S7-1200 PLC的硬件主要包括CPU模块、I/O扩展模块、通信扩展模块、信号板。S7-1200 PLC最多可以扩展8个I/O模块和3个通信模块，S7-1200 PLC外形如图2-4所示。

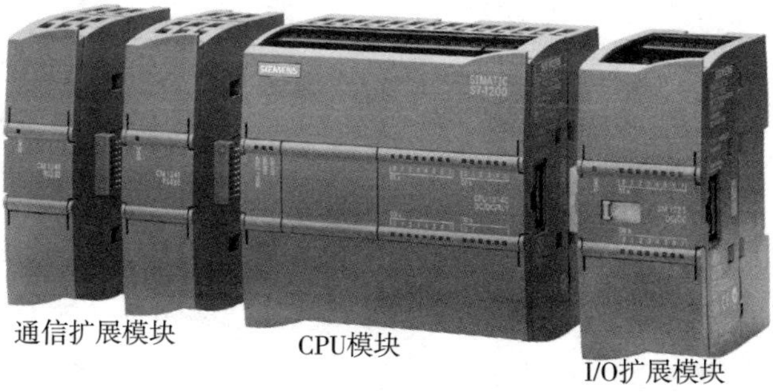

图2-4　S7-1200 PLC外形

（1）CPU模块。

S7-1200系列PLC的CPU模块将微处理器、集成电源、数字量I/O、模拟量I/O集成在一个紧凑的壳体内，CPU模块外形如图2-5所示。

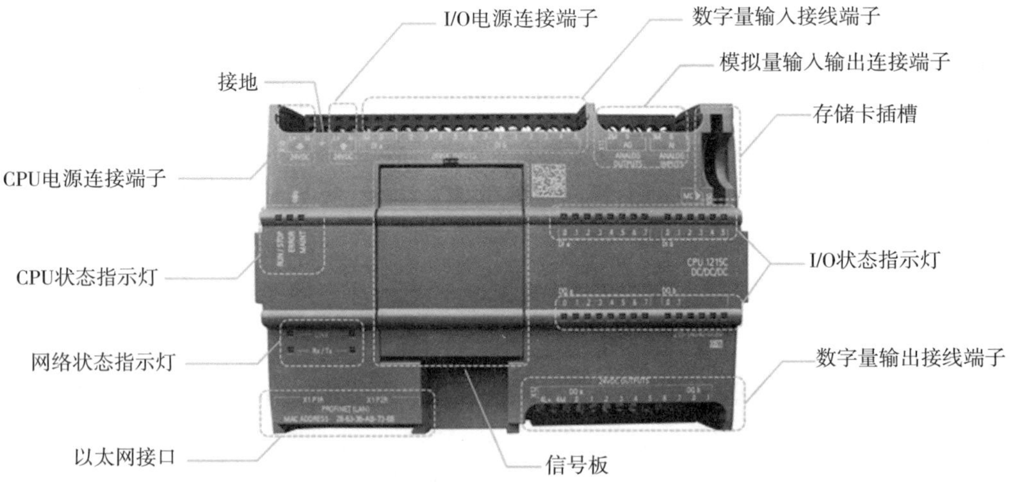

图2-5　S7-1200 PLC的CPU模块外形

CPU电源连接端子是PLC的电源输入，规格为DC24V或AC220V。以太网口用于CPU的通信以及程序上传、下载。

S7-1200 PLC的CPU有CPU 1211C、CPU 1212C、CPU 1214C、CPU 1215C、CPU 1217C5个型号。每个型号根据CPU电源类型、集成I/O端口电源类型分为AC/DC/RLY、DC/DC/DC、DC/DC/RLY3个类别。其中DC表示直流、AC表示交流、RLY（Relay）表示继电器。S7-1200 PLC的CPU模块电源类型如表2-1所示。

表2-1　S7-1200PLC的CPU模块电源类型

电源类型	电源电压	DI输入电压	DO输出电压	DO输出电源
DC/DC/DC	DC 24V	DC 24V	DC24V	0.5A，MOSFET
DC/DC/RLY	DC 24V	DC 24V	DC5~30V，AC5~250V	2A，DC 30W/AC 200W
AC/DC/RLY	AC 85~264V	DC 24V	DC 5~30V，AC 5~250V	2A，DC 30W/AC 200W

（2）I/O扩展模块。

S7-1200 PLC的I/O扩展模块比较丰富，主要包括数字量输入模块（SM1221）、数字量输出模块（SM1222）、模拟量输入模块（SM1231）、模拟量输出模块（SM1232）等，具体见表2-2。

表2-2 S7-1200 PLC的I/O扩展模块

信号模块	型号				
数字量输入模块	SM1221 DI 8×24VDC	SM1221 DI 16×24VDC	—	—	—
数字量输出模块	SM1222 DQ8×24VDC	SM1222 DQ16×24VDC	SM1222 DQ 8×RLY	SM1222 DQ 16×RLY	SM1222 DQ 8×NO/NC RLY
数字量输入/输出模块	SM1223 DI 8/ DQ8×24VDC	SM1223 DI 16/ DQ 16×24VDC	SM1223 DI 8×24VDC DQ 8×RLY	SM1223 DI 16×24VDC DQ 16×RLY	SM1223 DI/DQ 8×120VAC/ DQ8×RLY
模拟量输入模块	SM1231 AI 4×13位	SM1231 AI 8×13位	SM1231 AI 4×16位	—	—
模拟量输出模块	SM1232 AQ2×14位	SM1232 AQ4×14位	—	—	—
模拟量输入/输出模块	SM1231 AI4×13位 AQ2×14位	SM1231 AI 4×16位TC	SM1231 AI 8×16位 TC	SM1231 AI 4×RTD× 16位	SM1231 AI 8×RTD×16位

（3）通信扩展模块。

S7-1200全系列CPU均集成了PROFINET接口，通过TCP/IP标准，S7-1200提供的集成PROFINET接口可用于编程软件TIA Portal通信，以及与SIMATIC HMI精简系列面板通信，或与其他PLC通信。该接口能实现快速、简单、灵活的工业以太网通信，代表了现场总线未来发展的趋势。

S7-1200系列PLC也可以通过扩展模块，扩展PLC的PTP、Modbus、Uss等串口通信能力。

任务2.2 认识S7-1200 PLC接线

【任务描述】

本任务主要介绍S7-1200 PLC不同子系列及不同集成I/O端口类型输入输出接线图、不同数字量及模拟量信号模块输入输出接线图。通过本任务的学习，能够根据实际需求、应用场景的需要，选择S7-1200 PLC不同子系列及数字量、模拟量信号模块进行输入输出接线，并完成安装、测试。

【任务目标】

1. 知识目标

- 掌握S7-1200 PLC不同子系列及不同集成I/O端口类型输入输出接线的区别。
- 掌握S7-1200 PLC的不同数字量及模拟量信号模块输入输出接线的区别。

2. 技能目标

- 能够根据实际需求及使用场合，选取子系列及集成I/O端口类型；选取数字量及模拟量信号模块。
- 能够完成S7-1200 PLC的不同子系列、数字量及模拟量信号模块的输入输出接线。

【任务实施】

2.2.1 CPU模块接线

S7-1200 PLC有CPU 1211C、CPU 1212C、CPU 1214C、CPU 1215C、CPU 1217C共5个型号的CPU模块。每个CPU模块根据电源、I/O类型分为DC/DC/DC、DC/DC/RLY、AC/DC/RLY三个类别，在电源、输出端接线等方面各有不同。

1. CPU 121xC AC/DC/RLY接线图

CPU 121xC AC/DC/RLY接线图如图2-6所示。

（1）电源端接线。PLC电源L1、N端口接AC 220V电源。

（2）输入端DI接线。PLC输入端DI与公共端1M，需接通DC 24V，并形成回路。DI端如果采用漏型接法，则1M接外置电源0V，DI接24V；DI端如果采用源型接法，则1M接外置电源24V，DI接0V。

（3）输出端DQ接线。PLC输出端DQ与公共端1L之间的外置电源可根据实际需要选择AC交流或DC直流。

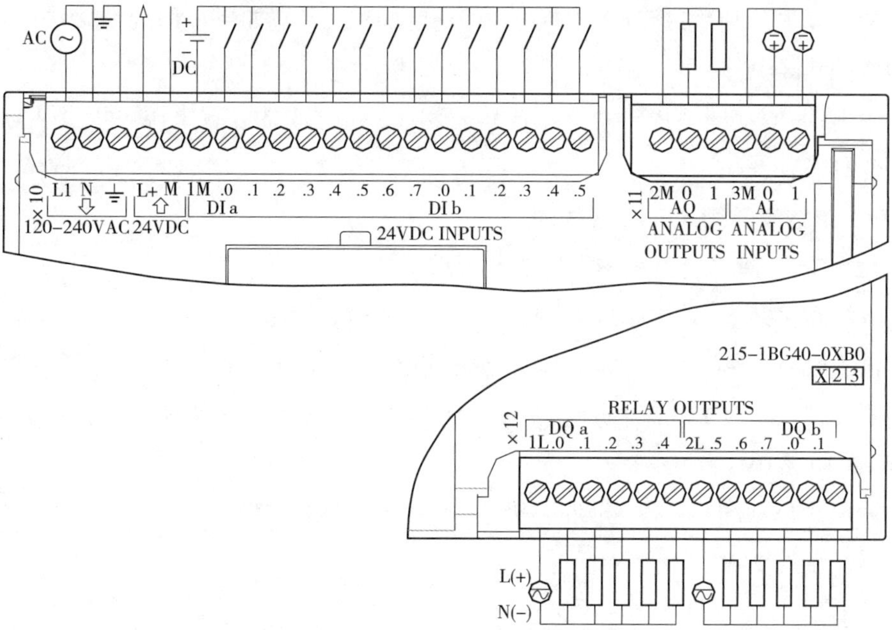

图2–6 CPU 121xC AC/DC/RLY接线图

2. CPU 121xC DC/DC/RLY接线图

以CPU121xC DC/DC/RLY为例，PLC的电源、I/O接线图如图2–7所示。

（1）电源端接线。PLC电源L+、M端，分别接24V直流电DC+、DC–。

（2）输入端DI接线。PLC输入端DI与公共端1M，需接通DC 24V，并形成回路。DI端

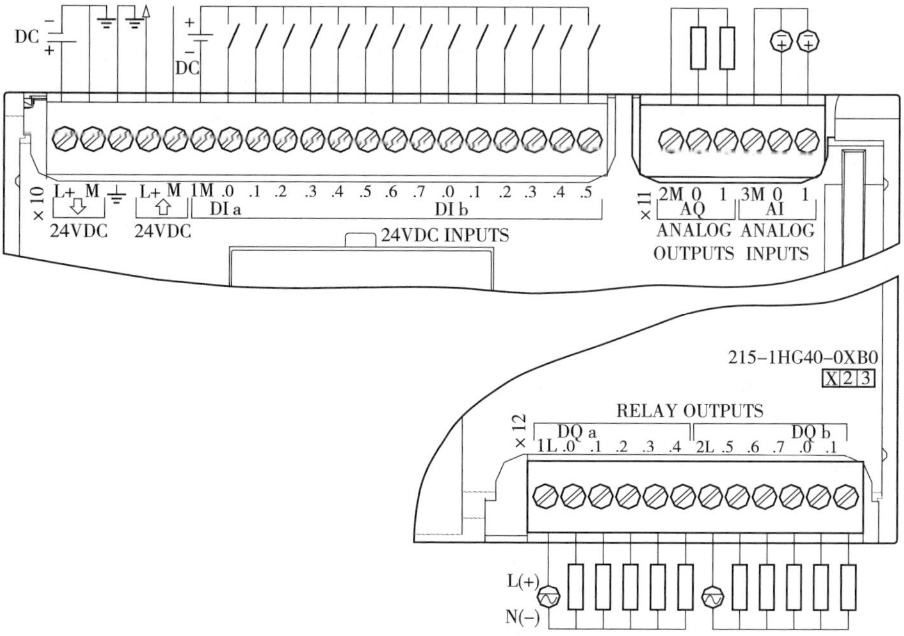

图2–7 CPU 121xC DC/DC/RLY接线图

如果采用漏型接法，则1M接外置电源0V，DI接24V；DI端如果采用源型接法，则1M接外置电源24V，DI接0V。

（3）输出端DQ接线。PLC输出端DQ与公共端1L之间的外置电源可根据实际需要选择AC交流或DC直流。

3. CPU 121xC DC/DC/DC接线图

CPU 121xC DC/DC/DC接线图如图2-8所示。

（1）电源端接线。PLC电源L+、M端，分别接24V直流电DC+、DC-。

（2）输入端DI接线。PLC输入端DI与公共端1M，需接通DC 24V，并形成回路。DI端如果采用漏型接法，则1M接外置电源0V，DI接24V；DI端如果采用源型接法，则1M接外置电源24V，DI接0V。

（3）输出端公共端L+、M分别接外置24V直流电DC+、DC-。

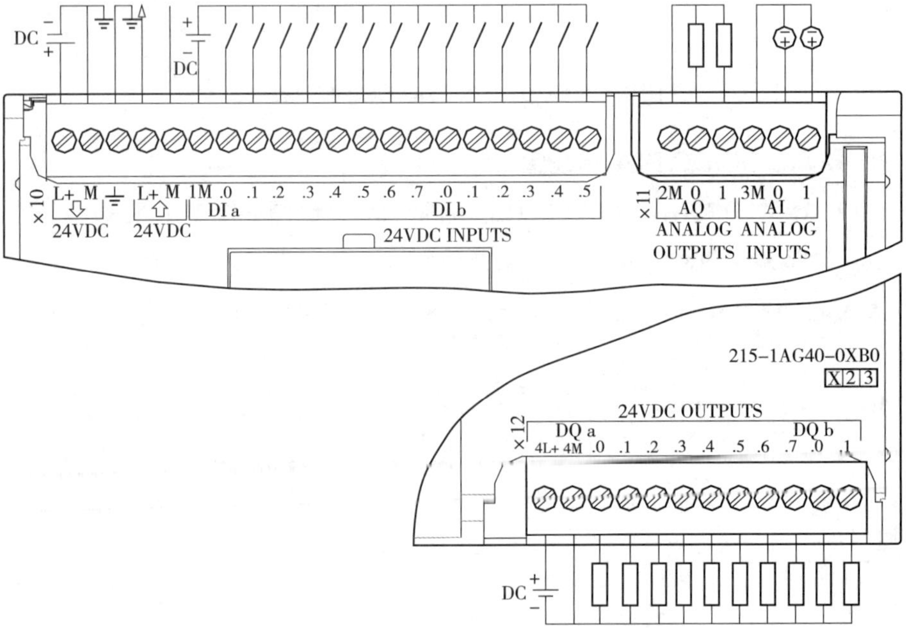

图2-8　CPU 121xC DC/DC/DC接线图

2.2.2　I/O扩展模块接线

1. DI扩展模块SM 1221接线

数字量输入DI扩展模块SM 1221有DI 8×24VDC、DI 16×24VDC两种规格，分别代表能扩展8个DI端口、16个DI端口，以DI 8×24VDC为例，DI扩展模块接线图如图2-9所示。

其中DI端如果采用漏型接法，则1M接外置电源0V，DI接24V；DI端如果采用源型接法，则1M接外置电源24V，DI接0V。

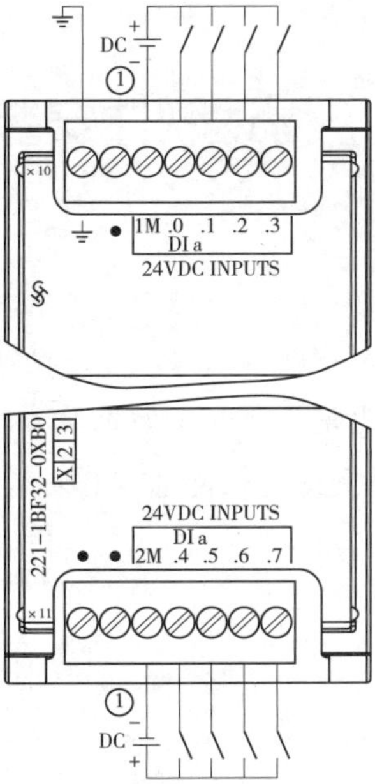

图2-9 DI扩展模块接线图

2. DQ扩展模块SM 1222接线

数字量输出DQ扩展模块SM 1222有DQ8×24VDC、DQ16×24VDC、DQ8×Relay、DQ16×Relay等多种规格，分别代表能扩展8个晶体管型DQ端口、16个晶体管型DQ端口、8个继电器型DQ端口、16个继电器型DQ端口。

以DQ8×24VDC、DQ8×Relay数字量扩展模块为例，接线图如图2-10所示。

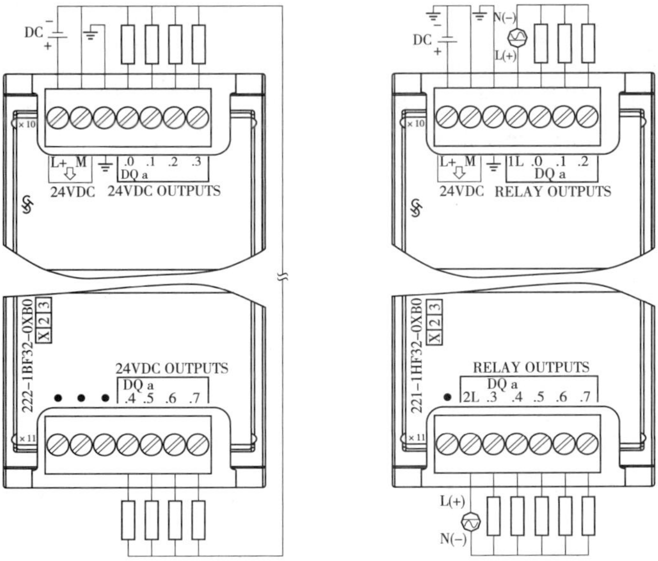

（a）DQ8×24VDC模块接线图　（b）DQ8×Relay模块接线图

图2-10 DQ8×24VDC及DQ8×Relay数字量扩展模块接线图

任务2.3 博途软件安装与操作

【任务描述】

本任务介绍如何安装TIA Portal软件，以及PLC仿真软件S7-PLCSIM，版本号为V15.1。在安装软件之前，需要查看计算机是否满足安装博途V15.1的基本要求，包括硬件要求、软件要求。通过本任务的学习，掌握博途软件基本的安装、工程新建、保存等操作。

【任务目标】

1. 知识目标

- 了解西门子博途平台及博途软件的安装要求。
- 掌握博途软件安装前的准备、安装步骤、操作使用方法。

2. 技能目标

- 能够根据博途软件对计算机的要求，正确安装博途软件。
- 能够正确进行博途软件的操作、使用。

【任务实施】

2.3.1 认识博途软件

1. 西门子博途平台

TIA Portal（博途）软件是自动化软件开发环境下的一个里程碑，它是业内首个采用统一的工程组态和软件项目环境的自动化软件，几乎适用于所有自动化任务。借助TIA Portal（博途）平台，用户能够快速、直观地开发和调试自动化系统，软件架构如图2-11所示。

博途平台中集成了编写西门子PLC程序的SIMATIC STEP7应用软件，编写西门子HMI以及SCADA WinCC应用软件，还集成了用于西门子驱动产品配置和参数设置的SIMATIC StartDrive应用软件。

2. 博途软件对计算机的安装要求

博途软件对计算机硬件性能、操作系统有相应的要求，以博途V15.1为例，硬件及软件的具体要求如下。

（1）硬件要求。

博途V15.1对计算机硬件的要求见表2-3。

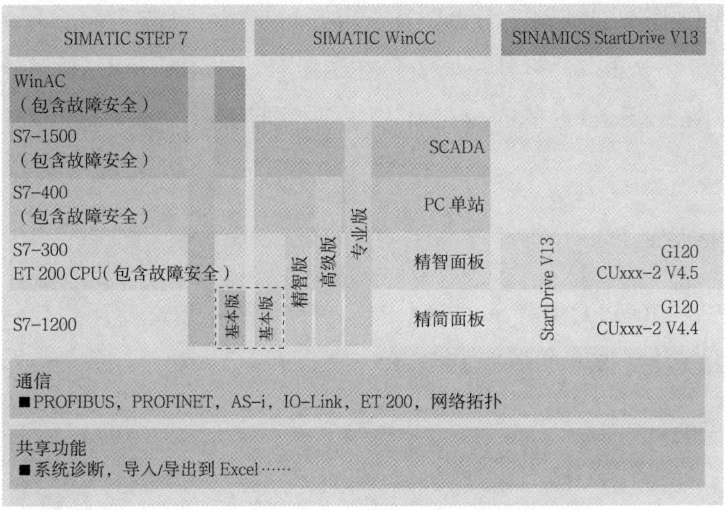

图2-11　西门子TIA Portal（博途）平台软件架构

表2-3　博途V15.1对计算机硬件的要求

项目	最低配置要求	推荐配置
CPU	Intel Core i3-6100U	Intel Core i5-6440EQ.3.4GHz
内存	8G	16G或更多
硬盘	SATA，至少20GB	SSD，至少50GB
屏幕分辨率	1024×768	1920×1080

（2）软件要求。

博途V15.1支持在64位Windows 7、Windows 10、Windows 11系统下安装。安装软件前，需要系统启用.NET Framework 3.5组件，在“控制面板”→“程序”→“程序和功能”→“启用或关闭Windows功能”中可以启用该组件，如图2-12所示。

图2-12　启用.NET Framework 3.5组件

若在软件安装过程中遇到软件需要反复重启的问题，可以按“Windows+R”键，打开系统运行窗口，输入“regedit”，打开注册表。在注册表“HKEY_LOCAL_MACHINE\SYSTEM\CurrentControlSet\Control\Session Manager\”内，删除注册表值“PendingFileRenameOperations”后，再重新安装。

2.3.2 安装博途软件

从网站下载S7-1200PLC编程软件TIA PortalV15.1的安装文件，共有5个文件，其中后缀是.exe的文件为安装文件，如图2-13所示。

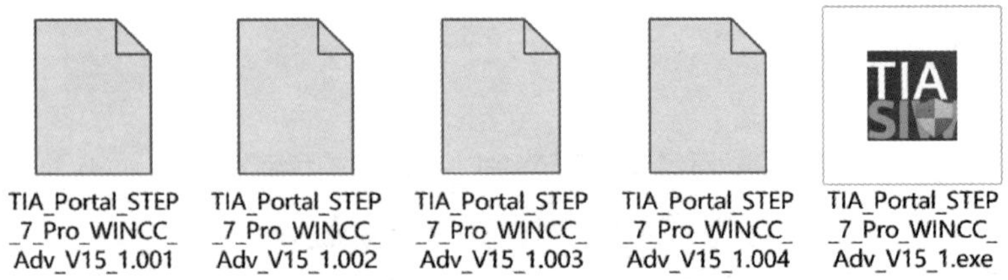

图2-13　博途V15.1安装文件

双击可执行.exe文件，弹出图2-14所示的界面，这一步是解压缩安装文件。

图2-14　安装（解压缩）界面

一直单击“下一步”，直到出现解压缩路径选择界面，如图2-15所示。推荐使用默认路径，并选中“退出时删除提取的文件”，也可以根据个人需求，保留提取的文件。

单击“下一步”进行解压缩文件，解压缩完成后，弹出重新启动计算机对话框，单击“是”，计算机将会重启，并在重启后自动安装软件，如图2-16所示。若在该步骤中出现反复重启现象，参考“博途软件对计算机的安装要求”中的“删除注册表值”。

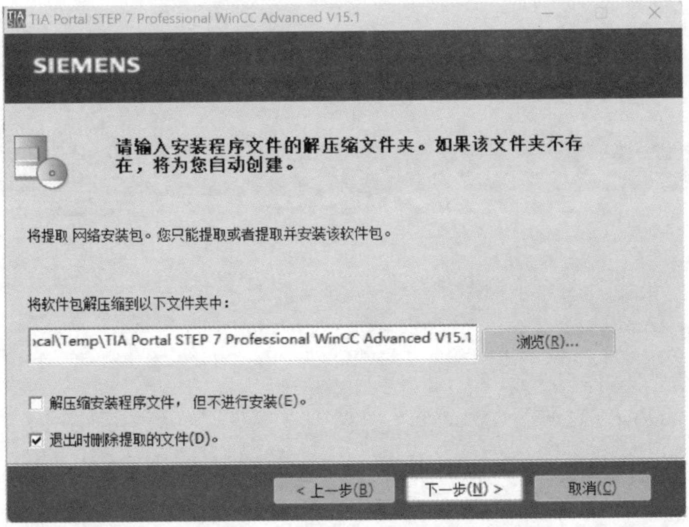

图 2-15　解压缩路径选择界面

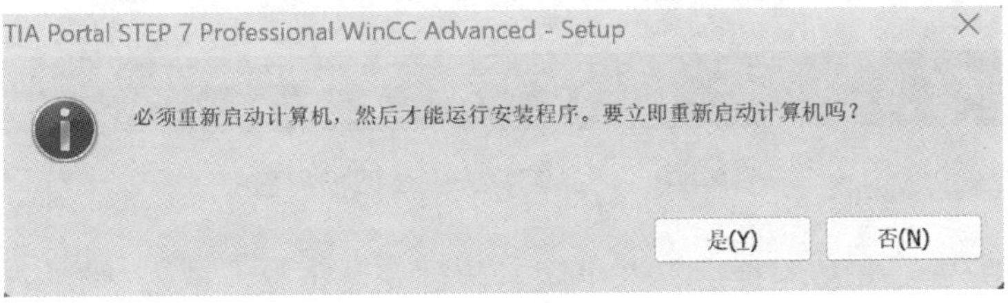

图 2-16　重新启动计算机对话框

计算机重新启动后，自动弹出软件安装界面，如图 2-17 所示。如果没有自动弹出，可以在图 2-15 所示的路径中找到“Start.exe”安装程序，双击启动对话框。

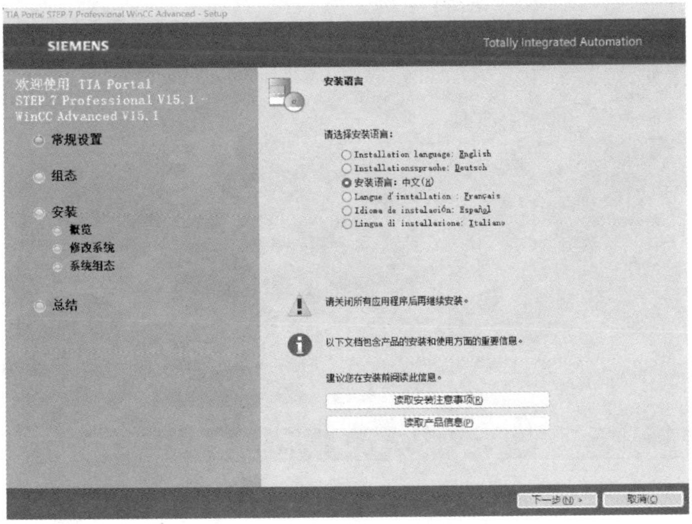

图 2-17　软件安装界面

选择“安装语言”后一直单击“下一步”，直到出现产品配置、安装路径界面，如图2–18所示。

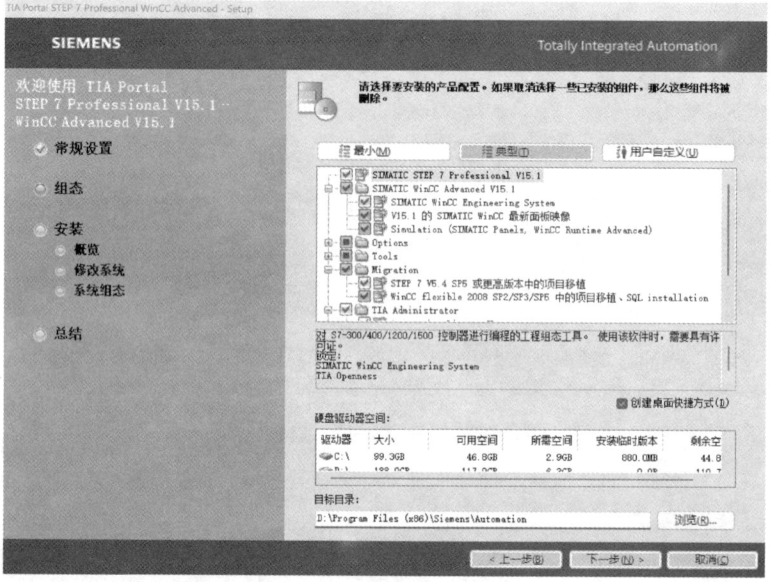

图2–18　产品配置、安装路径界面

选择完产品配置、安装路径后，选中同意软件安装条款，单击“下一步”→“安装”，直到软件开始安装，如图2–19所示。

图2–19　软件开始安装

软件安装完成后会弹出重启计算机界面，选择重启计算机，TIA Portal V15.1即安装完成。

TIA Portal V15.1有相匹配的仿真软件SIMATIC S7-PLCSIM V15.1，安装好该软件后，程序可以在没有实物PLC时直接在计算机上仿真运行，该软件的安装步骤与SIMATIC TIA Portal V15.1类似。两个软件都完成安装后，桌面上会出现图2-20所示的图标。

图2-20　编程与仿真软件图标

2.3.3　博途软件操作界面

1. 创建TIA博途工程项目

打开博途软件，选择“启动”中的“创建新项目”，出现图2-21所示的界面，输入“项目名称”和文件保存“路径”，最后单击“创建”，完成项目创建。

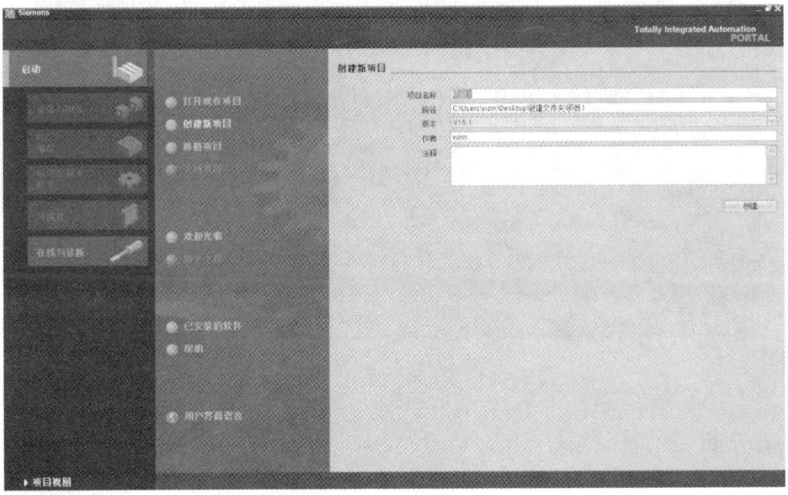

图2-21　项目创建

2. 添加设备（硬件组态）

在图2-21所示界面中单击左下角的“项目视图”，从Portal视图切换到项目视图，方便操作。在项目视图中，单击“添加新设备”，添加与实物一致的设备，如图2-22所示。

以CPU 1214C DC/DC/DC 6ES7 214-1AG40-0XB0为例，在控制器中找到对应的型号、订货号，单击“确定”，完成新设备添加，如图2-23所示。

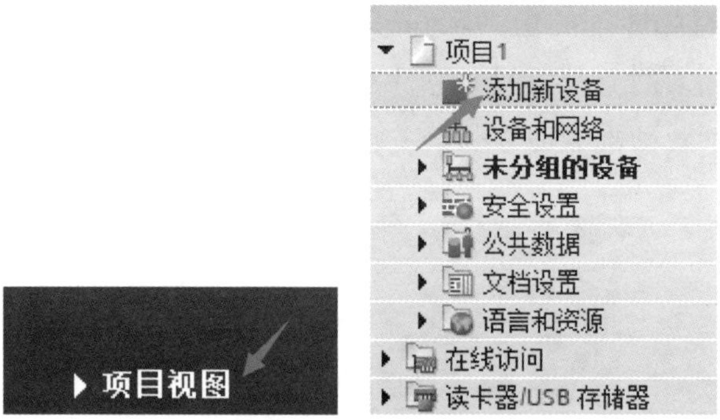

图2-22　添加新设备

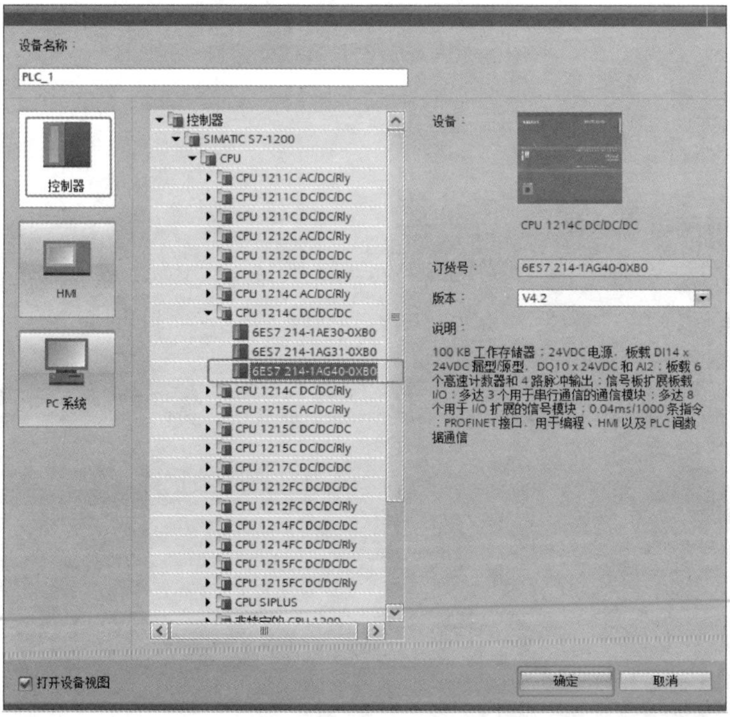

图2-23　添加指定型号的设备

3. 程序编辑界面

完成添加指定型号的PLC后，界面如图2-24所示，界面左侧是“项目树”，右侧是“指令”。在项目树中单击已添加的PLC，双击“Main”程序，就打开了程序编辑界面。

4. 计算机的IP地址

PLC通过网线与计算机连接。下载程序时，计算机的IP地址需要与PLC的IP地址在同一个局域网内，且地址不重复，即IP地址的前3段相同，最后1段不相同。例如PLC的IP地址是“192.168.0.1”，计算机的地址可设置成“192.168.0.2”等，最后一位“2”也可以是2~255中的任何一个数字。

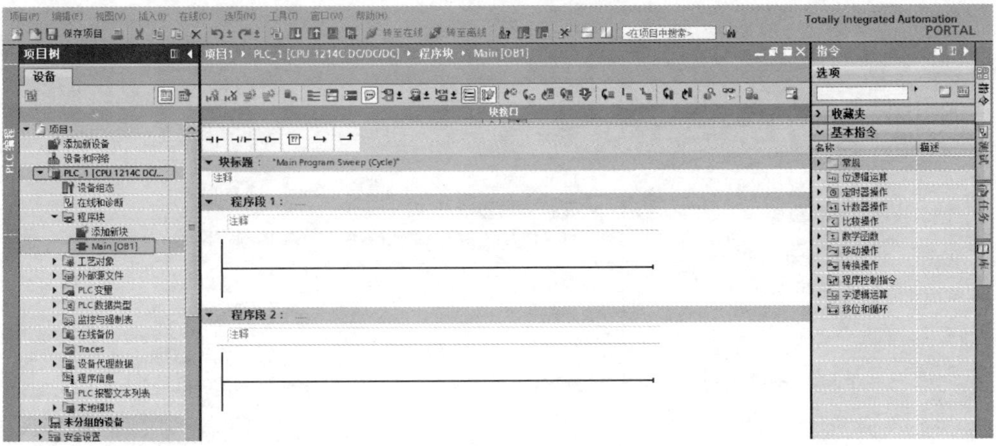

图2-24 程序编辑界面

对于计算机的IP地址，可在“控制面板”→“网络和Internet”→“网络连接”→“更改适配器设置”中对“以太网”进行设置。如图2-25所示，双击需要连接PLC的以太网对象，单击“属性”后，在以太网属性对话框中，双击“Internet协议版本4（TCP/IPv4）”，弹出IP属性对话框。在对话框中，设置计算机与PLC在同一个局域网但IP不重复，如图2-25所示。

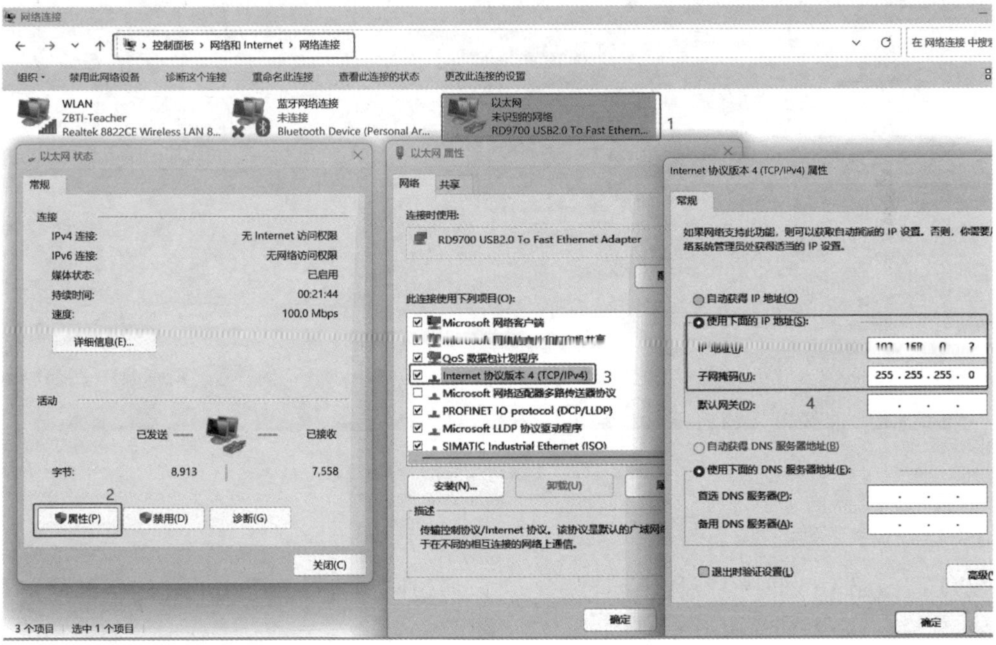

图2-25 设置计算机的IP地址

5. PLC的IP地址

在PLC的硬件属性中可以重新设置其IP地址，打开博途软件项目树，右击已添加的PLC，在弹出的菜单栏中单击“属性”，如图2-26所示。

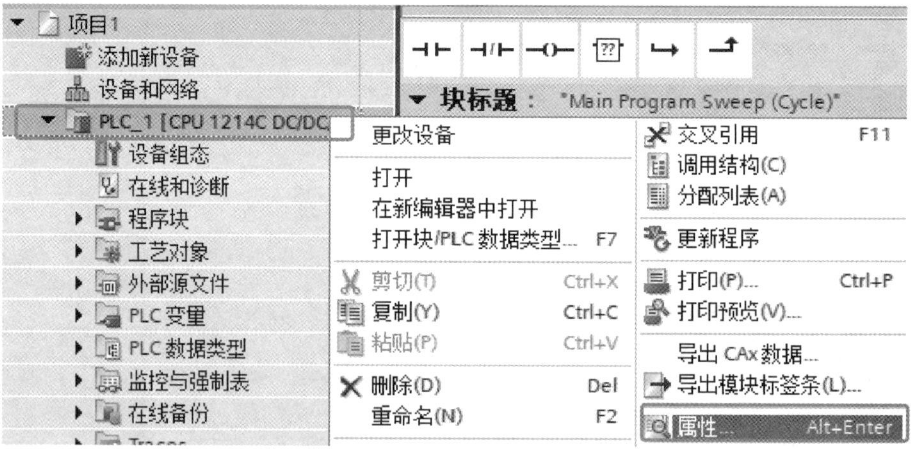

图2–26　PLC属性菜单栏

在弹出的PLC属性对话框中，单击“PROFINET接口”→“以太网地址”，可以设置PLC相应的IP地址，如图2–27所示。

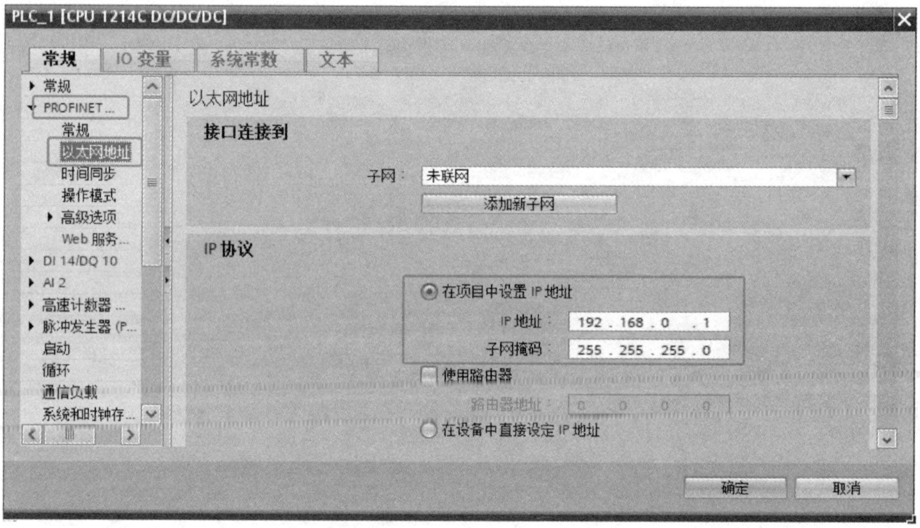

图2–27　设置PLC的IP地址

6. PLC程序下载

在TIA Portal V15.1中完成程序编写后，可以通过网线将计算机中的程序下载至PLC。在程序编辑界面，单击工具栏中的下载按钮，如图2–28所示。若程序无错误，启动程序下载。

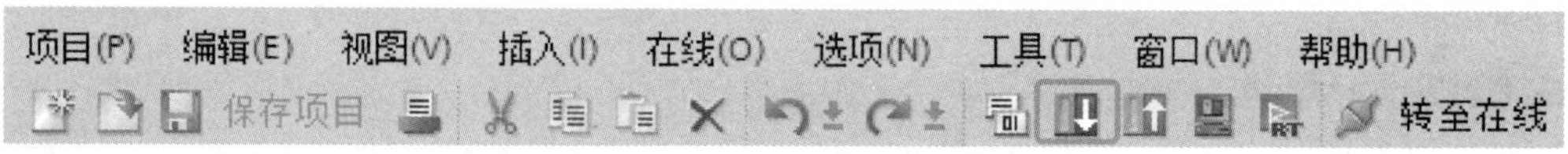

图2–28　单击工具栏中的下载按钮

PLC程序下载也可以在项目树中完成，右击指定的PLC，在弹出的菜单中选择“下载到设备”→“软件（全部下载）”，启动程序下载，如图2-29所示。

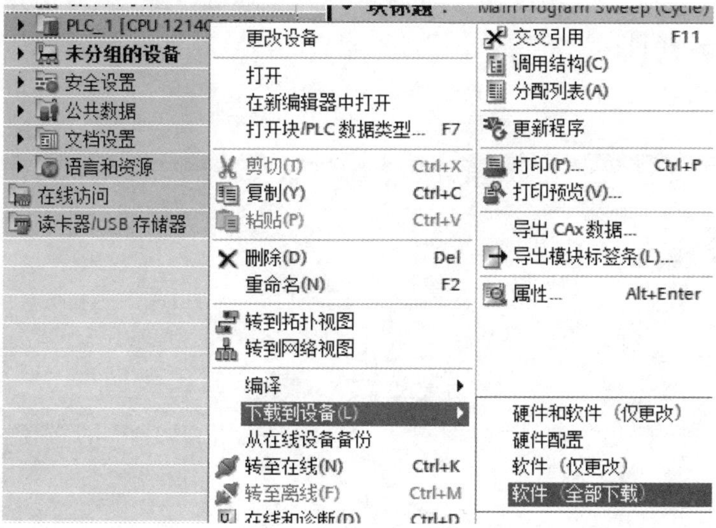

图2-29　PLC程序下载

7. PLC硬件配置下载

当PLC硬件配置有更新时，如更改IP地址、I/O地址、启用系统存储字节等，需要重新下载PLC硬件配置。在项目树中选中指定的PLC，右击，在弹出的菜单中选择“下载到设备”→“硬件配置”，启动硬件下载，如图2-30所示。

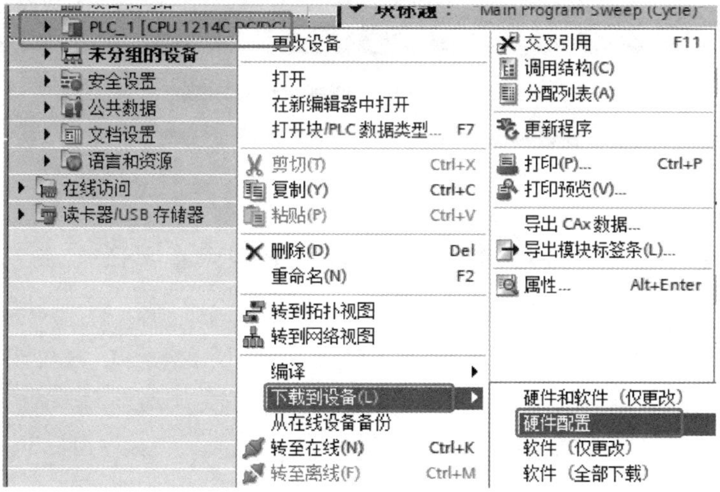

图2-30　PLC硬件配置下载

8. PLC下载对话框

PLC硬件配置下载后，会弹出扩展下载到设备对话框，如图2-31所示。“PG/PC接口的类型”选择“PN/IE”，表示通过本地网口下载。“PG/PC接口”选择计算机与PLC网线相连接的接口。

选择完成后，单击“开始搜索”，如果PLC正常通电、IP地址没有错误，且网线连接正常，则会在“选择目标设备”中出现已搜索到的PLC对象，单击“下载”，可将程序或硬件配置下载至PLC。

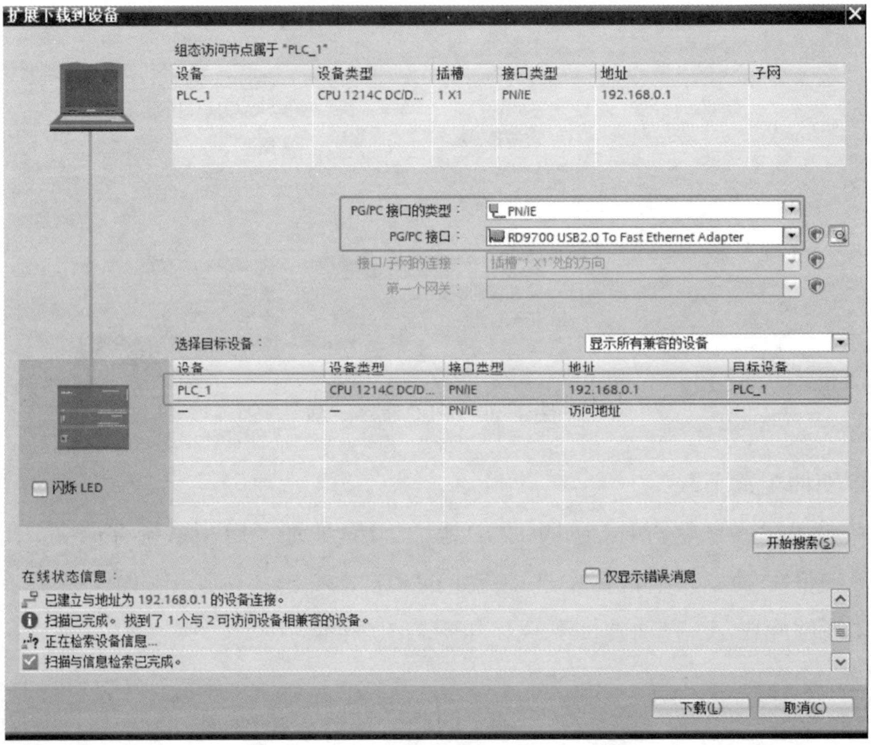

图2-31 扩展下载到设备对话框

项目小结

本项目介绍了S7-1200PLC硬件及TIA Portal软件，通过S7-1200硬件认知，了解了硬件各部分功能、西门子PLC家族的不同系列划分。介绍了S7-1200本体的电源及输入输出接线图。还介绍了博途软件的安装步骤及PLC的程序、硬件下载，以及相应的PLC和计算机的IP地址设置。

通过本项目的学习，能够认识S7-1200PLC硬件构成，能够进行S7-1200PLC的安装与拆卸，能够对其进行电源及输入输出的接线，并能够进行TIA Portal软件的安装与使用，增强学习者对S7-1200PLC硬件的安装、拆卸、维修能力及博途软件的工程实践应用能力。

思考与练习

1. PLC 硬件由哪几部分构成？
2. 在博途软件运行过程中，遇到计算机反复重启该怎么办？
3. 如果 S7-1200 型 PLC 的 I/O 点数不够，应该怎么扩展？
4. 如果 S7-1200 型 PLC 要使用串口通信，应该怎么扩展？
5. S7-1200 型 PLC 供电电源有几种规格？

项目3

PLC编程入门

【情境导入】

世界上第一台可编程逻辑控制器（PLC）于1969年由美国数字设备公司（DEC）为美国通用汽车公司（GM）设计并推出，其主要功能是取代汽车生产线上庞大且复杂的继电器控制装置。

本项目以继电器电路中典型的电动机点动控制、起保停控制、正反转控制为例，引导读者实现从继电器控制转换到PLC编程控制，并进一步熟悉博途软件的基本操作，完成对PLC编程入门的学习。

【内容图谱】

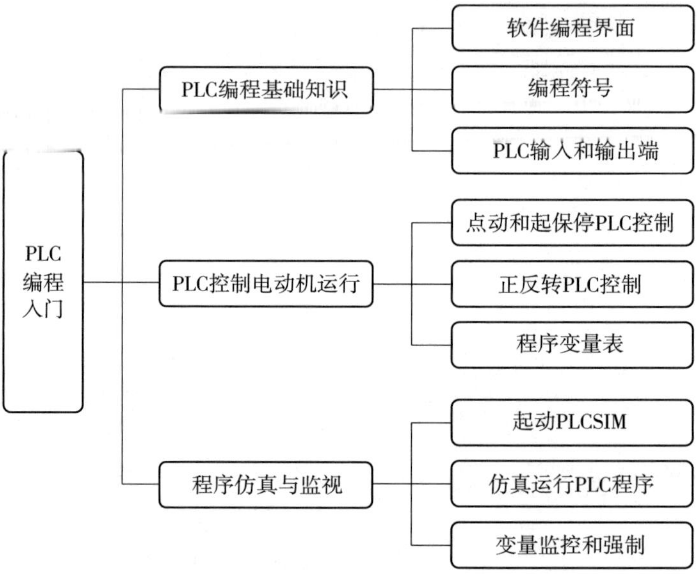

【重点、难点】

1. 重点内容

（1）梯形图编程符号。

（2）PLC 输入端与输出端接线、电动机控制程序。

2. 难点内容

（1）PLC 程序监视。

（2）变量值监控及强制。

【立德树人】

通过PLC编程入门知识，学习电气编程控制的基础知识，贯彻职业规范，树立高尚的职业道德。从细微处着手，不放过任何一个细节，制定明确的职业规划，树立远大的人生理想，为今后的职业生涯打好坚实的基础。

任务3.1 PLC编程基础知识

【任务描述】

本任务的主要内容分为博途软件编程界面、梯形图编程符号、PLC硬件输入、输出端。

博途软件编程界面中，工具栏、状态栏、项目树、指令的界面及功能认识。梯形图编程符号中，介绍了PLC编程语言、梯形图的线圈和触点编程符号，以及收藏夹功能。PLC硬件输入输出端中，介绍了PLC的输入、输出端接线方法，包括输入端的源型、漏型输入端的接法，以及DC输出端、RLY输出端的电源接法。

【任务目标】

1. 知识目标

- 熟悉博途软件编程界面。
- 熟悉常用的梯形图编程符号。
- 掌握PLC的输入、输出端接线。

2. 技能目标

- 熟悉博途软件的功能栏、编程框。

- 能识别梯形图线圈、触点的编程符号。
- 能对PLC的电源，以及输入、输出端进行正确的接线。

【任务实施】

3.1.1 软件编程界面

打开TIA Portal V15.1，新建项目，添加指定的PLC后，软件界面的介绍如下。

1. 项目树

程序编辑界面的左侧是项目树，单击项目树顶部的三角形图标，可以收起或折叠项目树，项目树如图3–1所示。

"设备和网络"，可以查看该项目所包含的全部硬件，如PLC、触摸屏等。

"设备组态"，可以对已添加的PLC进行相应的硬件组态，如添加扩展I/O模块、设置指令I/O端口特殊功能、设置系统和时钟字节等。

"程序块"，可以打开PLC程序默认Main程序，进入Main程序后，显示程序编辑界面。

"PLC变量"，可以打开PLC变量表，进行编辑和查看。

"监控与强制表"，可以对PLC变量表进行监控和强制。

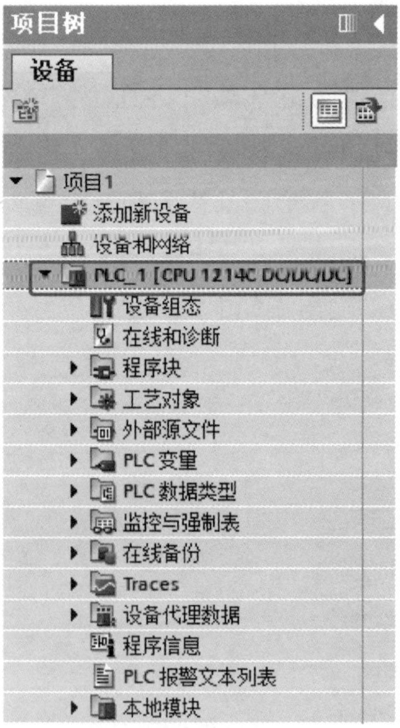

图3–1 项目树

2. 工具栏

在项目树已添加PLC的“程序块”中，打开Main程序，进入程序编辑界面。界面顶部是菜单栏和工具栏，工具栏如图3-2所示。

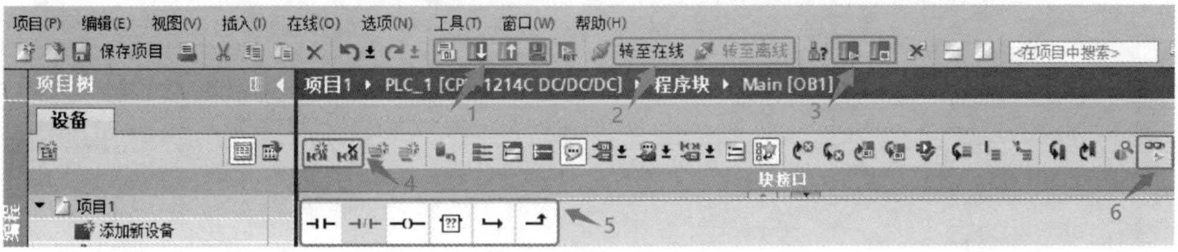

图3-2 工具栏

位置1处分别是程序编译、下载、上传、仿真。

位置2处分别是转至在线、转至离线，用于在线监视、停止监视。

位置3处分别是起动CPU、停止CPU，分别用于PLC起动、停止内部程序运行。

位置4处分别是插入、删除程序段。

位置5处是指令收藏夹，可以将指令树中的常用指令收藏在此处。

位置6处是启用/禁用程序监视。

3. 指令

在程序编辑界面的右侧是指令，如图3-3所示。

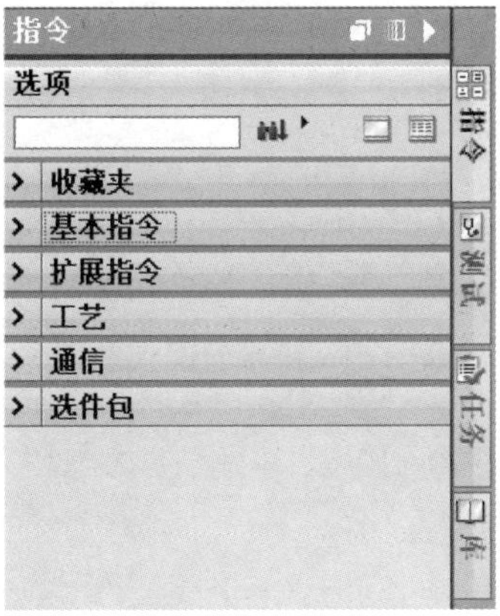

图3-3 指令

利用指令顶部的三角形图标可以浮动显示、折叠、收起指令。通过右侧的“指令”，可以打开指令列表。通过“收藏夹”，可以将常用指令添加在收藏夹，并显示在工具栏。通过“基本指令”“扩展指令”“工艺”“通信”等，可以给程序添加相应功能的指令。

4. 程序段

在程序段中可以编辑PLC程序，将指令拖动至程序段的横线上，即可进行PLC编程。

如果程序段的数量不够，可以单击“插入程序段”。如果要删除整个程序段，可以单击“删除程序段”，如图3–4所示。

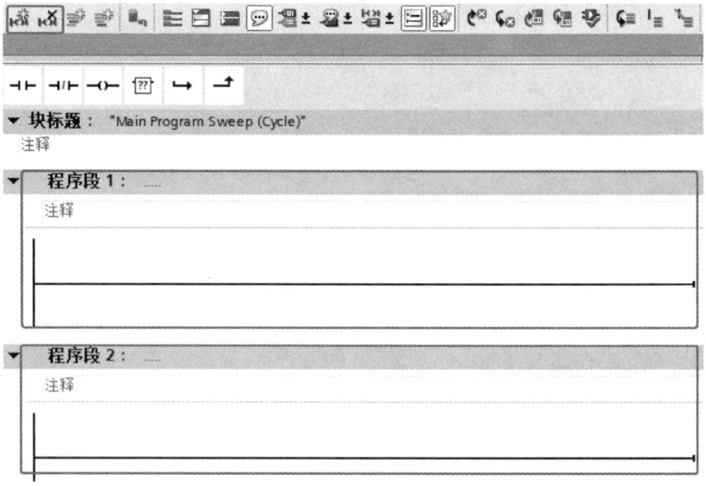

图3–4　程序段

5. 状态栏

状态栏可以显示程序当前状态。如果需要下载程序至PLC，单击“编译”按钮，状态栏会提示有无语法错误，如无错误，可以下载运行，如图3–5所示。

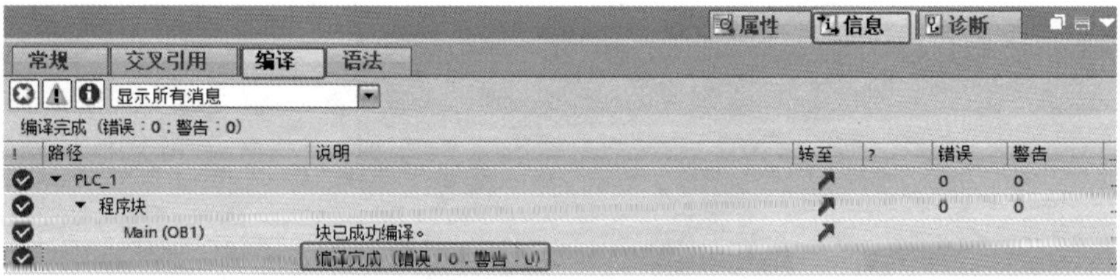

图3–5　程序无误状态栏

若有语法错误，程序不能下载至PLC，可以在状态栏双击错误提示，找到程序错误的位置，如图3–6所示。

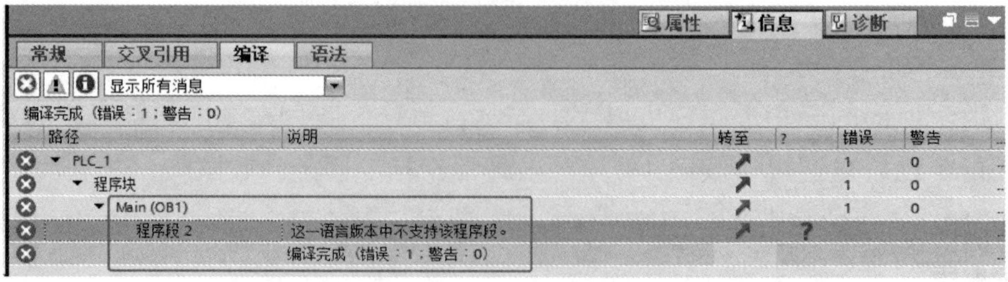

图3–6　程序有误状态栏

3.1.2 编程符号

梯形图是使用较多的一种PLC编程语言。梯形图沿袭了继电器控制电路的形式，由电工电路常用的继电器、接触器控制电路演变而来。梯形图的逻辑与继电器、接触器控制电路基本一致，具有形象、直观等特点，对已经具备电气基础知识的人来说，学习门槛较低。

PLC梯形图程序，用特定的编程符号表示常开触点、常闭触点、线圈、指令，是一种易于学习、读懂的图形编程语言。

1. 母线、编程线

在程序段的左边是一条垂直竖线，称为母线。母线可以近似看作电路中的电源，在PLC运行阶段，时刻都有“能流”从母线流出，任何指令均需接通母线，才能得以执行。

程序段的中间是一条水平的编程线，编程符号均放置在此线上。如果放置在编程线上的指令与左边的母线没有隔断并接通，则指令近似“得电”运行；如果与左边的母线隔断而没有接通，则指令近似“失电”，停止运行，具体如图3–7所示。

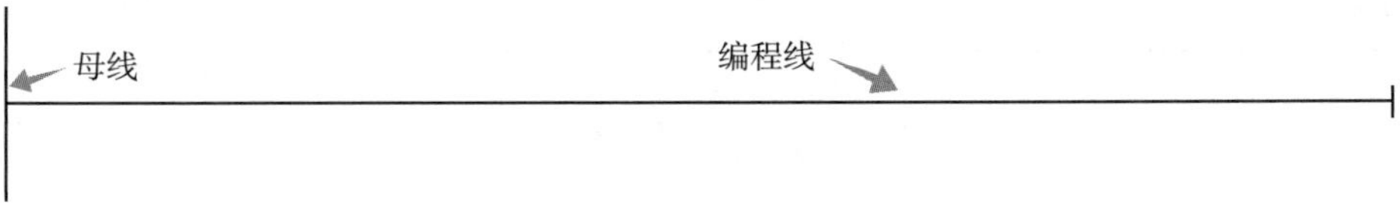

图3–7　母线、编程线

2. 常开触点编程符号

梯形图的常开触点编程符号是⊣ ⊢，放置在编程线上，其功能类似于中间继电器的常开触点_/_，隔断右侧指令与母线连接。

当常开触点对应的线圈“得电”时，⊣ ⊢会变成闭合状态；当常开触点对应的线圈“失电”时，⊣ ⊢恢复到断开状态。使用常开触点时，只需在收藏夹或指令中单击该符号，往编程线上拖动，直至出现连接点—■—，就完成了添加，如图3–8所示。

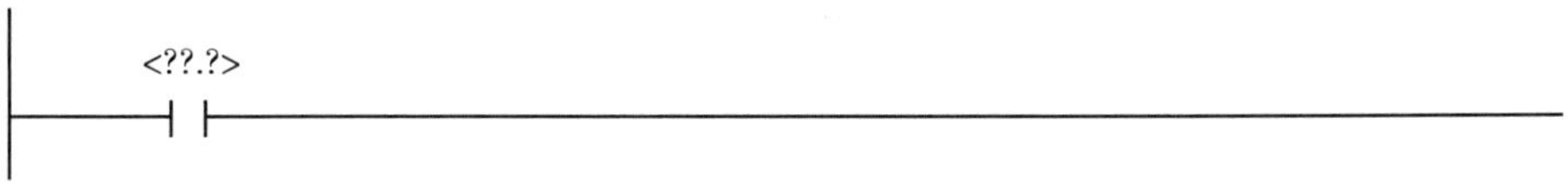

图3–8　常开触点编程符号

3. 常闭触点编程符号

梯形图的常闭触点编程符号是⊣/⊢，放置在编程线上，其功能类似于中间继电器的常闭触点_⅃_，接通右侧指令与母线连接。

当常闭触点对应的线圈“得电”时，⊣/⊢会变成断开状态；当常闭触点对应的线圈

“失电”时，-|/|-恢复到闭合状态。使用常闭触点时，只需单击该符号，往编程线上拖动，直至出现连接点-■-，就完成了添加，如图3–9所示。

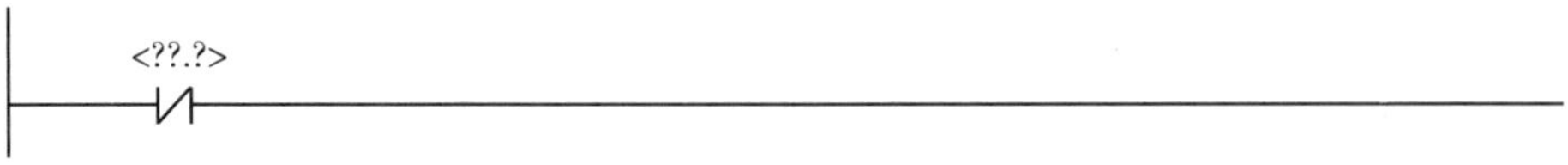

图3–9　常闭触点编程符号

4. 线圈编程符号

梯形图中的线圈编程符号是-( )-，放置在编程线上，其功能类似于中间继电器的线圈编程符号-[]-。

当线圈-( )-接通母线时，可看作该线圈“得电”。该线圈对应的常开触点-| |-变成闭合状态、常闭触点-|/|-变成断开状态。当线圈-( )-断开母线时，可看作该线圈“失电”，所对应的触点状态都会恢复为原来的状态。使用线圈-( )-时，只需单击该符号，往编程线上拖动，直至出现连接点-■-，就完成了添加，如图3–10所示。

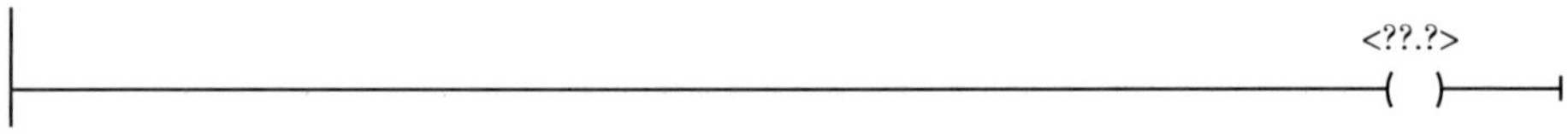

图3–10　线圈编程符号

5. 触点和线圈的编程地址

在PLC编程符号中，触点、线圈均可以看作PLC的程序继电器，其控制逻辑与实物继电器相同。在程序中使用线圈、触点时，要在指令上的问号处分配一个编程地址。如果线圈、触点具有相同的编程地址，则它们属于同一个程序继电器，具有对应的控制关系。

触点、线圈编程地址的主要格式是Ix.y、Qx.y、Mx.y，其中字符I、Q、M是PLC存储器不同区域的标识符，代表该程序继电器在程序中所担负的不同功能。x表示字节数，是大于或等于0的正整数。y表示字节中的位数，是0~7的正整数。“.”是该类型地址符号的特定格式，不可省略。

程序继电器的编程地址，既能表明它在程序中的特定用途，也能表明该地址在PLC存储器中的实际物理位置。

如编程地址I0.1，表示该地址在程序中是一个输入（Input）继电器，使用时需要结合PLC实际端口上同样标记为I0.0的端口使用。同时也表明该编程地址I0.0在PLC存储器中的物理位置是过程映像输入区（标识符I）的第0字节第1位。

如编程地址Q0.2，表示该地址在程序中是一个输出（Output）继电器，使用时需要结合PLC实际端口上同样标记为Q0.2的端口使用。同时也表明该编程地址Q0.2在PLC存储器中的物理位置是过程映像输出区（标识符Q）的第0字节第2位。

如编程地址 M2.3，表示该地址是一个辅助继电器，使用时仅作为程序辅助标识使用，无需对应 PLC 实际端口功能。该地址在 PLC 存储器中的物理位置是位存储区（标识符 M）的第 2 字节第 3 位。

线圈、触点符号，标记上正确的编程地址，就能正常下载、运行。在图 3–11 所示的程序中，程序下载至 PLC 运行，Q0.0 线圈直接接通母线得电，同时 Q0.0 常开触点因此闭合，Q0.1 线圈也接通母线得电。

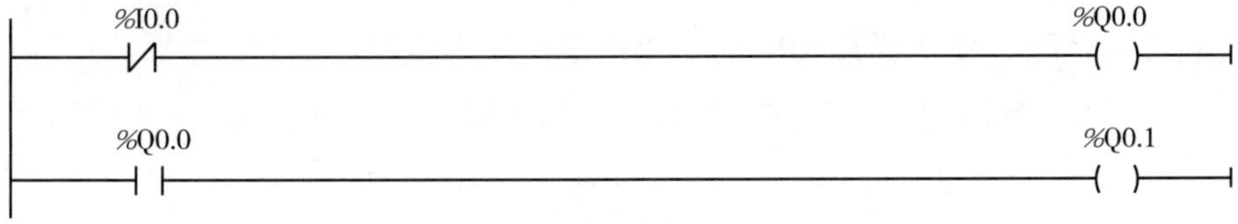

图 3–11　线圈、触点编程示例

Ix.y、Qx.y 需结合 PLC 实际端口，将机身对应端口进行接线，才能发挥输入、输出作用。因此 Ix.y、Qx.y 的使用数量及编程地址需要根据 PLC 的具体型号而定。

如 1214C 型 PLC，在不添加扩展模块的情况下，Ix.y 的编程地址可以使用 I0.0~I0.7、I1.0~I1.5，Qx.y 的编程地址可以使用 Q0.0~Q0.7、Q1.0~Q1.1。超出上述范围的地址则不具备物理上的输入、输出功能。

在 PLC 编程时，同一个编程地址的触点，使用次数不受限制。同一个编程地址的线圈，最多使用 1 次，若多次使用，会引起该地址值混乱，则称为“双线圈”。图 3–11 中的 Q0.0、Q0.1 线圈，在程序其他处不可再使用，避免出现“双线圈”。

6. 打开分支符号、嵌套闭合符号

打开分支符号是，可用于程序新开一个分支。嵌套闭合符号是，可用于程序将多个分支闭合。

使用打开分支时，在需要开分支处添加“打开分支”，形成 2 个分支，图 3–12 所示为在位置 1 处打开分支。

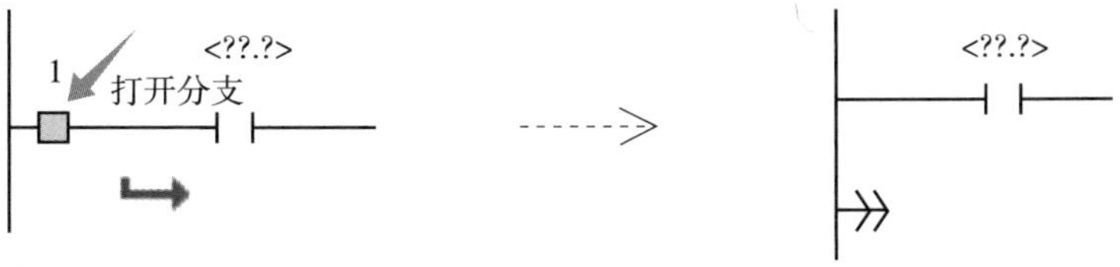

图 3–12　打开分支

程序打开分支后，在分支末端使用嵌套闭合，可以形成上下分支闭合，如图 3–13 所示。

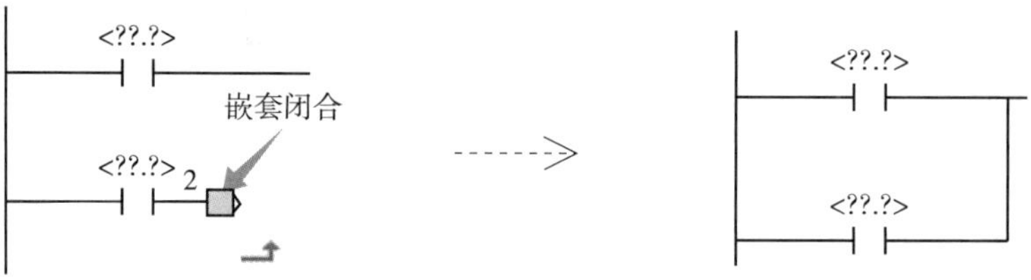

图3-13　嵌套闭合

7. 功能框符号

功能框符号是??，使用梯形图中的功能指令可以直接拖动1个功能框，然后在功能框中的“??”处，输入具体的指令名称，节约查找功能指令的时间，如图3-14所示。

图3-14　功能框符号

如果有多个分支需要嵌套闭合，可以用鼠标直接拖动功能框。如果位置2处需要并联到位置1处，可以在位置2处按住鼠标左键，直接拖动到位置1处，完成嵌套闭合，如图3-15所示。

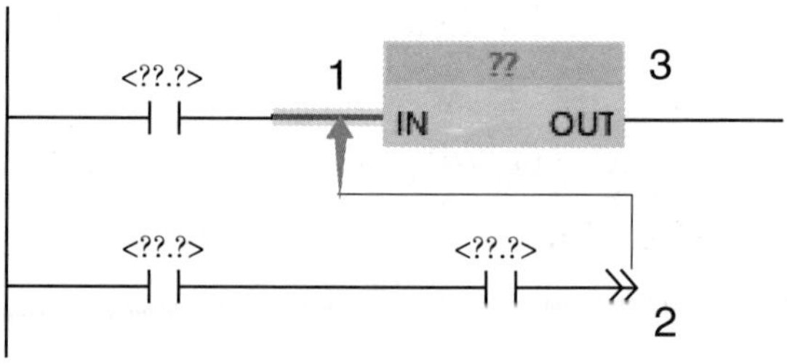

图3-15　功能框多分支嵌套

8. 变量名

编程地址Ix.y、Qx.y、Mx.y，在程序中输入完成后，系统会自动赋予一个对应且唯一的变量名，默认格式是“Tag_数字”，如图3-16所示。

图3-16　变量名

为方便识别，可以根据实际功能对变量名进行命名。可以直接选中变量名，右击，选择“重命名变量”，完成修改变量名，如图3-17所示。

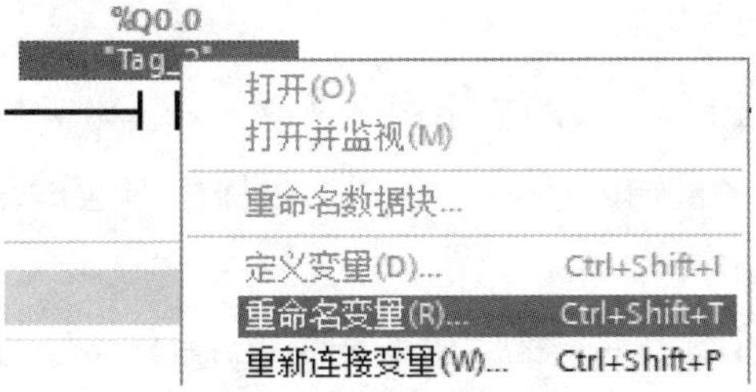

图3–17 修改变量名

在PLC程序中，可以选择以多种方式显示编程地址，在软件菜单中单击“选项”→“设置”→“PLC编程”→“常规”，可以选择“操作数表示方式”为“符号”“绝对”“符号和绝对”，分别对应以仅变量名、仅地址、变量名+地址的方式显示变量。设置变量显示方式如图3–18所示。设置完成后需要将程序关闭，并重启。

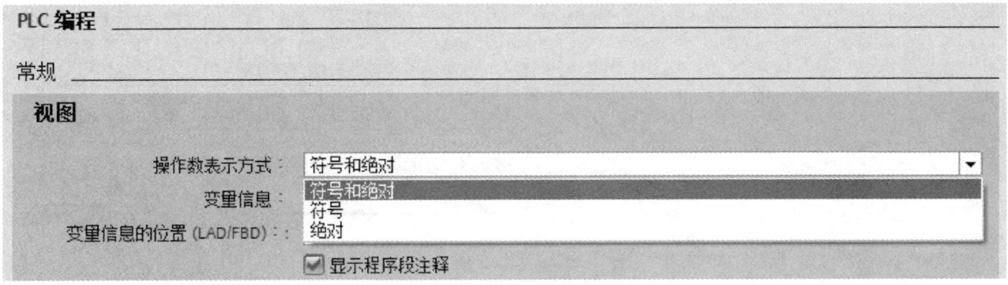

图3–18 设置变量显示方式

9. PLC变量表

对于PLC程序中所有使用过的编程地址，系统都会将其变量名、数据类型等多项属性记录在变量表中。在项目树中，展开已添加的PLC，打开“PLC变量”→“显示所有变量”或“默认变量表”，可以打开PLC变量表，并进行编辑、查看，如图3–19所示。

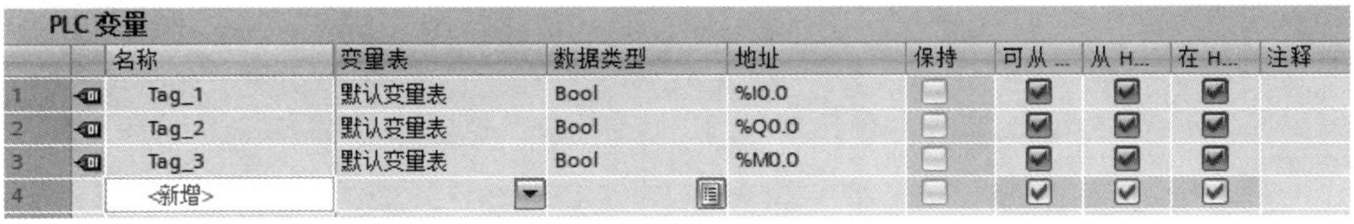

图3–19 PLC变量表

3.1.3 PLC输入和输出端

PLC输入和输出端是PLC与工业控制现场各类信号连接的部分。输入端用来接收生产过程的各种信号参数，输出端用来送出PLC运算后得到的程序结果，并通过与输出端相连的对外执行机构完成相应的工作。

1. PLC输入端口（I端口）

如图3-20所示，线框内是PLC的数字量输入区，端口1M是数字量输入公共端口。端口.0、.1、.2、.3 ……是数字量输入端口，在PLC程序中对应的编程地址分别是I0.0、I0.1、I0.2、I0.3……I0.7、I1.0、I1.1……

PLC实际的输入端口的个数及对应的编程地址受PLC具体型号的限制。使用PLC输入编程地址之前应观察PLC型号、实际上有多少个输入端口、在程序中能使用哪些对应的PLC编程地址。

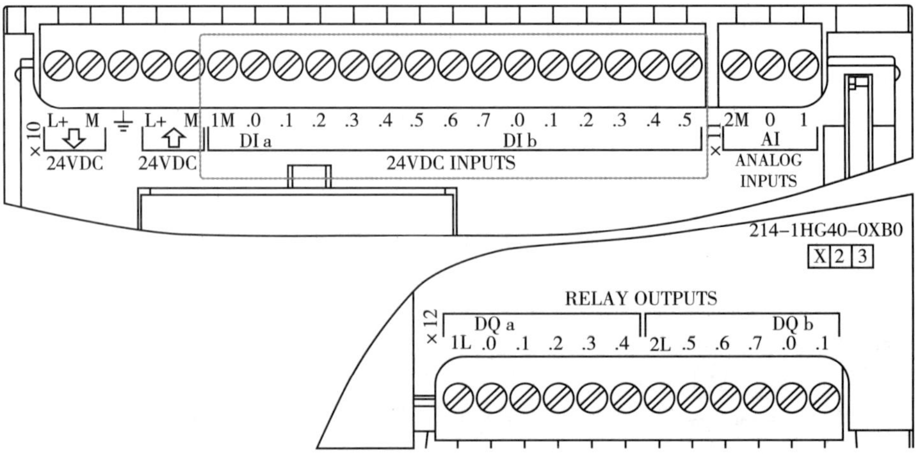

图3-20　PLC输入端口

2. PLC输入端口接线

PLC输入端口可以接收外部电流信号，控制对应的编程地址I0.y、I1.y触点在程序中的状态。输入端口的接线需要使输入端口I0.y、I1.y与公共端口1M的电流形成一个回路。根据电流方向有漏型、源型两种接线方法。

（1）漏型接线方法。

1M公共端口接0V，输入端口接24V，电流从输入端口流入，从1M公共端口流出，属于漏型接线方法。PLC输入端漏型接线方法如图3-21所示。

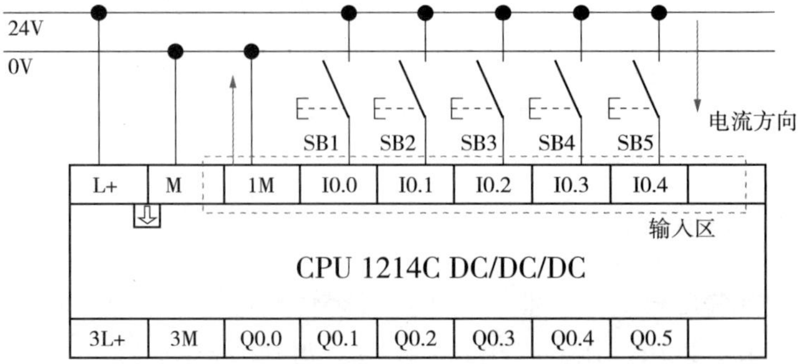

图3-21　PLC输入端漏型接线方法

（2）源型接线方法。

1M公共端口接24V，输入端口接0V，电流从1M公共端口流入，从输入端口流出，属于源型接线方法，PLC输入端源型接线方法如图3-22所示。

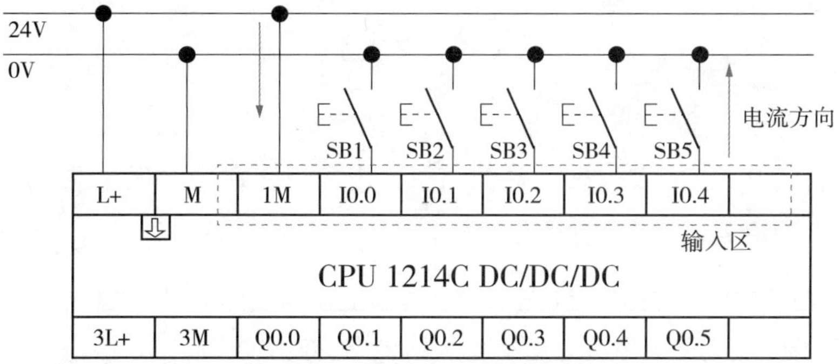

图3-22　PLC输入端源型接线方法

在使用两线制按钮、开关、传感器时，PLC输入端源型、漏型接线方法均适用。在使用三线制或更复杂的传感器时，需要辨别传感器的OUT端口的电压信号是24V还是0V，从而在PLC输入区选择对应的漏型、源型接线方法。

3. 输入端口与编程符号状态

在正确完成输入区接线后，输入端口I0.y、I1.y的得电状态会决定对应触点在程序中的运行状态。如果输入端口I0.y、I1.y中的任意一个通电，在程序中对应的⊣ ⊢会闭合、⊣/⊢会断开；如果断电，对应的触点⊣ ⊢、⊣/⊢会恢复至原始状态。

图3-23所示的PLC输入端接线，常开按钮SB1、常闭按钮SB2是否按下，能决定I0.0、I0.1触点在程序中的状态。

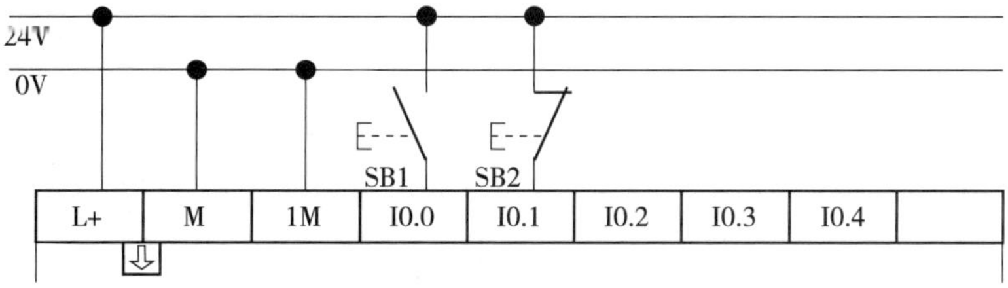

图3-23　PLC输入端接线

如果SB1、SB2均没有按下，I0.0没输入、I0.1有输入，图3-24所示为PLC编程符号状态，位置1处断开、位置2处闭合、位置3处闭合、位置4处断开。如果SB1、SB2均按下，I0.0有输入、I0.1没输入，位置1处闭合、位置2处断开、位置3处断开、位置4处闭合。

4. PLC输出端口（Q端口）

PLC输出端口可分为继电器型、晶体管型，继电器型的PLC型号是CPU 121x xx/xx/RLY，晶体管型的PLC型号是CPU 121x xx/xx/DC。

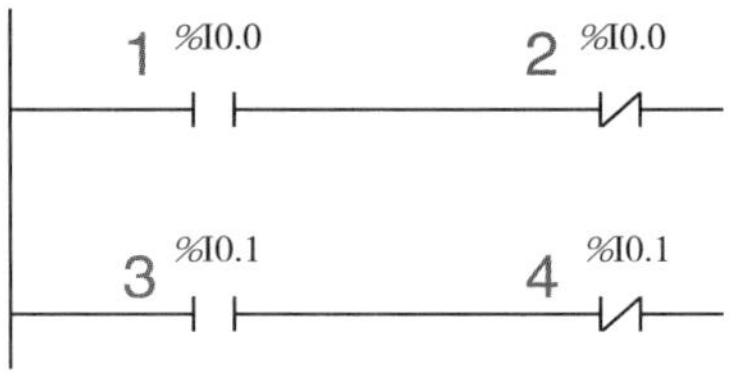

图3-24　PLC编程符号状态

如图3-25所示，线框内是继电器型PLC的数字量输出端口，1L、2L端口是数字量输出公共端口。端口.0、.1、.2、.3……是数字量输出端口，在PLC程序中对应的编程地址分别是Q0.0、Q0.1、Q0.2……Q0.7、Q1.0、Q1.1。

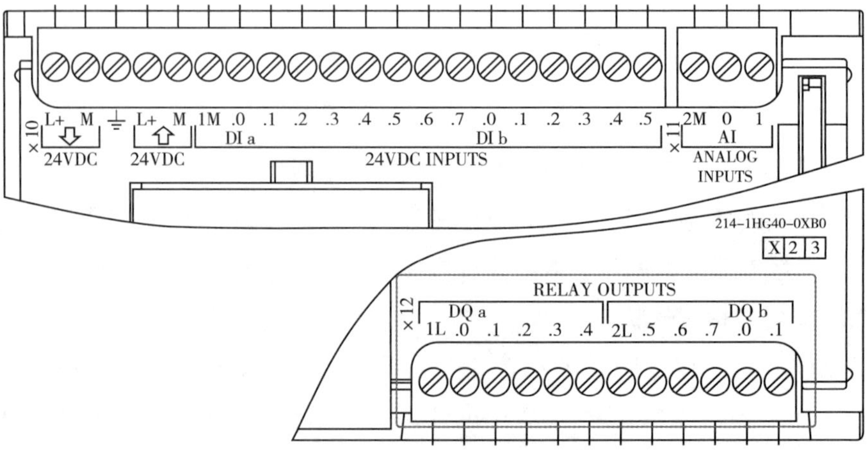

图3-25　继电器型PLC的数字量输出端口

如图3-26所示，线框内是晶体管型PLC的数字量输出端口。3L+、3M端口是输出公共端口，端口.0、.1、.2、.3……是数字量输出端口，在PLC程序中对应的编程地址分别是Q0.0、Q0.1、Q0.2……Q0.7、Q1.0、Q1.1。

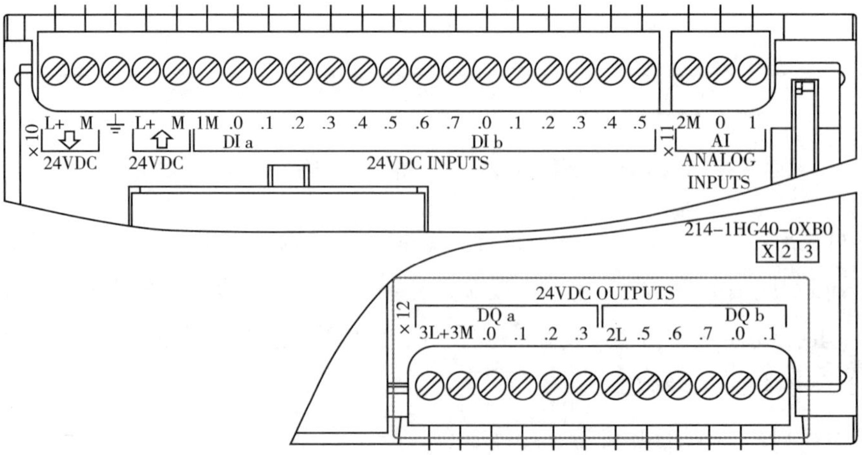

图3-26　晶体管型PLC的数字量输出端口

PLC实际的输出端口的个数受PLC具体型号的限制。使用PLC输出编程地址之前应观察PLC型号、实际上有多少个输出端口、在程序中能使用哪些对应的PLC编程地址。

5. PLC输出区端口接线

PLC输出端口根据不同类型，接线方式各有不同。继电器型PLC的输出区端口，可接直流电或交流电，输出电流方向不固定。公共端1L与各个输出端之间，可近似看作一个个常开触点 1L —╱— Q0.y。继电器型PLC输出区端口接线如图3–27所示。

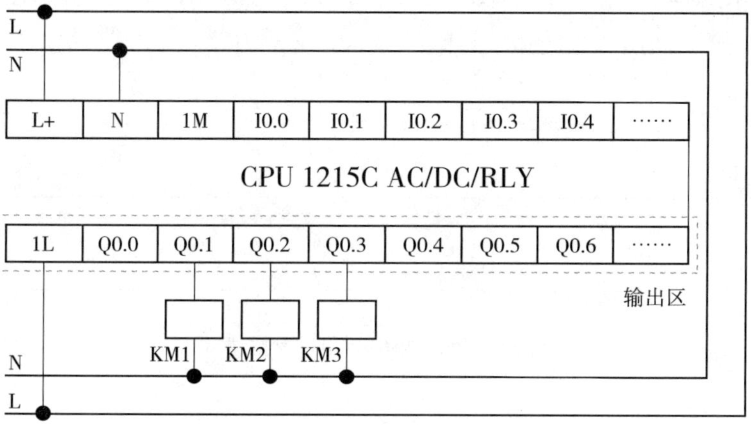

图3–27 继电器型PLC输出区端口接线

晶体管型PLC输出区端口只能接24V直流电，不可接交流电，输出电流方向固定，公共端口3L+、3M分别接+24V、0V。输出端口Q0.y、Q1.y在程序控制下可以输出或断开+24V电压。晶体管型PLC输出区端口接线如图3–28所示。

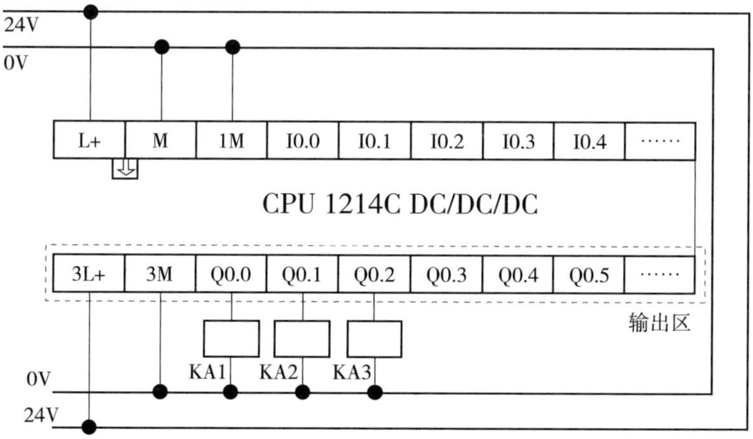

图3–28 晶体管型PLC输出区端口接线

6. 输出线圈程序与输出端口状态

继电器型PLC，输出端口Qx.y，若对应编程符号 Qx.y —( )— 接通母线，或Qx.y在程序中的值为1，则PLC的Qx.y输出端与1L公共端导通。

晶体管型PLC，在公共端正确接线的情况下输出端口Qx.y，若对应编程符号 Qx.y —( )— 接通母线，或Qx.y在程序中的值为1，则PLC输出区Qx.y端口电压为+24V。

图3-29所示的程序，若下载至图3-27所示的1215C AC/DC/RLY型PLC，在不改变I0.0、I0.1状态的情况下，Q0.1端口与1L导通，其余端口与1L不导通。KM1交流接触器工作，KM2、KM3交流接触器不工作。

图3-29所示的程序，若下载至图3-28所示的1214C DC/DC/DC型PLC，在不改变I0.0、I0.1状态的情况下，Q0.1端口处的电压为+24V。KA2继电器工作，KA1、KA3继电器不工作。

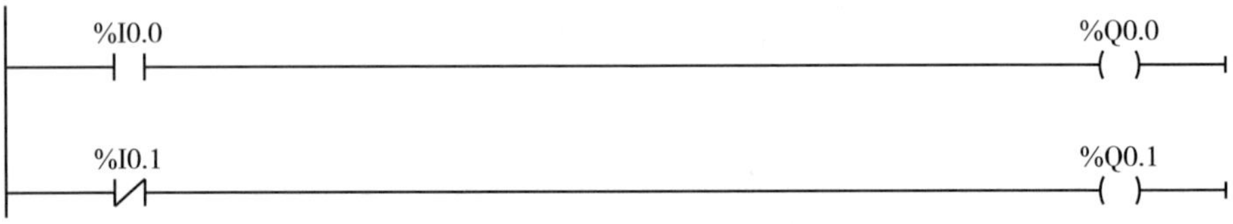

图3-29　输出端口控制程序

任务3.2 PLC控制电动机运行

【任务描述】

本任务介绍电气控制中典型的电动机点动控制、起保停控制、正反转控制，使用PLC编程达到继电器电路的同等控制效果，通过简单的电动机控制程序，学习PLC编程，同时掌握PLC的控制逻辑。

【任务目标】

1. 知识目标

- 电动机点动控制PLC程序。
- PLC自锁程序。
- 电动机正反转程序。

2. 技能目标

- 能根据PLC型号，设计PLC控制电路。
- 能根据控制对象，编写点动、起保停、正反转PLC程序。

【任务实施】

3.2.1 点动和起保停PLC控制

1. 电动机点动控制程序

使用CPU 1214C DC/DC/DC型PLC实现直流电动机点动控制，为保护PLC输出端口，PLC使用中间继电器KA间接控制电动机。

PLC输入端有按钮SB1，输出端有中间继电器KA1。当按住按钮SB1时，PLC驱动KA1线圈得电，KA1触点闭合，直流电动机转动；松开按钮SB1时，PLC停止驱动KA1，电动机停止转动。点动控制PLC接线如图3-30所示。

点动控制程序如图3-31所示。

分析：在运行程序时，程序中Q0.0线圈-( )-与母线之间有常开触点，断开连接。所以在PLC输出端口Q0.0电压没有得到24V电，KA1线圈不能得电。主电路中，2个KA1常开触点处于断开状态，电动机停止。

如果按下按钮SB1，PLC输入区有24V电施加在I0.0输入端口，程序中I0.0常开触点

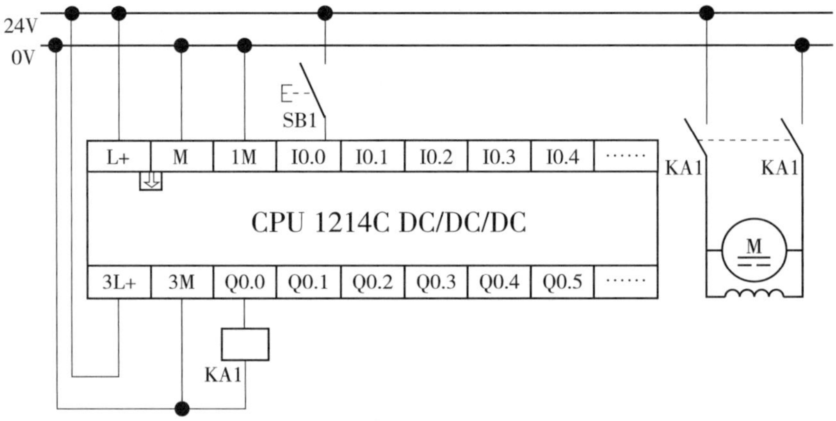

图3-30　点动控制PLC接线

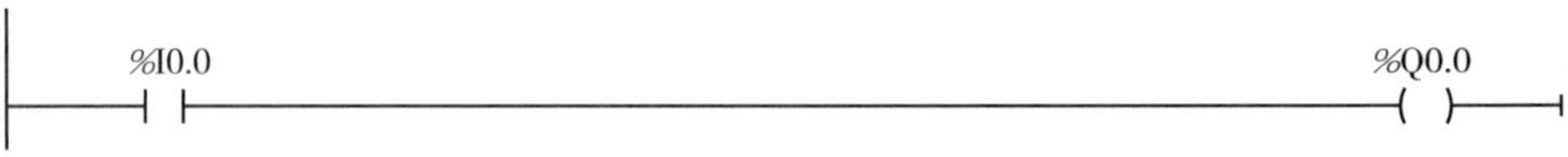

图3-31　点动控制程序

⊣ ⊢变成闭合状态，母线与Q0.0线圈-( )-接通。PLC输出端Q0.0得到24V电。与Q0.0相连的KA1线圈得电工作，产生电磁场，主电路中的2个KA1常开触点吸合，电动机运行。

如果松开按钮SB1，I0.0端口断电，程序中I0.0常开触点⊣ ⊢恢复成断开状态，母线与Q0.0线圈-( )-断开。PLC输出端Q0.0失去24V电。与Q0.0相连的KA1线圈失电停止工作，电磁场消失，电动机停止运行。所以该程序为点动控制程序。

2. 电动机起保停程序

使用CPU 1214C DC/DC/DC型PLC实现直流电动机起保停控制。PLC输入端有两个按钮SB1、SB2，PLC输出端有一个中间继电器KA1。当按下按钮SB1时，电动机开始持续转动，当按下按钮SB2时电动机停止转动。起保停控制PLC接线如图3-32所示。

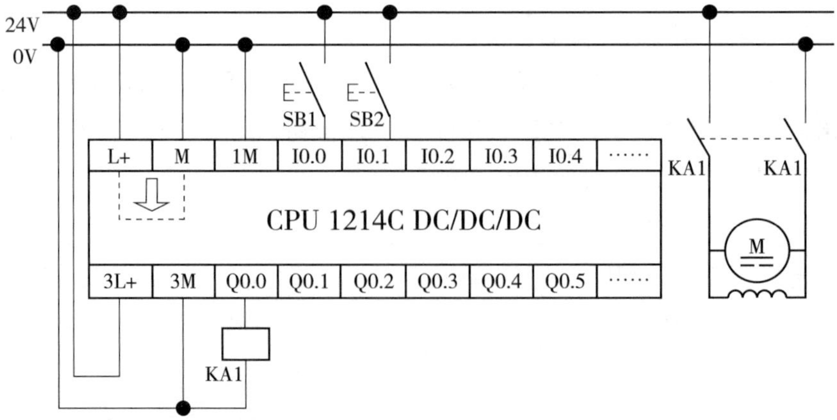

图3-32　起保停控制PLC接线

起保停控制程序如图3–33所示。

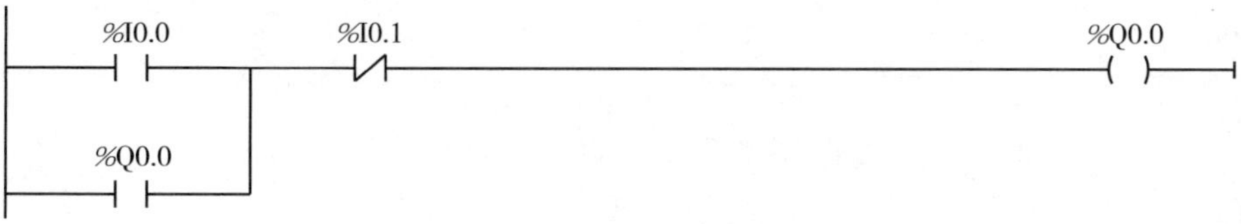

图3–33　起保停控制程序

电动机起保停控制程序

分析：在运行程序的过程中，当按下按钮SB1时，PLC输入端I0.0接收到24V电，程序中I0.0触点┤├变成闭合状态，Q0.0线圈( )与母线接通。PLC外部输出端Q0.0输出24V直流电，与Q0.0相连的KA1线圈得电，主电路触点闭合，电动机转动。

同时，Q0.0常开触点┤├因Q0.0线圈接通母线，变成闭合状态，与Q0.0线圈形成自锁。此时I0.0、Q0.0常开触点都闭合，若松开按钮SB1，I0.0常开触点断开，Q0.0线圈仍通过自锁与母线接通，电动机持续转动。

如果按下按钮SB2，程序中I0.1常闭触点┤/├断开，Q0.0线圈( )与母线断开。同时，左边的Q0.0常开触点┤├也恢复成断开状态。KA1断电，电动机停止。

3. 点动、起保停选择控制程序

使用CPU 1214C DC/DC/DC型PLC实现直流电动机点动、起保停选择控制。旋钮开关SA1旋转至断开状态时，按钮SB1点动控制直流电动机；旋钮开关SA1旋转至接通状态时，按钮SB1、SB2起保停控制直流电动机。点动、起保停选择控制PLC接线如图3–34所示。

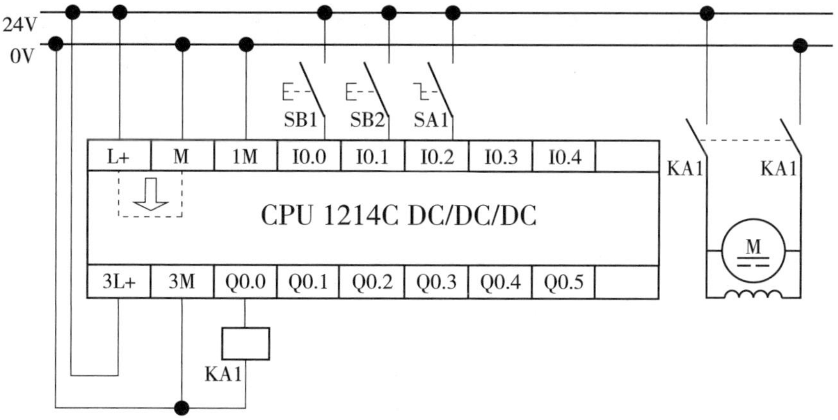

图3–34　点动、起保停选择控制PLC接线

点动、起保停选择控制程序如图3–35所示。

分析：当旋钮开关SA1旋转至断开，程序中I0.2断开，Q0.0线圈与触点无法形成自锁，按钮SB1点动控制直流电动机。当旋钮开关SA1旋转至闭合，Q0.0线圈与触点可形成自锁，按下按钮SB1，电动机持续转动，按下按钮SB2电动机立即停止，完成起保停控制。

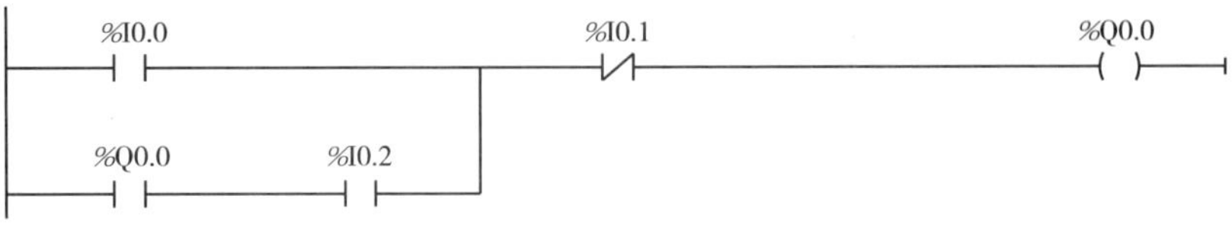

图3-35　点动、起保停选择控制程序

3.2.2　正反转PLC控制

使用PLC对直流电动机进行正反转控制，PLC输入端有三个按钮SB1、SB2、SB3。当按下按钮SB1时，电动机起动正转；当按下按钮SB2时，电动机起动反转；当按下按钮SB3时，电动机停止。PLC输出端有两个中间继电器KA1、KA2，分别控制直流电动机正转、反转。正反转控制PLC接线如图3-36所示。

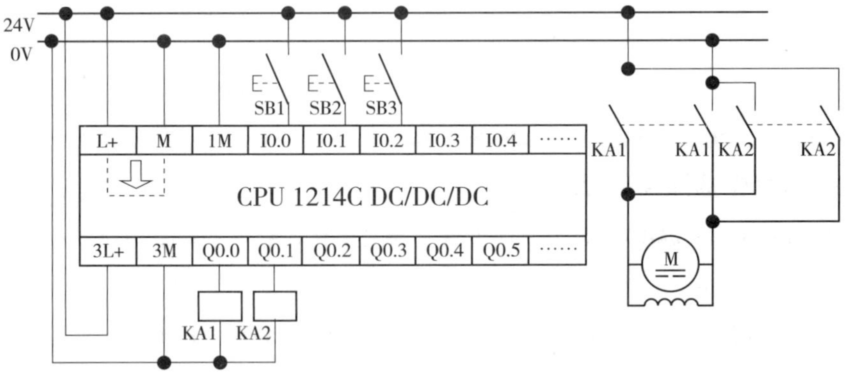

图3-36　正反转控制PLC接线

正反转控制PLC程序如图3-37所示。

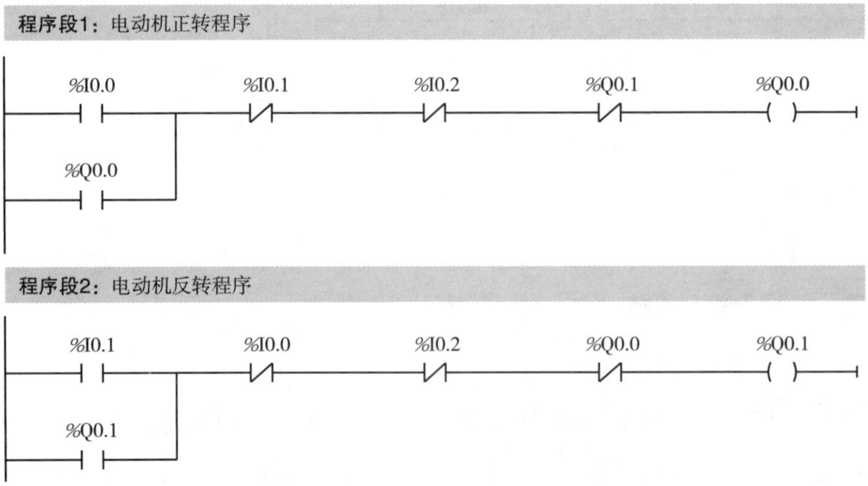

图3-37　正反转控制PLC程序

正反转控制PLC

分析：主电路中，直流电动机受KA1、KA2两对常开触点控制，KA1、KA2触点以方向相反的顺序将电动机接正负极电源。如果KA1触点闭合，电动机正转；如果KA2触点闭合，电动机反转。

若按下按钮SB1，程序段1中I0.0常开触点闭合，程序段2中I0.0常闭触点断开。Q0.1线圈断开母线，Q0.0线圈接通母线并形成自锁。主电路的KA1触点接通、KA2触点断开，电动机正转。

若按下按钮SB2，程序段2中I0.1常开触点闭合，程序段1中I0.1常闭触点断开。Q0.0线圈断开母线，Q0.1线圈接通母线并形成自锁，主电路的KA2触点接通、KA1触点断开，电动机反转。

若按下按钮SB3，程序段1、2中I0.2常闭触点断开，Q0.0、Q0.1线圈断开母线。主电路的KA1、KA2触点断开，电动机停止。

程序段1、2中I0.0常开和常闭触点、I0.1常开和常闭触点形成互锁；Q0.0线圈和Q0.1常闭触点、Q0.1线圈和Q0.1常闭触点形成互锁，确保程序段1、程序段2两段程序不会同时运行，避免Q0.0、Q0.1线圈同时接通母线。主电路中，应避免KA1、KA2常开触点同时闭合，以免给电路造成短路。

3.2.3　程序变量表

编写程序时，为了编写、阅读和修改方便，一般会根据实际功能，对每个编程地址命名一个变量名。可以通过左侧项目树，在“项目名”→“PLC名”→“PLC变量”→“显示所有变量”中对变量名进行添加。例如，在电动机正反转程序中，PLC变量表设置如图3–38所示，带变量名的PLC程序如图3–39所示。

PLC变量

名称	变量表	数据类型	地址
正转起动SB1	默认变量表	Bool	%I0.0
电动机停止SB3	默认变量表	Bool	%I0.2
反转起动SB2	默认变量表	Bool	%I0.1
正转线圈	默认变量表	Bool	%Q0.0
反转线圈	默认变量表	Bool	%Q0.1

图3–38　PLC变量表设置

建立完变量表后，在输入编程符号时既可以输入绝对地址，也可以直接输入变量名；系统会在用户输入完首字符时，自动提供变量提示，供用户选择，方便编程。

用户编写完程序后，如果需要修改编程地址，不需要改动程序，可直接在变量表中将地址改正，程序中所有用到对应变量名的地方，地址会自动更正，非常方便。

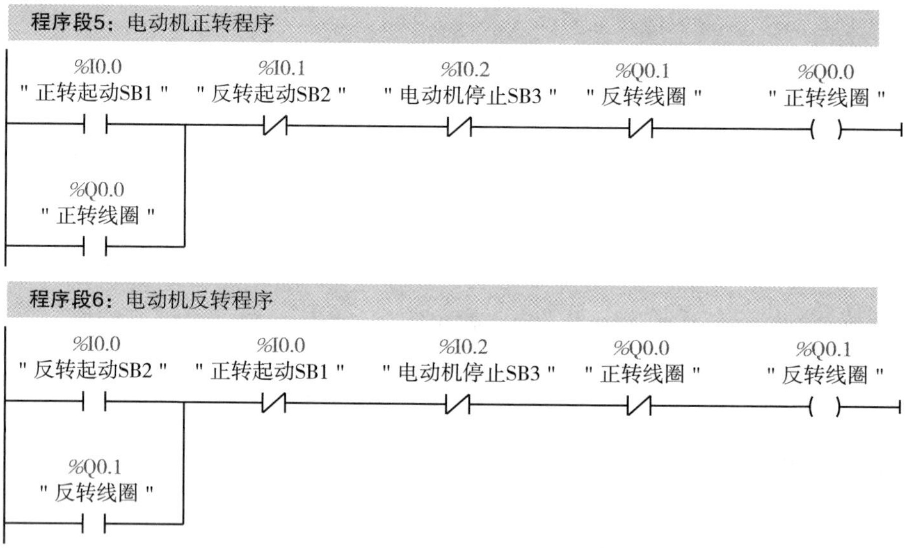

图3–39　带变量名的PLC程序

博途软件支持程序以符号、绝对地址、符号和绝对地址3种方式显示PLC变量。在菜单栏“选项”→“设置”→“PLC编程”→“操作数表示方式”中，可以将“操作数表示方式”设置为“符号和绝对”“符号”“绝对”等方式，显示编程地址。

任务3.3 程序仿真与监视

【任务描述】

在程序下载至PLC之前，可以在运行博途软件的同时起动仿真软件S7–PLCSIM，在电脑端运行程序，并通过修改变量、强制变量，观察程序的运行效果。程序仿真有助于用户在缺乏设备的情况下验证程序的运行逻辑是否正确。

【任务目标】

1. 知识目标

- 程序仿真软件S7–PLCSIM的起动、运行。
- 变量的修改、强制。
- 变量表的监视、写入。

2. 技能目标

- 能在计算机端进行程序仿真。
- 能自行监视、修改、强制变量。

【任务实施】

PLCSIM V15.1仿真软件是TIA Portal V15.1配套的仿真软件，它几乎支持1200系列所有指令的仿真运行。用户在计算机上安装仿真软件后，可以在程序编写界面直接调用起动。仿真软件不能直接修改Ix.y的值，需要进行变量强制，一般将Ix.y修改为Mx.y进行编程仿真。

以电动机正反转程序为例，为了仿真方便，在PLC变量表中将SB1、SB2、SB3的地址修改为M0.0、M0.1、M0.2，如图3–40所示。

PLC 变量

名称	变量表	数据类型	地址 ▲
正转线圈	默认变量表	Bool	%Q0.0
反转线圈	默认变量表	Bool	%Q0.1
正转起动S...	默认变量表	Bool	%M0.0
反转起动S...	默认变量表	Bool	%M0.1
电动机停止S...	默认变量表	Bool	%M0.2

图3–40 修改PLC变量表中的地址

修改完变量表后，程序将会自动更新程序地址，如图3-41所示。

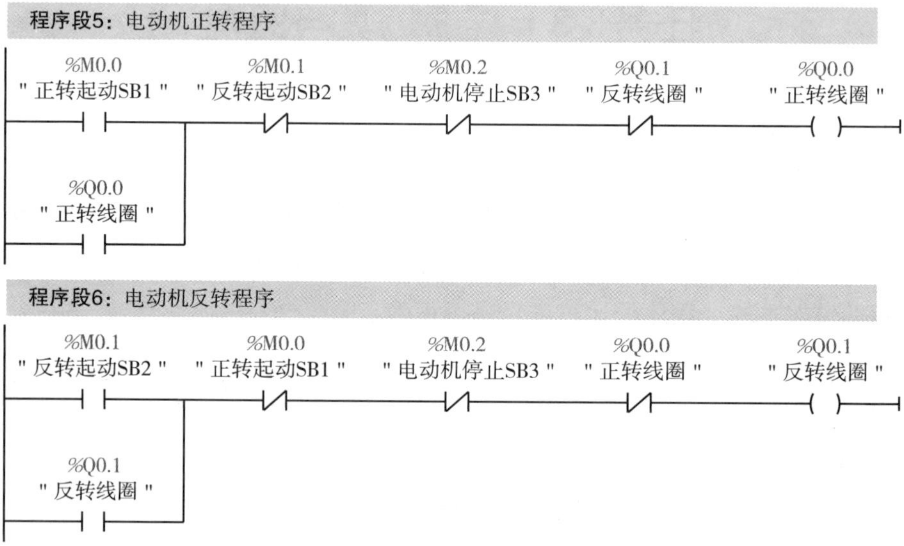

图3-41 电动机正反转仿真控制程序

3.3.1 起动PLCSIM

在确认语法正确、编译无误后，可以单击工具栏中的“起动仿真”按钮，起动PLCSIM软件，系统出现正在运行的PLCSIM软件，如图3-42所示。

在软件中，RUN是运行PLC程序、STOP是停止运行PLC程序。RUN和STOP的功能也可通过Portal软件编程界面的“起动CPU”、“停止CPU”按钮完成。

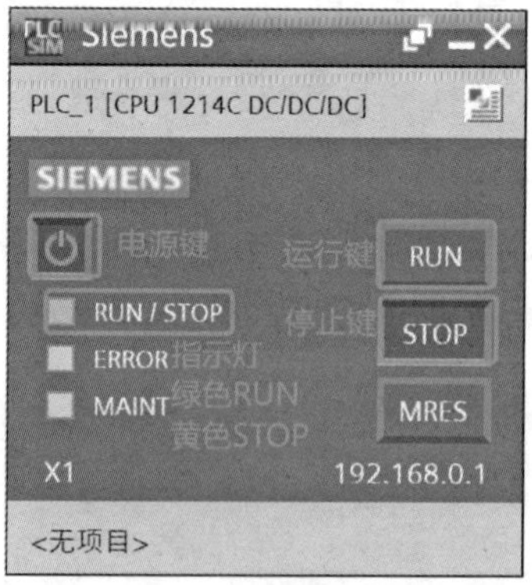

图3-42 PLCSIM运行界面

起动PLCSIM后，自动跳出“扩展下载到设备”界面。单击图3-43中的“开始搜索”按钮，搜索到名为“CPUcommon”的PLC设备，单击“下载”，完成将PLC程序下载至PLCSIM，如图3-43所示。

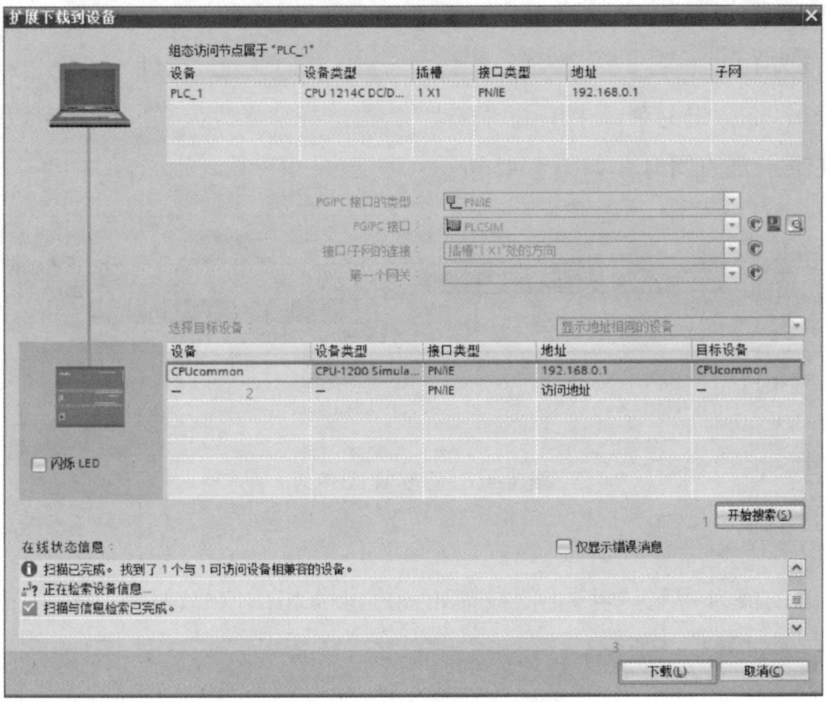

图3-43　PLC程序下载至PLCSIM界面

3.3.2　仿真运行PLC程序

完成程序下载后，单击“起动CPU”，让PLCSIM软件运行所下载的程序。单击“启用/禁用监视”按钮，让程序进入监视状态。实线代表接通母线，虚线代表断开母线，如图3-44所示。

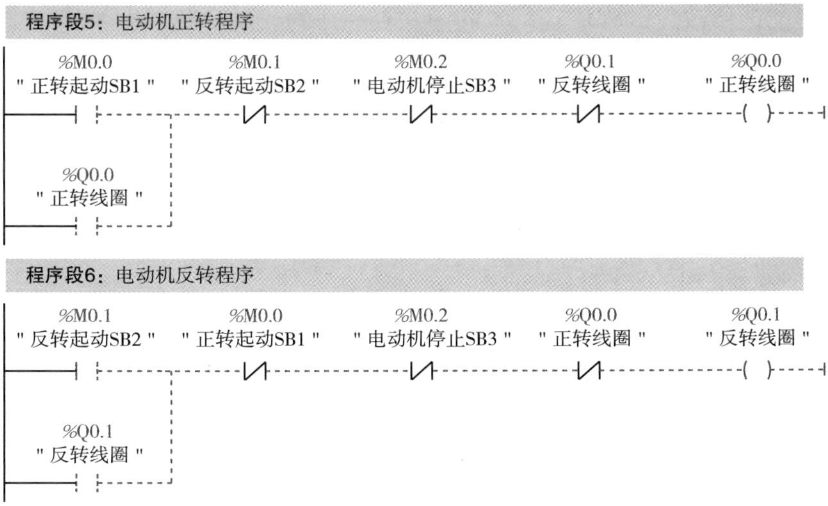

图3-44　程序监视界面

在程序监视模式下，可以手动修改触点状态，达到程序模拟运行的效果。

1. 修改值为1

右击M0.0，在弹出的菜单中单击“修改”，再选择“修改为1”。此时可以令M0.0的值为1，M0.0的常开触点闭合，如图3-45所示。

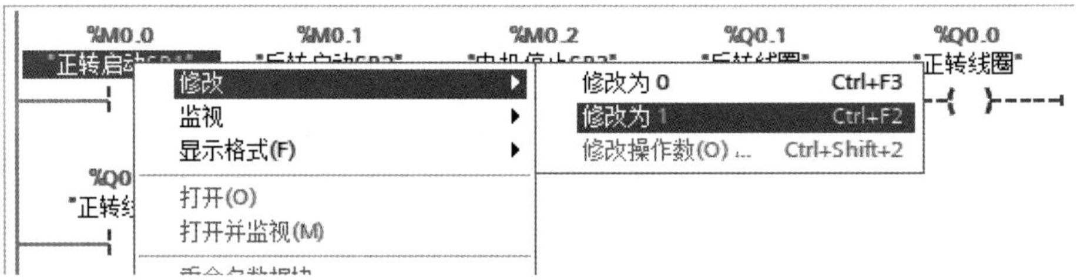

图3-45　修改M0.0值为1

2. 修改值为0

修改M0.0的值为1后，为防止值被锁死，再将M0.0的值修改为0，仿真了按钮按下后又松开的状态，如图3-46所示。

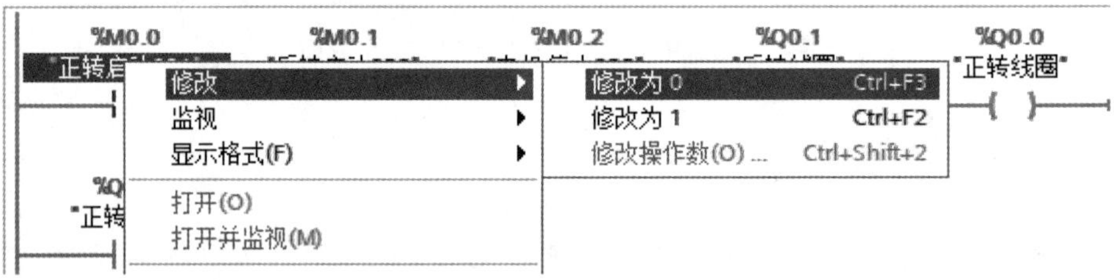

图3-46　修改M0.0值为0

3. 程序仿真效果

完成M0.0的值修改后，程序运行与按下按钮SB1的效果一致，即仿真了电动机正转程序的运行效果，如图3-47所示。

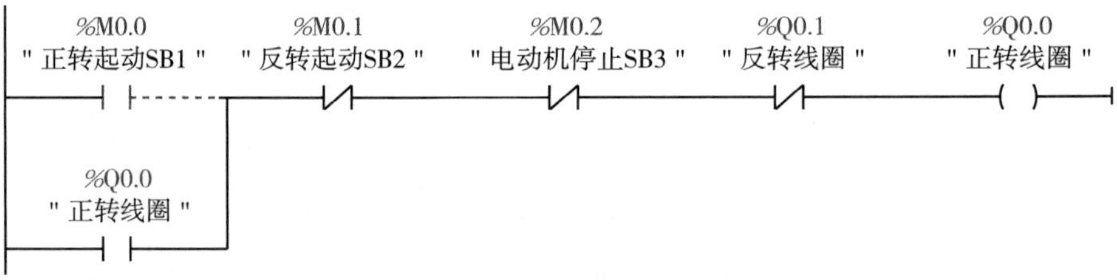

图3-47　正转程序仿真运行效果

3.3.3　变量监控和强制

PLC的监控表，可以对PLC存储器指定存储单元的值进行监控、修改。PLC的强制表，可以对监控表无法修改值的I/O端口进行值强制。

“监控与强制表”位于“项目树”→“PLC”→“监控与强制表”中，如图3-48所示。

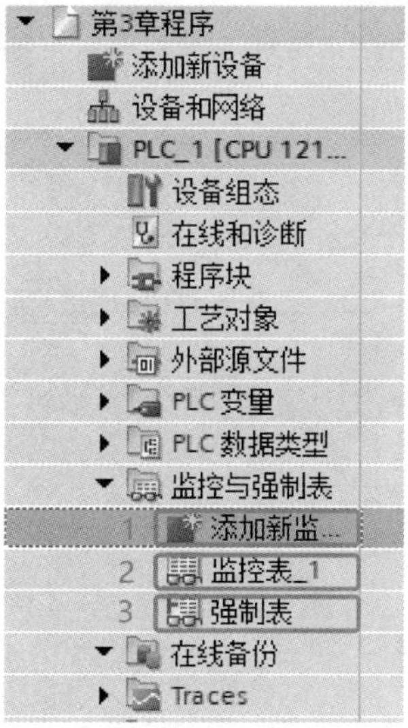

图3-48　监控与强制表

1. 监控表

在“监控与强制表”中，单击“添加新监控表”，可以新建监控表，完成PLC存储器中指定存储单元的值的监视和修改，如图3-48所示。

在监控表“名称”“地址”栏中输入要监控的对象后，单击图3-49所示位置1处的“全部监视”按钮，可以在位置3处实时监视变量的值。在位置2处可以按指定的显示格式显示变量值。

如果用户需要修改变量的值，可以将新值写在位置4处，然后单击位置5处的“修改”按钮，写入新值。

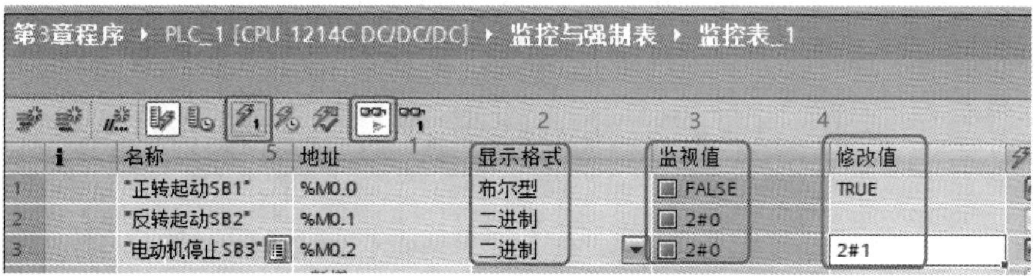

图3-49　监控表

2. 强制表

在强制表中，可以对监控表无法修改的I/O值进行强制。可在强制表中添加输入对象，如I0.0变量，如图3-50所示。在图3-50所示位置1处添加强制值1，再单击位置2处的

“起动强制”按钮，可将程序中I0.0的值修改为1。

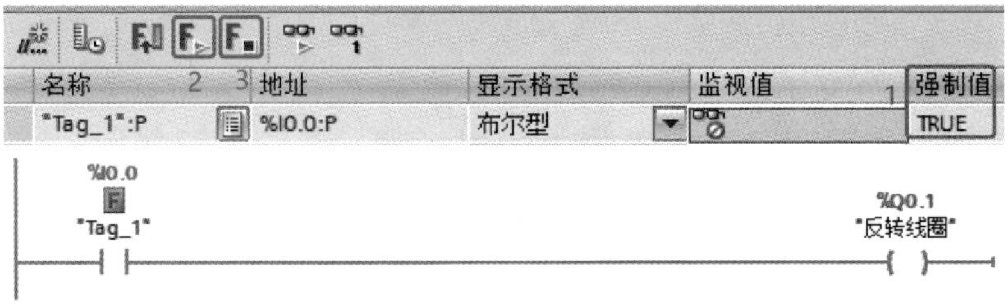

图3-50　强制表对I/O值进行强制

对变量进行强制后，应及时单击图3-50中位置3处的“停止强制”按钮，停止强制。

项目小结

通过本项目学习了PLC编程的入门知识，通过电动机的点动、起保停、正反转等典型的电气电路，熟悉了PLC的常开触点、常闭触点、线圈等编程符号，认识了PLC的输入端、输出端的接线，以及相应的编程地址。

通过PLC程序运行、监视、仿真，进一步了解了PLC程序的运行规则，掌握了简单的程序运行调试方法。

思考与练习

1. 执行PLC梯形图程序时，以什么顺序进行？

2. 在不添加扩展模块的情况下，1214型PLC最多可以使用几个输入点，几个输出点？

3. PLC输入端源型接法和漏型接法有什么区别？

4. 什么类型的PLC输出端可以直接接220V交流负载？

5. 比较电动机正反PLC控制程序的实现，与纯物理元件组成的电气控制电路的实现相比，有何异同点？

项目4

PLC数据和指令

【情境导入】

西门子S7-1200系列PLC是功能强大的控制器，其支持丰富的数据类型以及强大的指令系统。掌握PLC的数据类型、寻址方式以及指令系统，是熟练掌握PLC编程的重要环节。

【内容图谱】

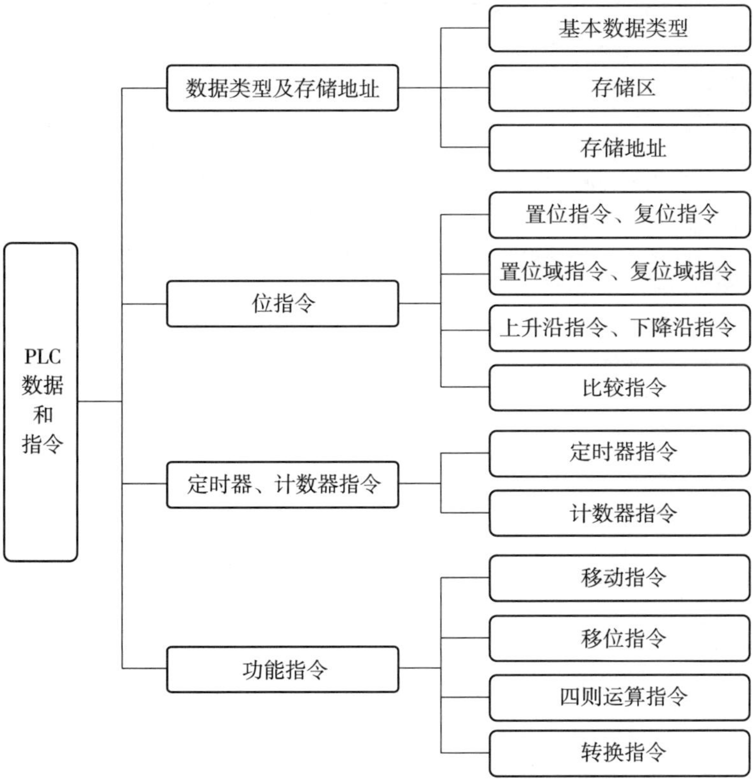

【重点、难点】

1. 重点内容

（1）PLC支持的基本数据类型。

（2）PLC存储区和寻址方式。

（3）位指令、功能指令。

2. 难点内容

（1）PLC存储区。

（2）定时、计数、转换等功能指令。

【立德树人】

树立正确的价值观，有良好的职业操守。遵守职业规范，习惯独立思考，对各种指令能灵活应用，培养辩证思维能力。

任务4.1 数据类型及存储地址

【任务描述】

S7–1200系列PLC支持种类丰富的数据类型，主要支持的数据类型有：

（1）基本数据类型；

（2）复杂数据类型；

（3）用户自定义UDT数据类型；

（4）指针；

（5）系统数据类型；

（6）字符型数据类型。

通过本任务，主要介绍PLC数据类型中的基本数据类型、PLC数据的存储区，以及数据在PLC存储器中的存储地址（包括位地址、字节地址、字地址、双字地址等）。

【任务目标】

1. 知识目标

• 认识PLC的常见数据类型。

• 了解PLC存储区中存储地址的格式。

2. 技能目标

- 能根据应用场景选择合适的数据类型。
- 认识PLC的I、Q、M全局存储区。
- 熟悉各种存储地址的包含关系。

【任务实施】

4.1.1 基本数据类型

PLC支持的基本数据类型包括位、位序列型（Bool、Byte、Word、DWord）、整数型（SInt、Int、DInt、USInt、UInt、UDInt）、浮点型（Real、LReal）、时间日期型（Time、DATE、TOD）。

1. 位、位序列型数据

位、位序列型数据通常在控制字、状态字、错误代码、标志字、状态位集合等中使用，一般不直接用于数学运算，数学运算使用整数型、浮点型数据。位、位序列型数据如表4–1所示。

表4–1 位、位序列型数据

数据类型	类型名称	位大小	数值类型	数值范围	地址示例
Bool	布尔型	1位	布尔运算	TRUE、FALSE	I1.0 Q0.1
			二进制	0、1	
Byte	字节型	8位	二进制	2#0000 0000 ~2#1111 1111	IB2 QB1 MB12
			无符号整数	0~255	
			有符号整数	–128~127	
Word	字型	16位	二进制	0~2#1111 1111 1111 1111	IW10 QW20 MW50
			无符号整数	0~65535	
			有符号整数	–32768~32767	
Dword	双字型	32位	二进制	0~2#1111 1111 1111 1111 1111 1111 1111 1111	ID10 QD30 MD40
			无符号整数	–2147483648 ~ 2147483647	
			有符号整数	0~4294967295	

2. 整数型数据

整数型数据按位大小可分为8位整数、16位整数、32位整数，数值范围各不相同；按有无符号可分为有符号型、无符号型，有符号型整数包含负数，无符号型整数不包含负数，整数型数据如表4-2所示。

表4-2　整数型数据

数据类型	类型名称	位大小	数值范围	地址示例
SInt	短整型	8位	-128~127	MB0 QB1
USInt	无符号短整型	8位	0~255	
Int	整型	16位	-32768~32767	MW10 QW96
UInt	无符号整型	16位	0~65535	
DInt	长整型	32位	-2147483648 ~ 217483647	MD100 ID1000
UDInt	无符号长整型	32位	0~4294967295	

3. 浮点型数据

浮点型数据以32位单精度或64位双精度表示，其中64位双精度浮点型数据不支持直接寻址，浮点型数据如表4-3所示。

表4-3　浮点型数据

数据类型	类型名称	位大小	常数示例	地址示例
Real	单精度浮点型	32位	-3.4、 123.456	MD20
LReal	双精度浮点型	64位	12345.123456789e40	不支持直接寻址

4. 时间、日期型数据

时间型数据以“T#”符号为前缀，单位有天、小时、分、秒、毫秒，单位符号分别是d、h、m、s、ms，默认时间单位是ms。时间日期型数据如表4-4所示。

表4-4　时间日期型数据

数据类型	类型名称	位大小	数值范围	常数示例
Time	时间型	32	T#-24d20h31m23s648ms ~T#24d20h31m23s647ms	T#20s T#1d2h3s4m
DATE	日期型	16	D#1990-1-1~2168-12-31	D#2024-12-31
TOD	时间日期型	32	TOD#0：0：0~TOD#23：59：59：999	TOD#10：20：30：400

4.1.2 存储区

S7-1200型PLC存储器内部，按功能划分为过程映像输入区（I区）、过程映像输出区（Q区）、位存储区（M区）、局部数据区（L堆栈）、数据块（DB块）等存储区，如图4-1所示。

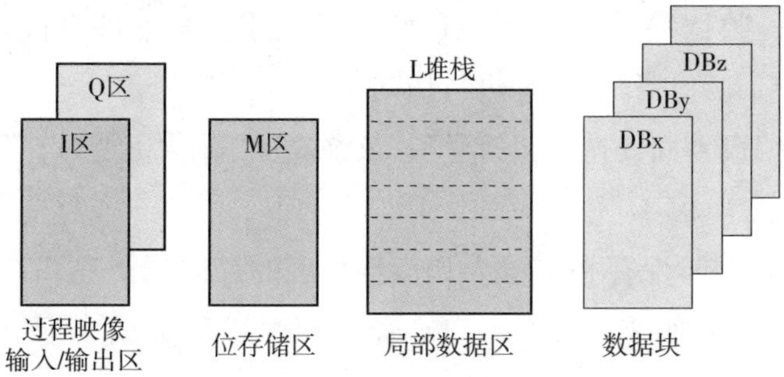

图4-1 PLC存储器分区图

过程映像输入区（I区）、过程映像输出区（Q区）、位存储区（M区）又称为全局存储区，其中每个存储单元均有唯一对应的绝对地址，所有程序块均可以直接访问全局存储区的存储单元。

数据块（DB块）是可以存储用户数据的区域，包括全局数据块和背景数据块，全局DB块可存储所有程序块均可使用的数据，背景DB块存储特定子程序的数据。DB块经过特殊设置，也可以使用绝对地址。

局部数据区（L堆栈）只在局部程序有效，也称为临时存储器。只有提前创建或声明了临时存储单元的程序块，才可以访问临时存储器中的数据。

1. 存储单位

在存储器中，有大小不等的多种存储单位，每个存储单位都代表PLC中一个基本的存储单元。存储单位主要有位（bit）、字节（Byte）、字（Word）、双字（DWord）。存储单位对应的关系如表4-5所示。

表4-5 存储单位对应的关系

存储单位	位单元个数	字节单元个数	字单元个数	双字单元个数
位（bit）	1位			
字节（Byte）	8个	1个		
字（Word）	16个	2个	1个	
双字（DWord）	32个	4个	2个	1个

2. 绝对地址和符号地址

全局存储器中的每个存储单元，均有唯一对应的绝对地址，此地址也代表了该存储单元在存储器中的实际物理位置。例如，I0.0、Q0.1、IB5、MW10、MD30均属于绝对地址。博途软件中若存储单元有前缀“%”符号，则表示是绝对地址。

博途软件对PLC的每个变量均赋予一个符号，称为符号地址，默认符号格式是“Tag_数字”。全局存储区、数据块（DB）可以以绝对地址或符号地址进行访问，局部数据区（L）没有绝对地址，只允许以符号地址进行访问。

博途软件的程序编辑界面支持“仅符号”“仅绝对”“符号和绝对”等显示方式。

3. 过程映像输入区（I区）

过程映像输入区是用于保存PLC输入端信号状态的存储区。在PLC扫描周期的开始，CPU对输入端的物理状态进行采样。根据PLC输入端的状态，将采样值0或1存放到过程映像输入区（I区）对应的存储单元中。

如果PLC运行时，外设地址为I0.0的输入端口有输入，则在下一个程序扫描周期开始时，CPU将外设地址I0.0端口的采样值1存放到过程映像输入区存储单元I0.0，程序中I0.0的值为1。

过程映像输入区存储单元的值由输入端的物理状态决定，存在一定延时。过程映像输入区包含位、字节、字、双字等单位，一般情况下只读不写。存储单元的绝对地址格式是I［字节地址］.［位地址］或I［位大小］［起始字节地址］，如表4-6所示。

表4-6 过程映像输入区存储单元

存储单元	格式	描述	示例
位	Ix.y	x表示所在字节地址，“.”是分隔符，y表示位地址。	I1.2 I存储区第1字节的第2位
字节	IBx	B表示存储单位Byte，x表示起始字节数。	IB2 I存储区的第2字节
字	IWx	W表示存储单位Word，x表示起始字节地址。	IW3 I存储区起始于第3字节的1个字
双字	IDx	D表示存储单位DWord，x表示起始字节地址。	ID5 I存储区起始于第5字节的1个双字

4. 过程映像输出区（Q区）

过程映像输出区，在PLC程序扫描周期结束时，进行输出端刷新，将过程映像输出区的值传送至PLC输出锁存器中，通过输出电路驱动输出端口对应的外部电路。

过程映像输出区的存储单元，包含位、字节、字、双字等单位，对应的绝对地址格式是Q［字节地址］.［位地址］或Q［位大小］［起始字节地址］，如表4-7所示。

表 4-7 过程映像输出区存储单元

存储单元	格式	描述	地址示例
位	Qx.y	x 表示所在字节地址，“.” 是分隔符，y 表示位地址。	Q1.2 Q 存储区第 1 字节的第 2 位
字节	QBx	B 表示存储单位 Byte，x 表示起始字节数。	QB2 Q 存储区的第 2 字节
字	QWx	W 表示存储单位 Word，x 表示起始字节地址。	QW3 Q 存储区起始于第 3 字节的 1 个字
双字	QDx	D 表示存储单位 DWord，x 表示起始字节地址。	QD5 Q 存储区起始于第 5 字节的 1 个双字

5. 位存储区（M 区）

位存储区是存储区中用于程序状态标记、暂存的部分。位存储区不能直接对外输入、输出，仅用于内部程序。

位存储区的存储单元包含位、字节、字、双字等单位，对应的绝对地址格式是 M［字节地址］.［位地址］或 M［位大小］［起始字节地址］，位存储区存储单元如表 4-8 所示。

表 4-8 位存储区存储单元

存储单元	格式	描述	示例
位	Mx.y	x 表示所在字节地址，“.” 是分隔符，y 表示位地址。	M1.2 M 存储区第 1 字节的第 2 位
字节	MBx	B 表示存储单位 Byte，x 表示起始字节数。	MB2 M 存储区的第 2 字节
字	MWx	W 表示存储单位 Word，x 表示起始字节地址。	MW3 M 存储区起始于第 3 字节的 1 个字
双字	MDx	D 表示存储单位 DWord，x 表示起始字节地址。	MD5 M 存储区起始于第 5 字节的 1 个双字

6. 位存储区（M 区）特定功能字节

位存储区的部分字节，在 PLC 属性中可以自定义为特定功能字节，在程序中起特定功能作用，如 PLC 系统存储字节、PLC 时钟存储字节。已定义为特定功能的字节，不可在程序中再作他用。

（1）PLC 系统存储字节。

在项目树中，对已添加的 PLC 右击，单击“属性”。在属性框的“常规”项中，单击“系统和时钟存储器”，选中“启用系统存储器字节”。在“系统存储器字节的地址”填写 M 区的字节地址，例如填写 100，则 MB100 作为 PLC 的系统存储字节使用，如图 4-2 所示。

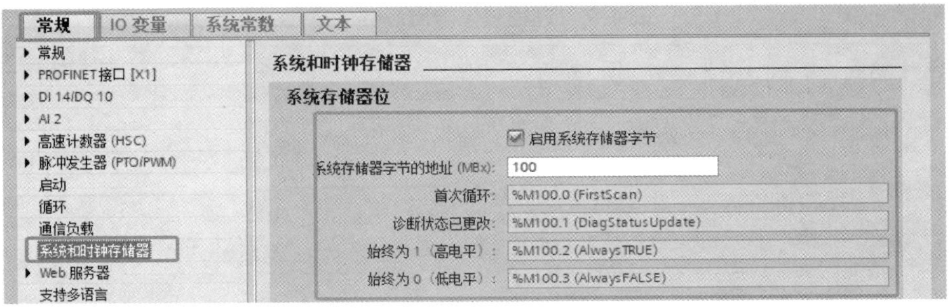

图4–2　启用系统存储字节

单击“确定”后，PLC变量表会自动添加以下变量，如图4–3所示。

	System_Byte	Byte	%MB100
	FirstScan	Bool	%M100.0
	DiagStatusUpdate	Bool	%M100.1
	AlwaysTRUE	Bool	%M100.2
	AlwaysFALSE	Bool	%M100.3

图4–3　系统存储字节变量表

变量表中的存储单元均已被定义特定功能，在程序中不可再作他用。例如MB100中的M100.0，符号是“FirstScan”，功能是首次循环，在PLC程序运行的第1个扫描周期，M100.0的值为1，往后一直是0，经常被用作程序初始化。

（2）PLC时钟存储字节。

在项目树中，对已添加的PLC右击，单击“属性”。在属性框的“常规”项中，单击“系统和时钟存储器”，选中“启用时钟存储器字节”。在“时钟存储器字节的地址”填写M区的字节地址，例如填写101，则MB101作为PLC的时钟存储字节使用，如图4–4所示。

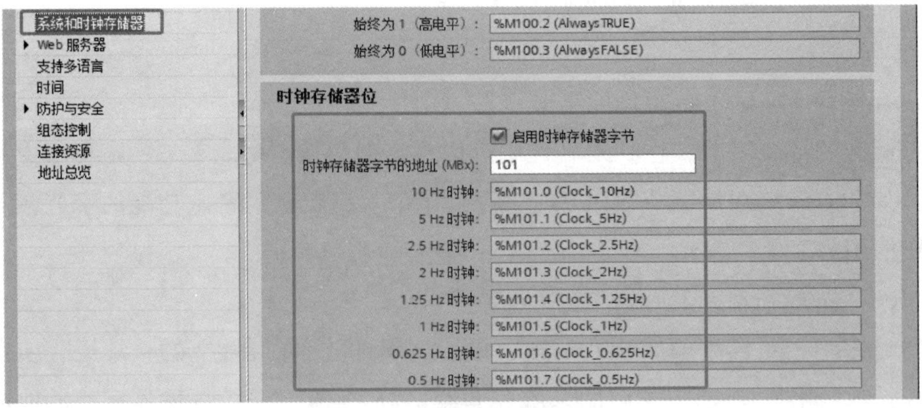

图4–4　启用时钟存储字节

单击“确定”后，PLC变量表会自动添加以下变量，如图4-5所示。

Clock_Byte	Byte	%MB101
Clock_10Hz	Bool	%M101.0
Clock_5Hz	Bool	%M101.1
Clock_2.5Hz	Bool	%M101.2
Clock_2Hz	Bool	%M101.3
Clock_1.25Hz	Bool	%M101.4
Clock_1Hz	Bool	%M101.5
Clock_0.625Hz	Bool	%M101.6
Clock_0.5Hz	Bool	%M101.7

图4-5　时钟存储字节变量表

变量表中的存储单元均已被定义特定功能。例如，MB101中的M101.0，符号是“Clock_10Hz”，功能是产生周期为0.1s的方波。MB101中的M101.1，符号是“Clock_5Hz”，功能是产生周期为0.2s的方波。M101.0、M101.1的方波时序如图4-6所示。

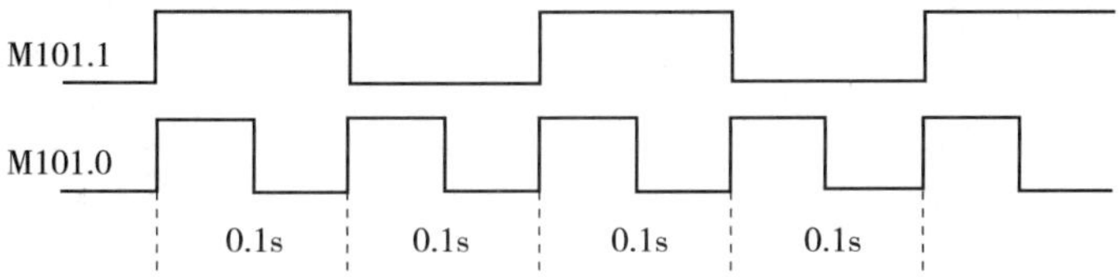

图4-6　M101.0、M101.1的方波时序图

（3）硬件下载。

启用PLC的系统存储字节、时钟存储字节后，PLC的硬件属性发生改变，需要在项目树中对PLC右击，选择“下载到设备”→“硬件配置”，如图4-7所示，否则会出现特定功能启用失败的情况。

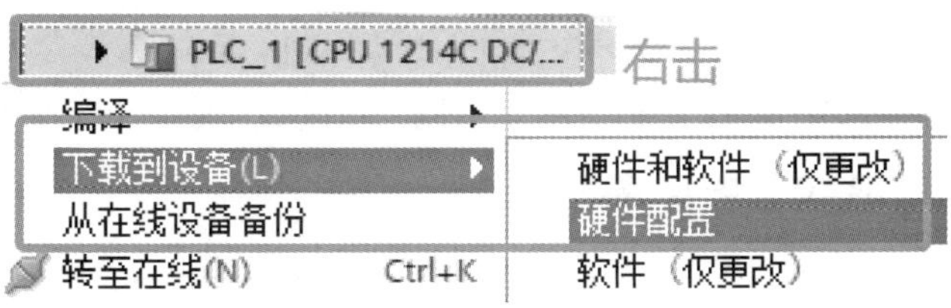

图4-7　PLC硬件下载

7. 局部数据区（L）

局部数据区用于存储程序块的临时数据，当调用程序块时，系统会自动分配局部数据区存储单元以供使用。程序块调用完成后，系统会重新分配存储单元，以用于其他程序块。

系统在程序块中创建或声明局部数据区的临时存储单元后，程序块才可以访问该部分数据。局部数据区的存储单元没有绝对地址，只能以声明时的符号地址进行访问。

8. 数据块（DB）

数据块存储器用于存储基本数据类型及其他各种类型的数据。必须先创建数据块，然后才能使用，默认以创建时定义的符号进行访问。在数据块属性中取消默认选中的“优化的块访问”，并经过软件编译后，可以以绝对地址的形式访问数据块。数据块的绝对地址格式是DB［数据块编号］.DBX［字节地址］.［位地址］或DB［数据块编号］. DB［位大小］［起始字节地址］。数据块存储单元如表4–9所示。

表4–9　数据块存储单元

存储单元	格式	示例	描述
位	DBa.DBXx.y	DB1.DBX2.3	DB1数据块中第2字节的第3位
字节	DBa.DBBx	DB1.DBB2	DB1数据块中的第2字节
字	DBa.DBWx	DB3.DBW4	DB3数据块中起始于第4字节的1个字
双字	DBa.DBDx	DB3.DBD6	DB3数据块中起始于第6字节的1个双字

4.1.3　存储地址

存储器的每个存储单元都有对应的存储地址，存储地址根据存储单位，分为位地址、字节地址、字地址、双字地址等多种格式。

1. 位地址

位地址格式是Ax.y。其中A是存储区的标识符I、Q、M，x是指存储单元在存储区的所在字节，y是指存储单元的所在位。“.”是分隔符，仅用于位地址。

例如Q0.0，表示位于存储器Q区第0字节中的第0位存储单元。又如Q0.7，表示位于存储器Q区第0字节中的第7位存储单元，如图4–8所示。因一个字节固定包含8个位，所以位地址的y的取值范围是0~7的整数。

图4–8　位地址Q0.0、Q0.7

位地址是PLC存储区中单位最小的存储地址，只能存放0和1。例如I0.0、Q0.1、M2.3，均是PLC存储区中的位地址。如果该地址线圈接通母线，则值为1；该地址线圈断开母线，则值为0。图4-9所示为位地址Q0.0控制程序。

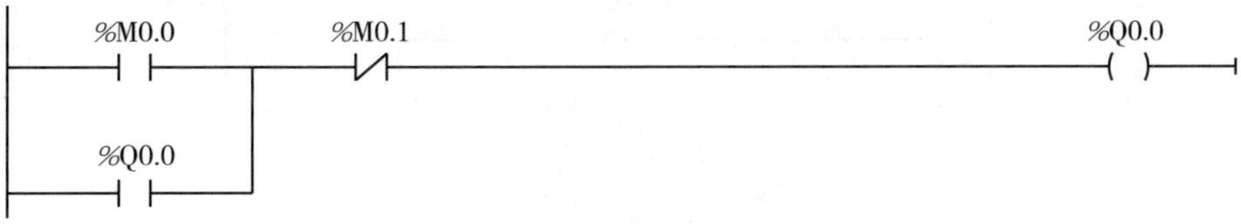

图4-9　位地址Q0.0控制程序

当Q0.0线圈断开母线，则该位值为0，如图4-10所示。

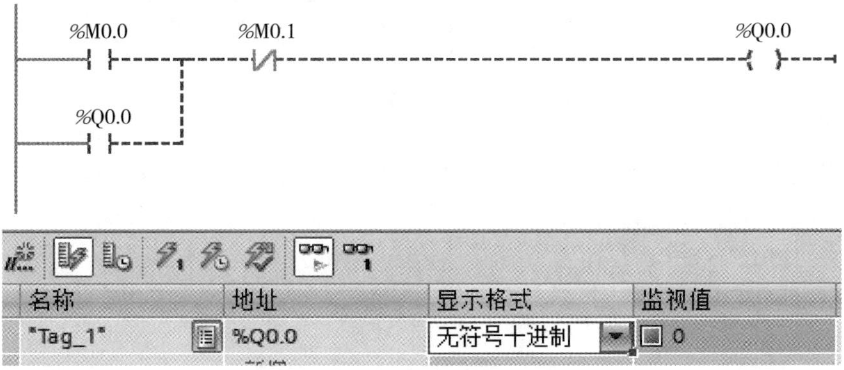

图4-10　Q0.0值为0时的监视图

当Q0.0线圈接通母线，则该位值为1，如图4-11所示。

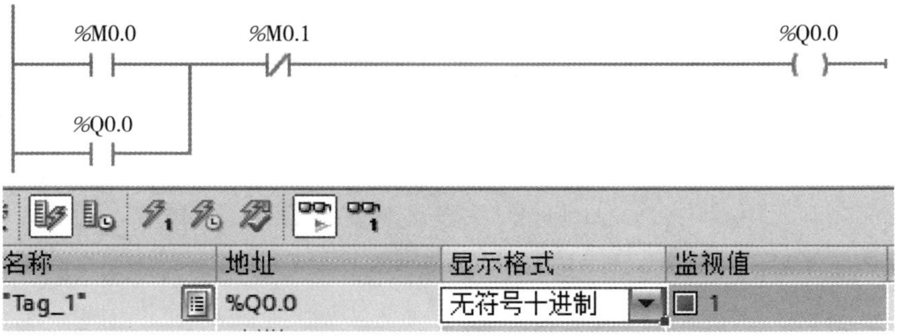

图4-11　Q0.0值为1时的监视图

2. 字节地址

字节地址格式是ABx。其中A是存储区的标识符I、Q、M，B是指字节Byte，x是指存储单元在存储区的所在字节地址。例如QB1，表示位于存储器Q区的第1字节的存储单元，如图4-12所示。

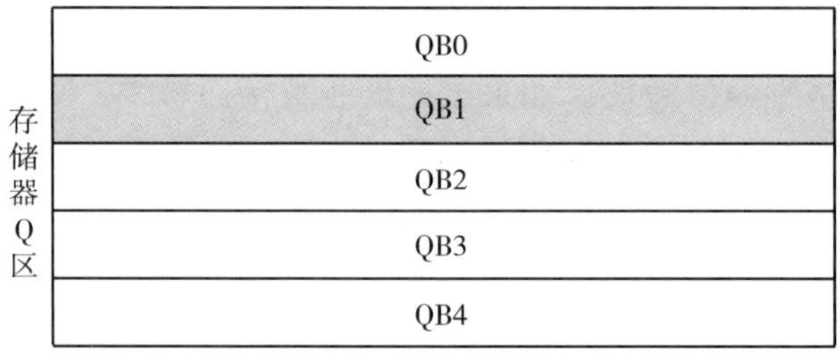

图 4-12　字节地址 QB1

字节地址 ABx，内部包含 Ax.0~Ax.7 共 8 个位地址，右边是低位、左边是高位，如图 4-13 所示。

最高位							最低位	
Ax.7	Ax.6	Ax.5	Ax.4	Ax.3	Ax.2	Ax.1	Ax.0	ABx

图 4-13　ABx 字节内部位地址

例如字节地址 QB1，内部包含了 Q1.0~Q1.7 共 8 个位地址，如图 4-14 所示。

Q1.7	Q1.6	Q1.5	Q1.4	Q1.3	Q1.2	Q1.1	Q1.0	QB1

图 4-14　QB1 字节内部位地址

【例 4-1】图 4-15 所示程序运行时，若常开触点 M0.2 闭合，则 QB1 的值为多少？

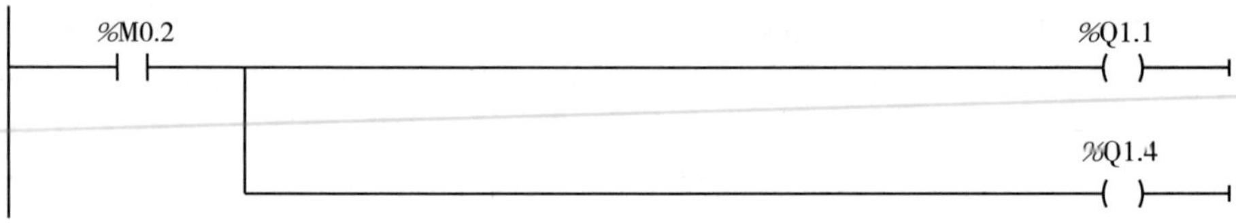

图 4-15　【例 4-1】程序图

分析：常开触点 M0.2 闭合，Q1.1、Q1.4 的线圈与左边的母线接通，Q1.1、Q1.4 的值为 1。QB1 的值为 $2^4 + 2^1 = 16 + 2 = 18$，如图 4-16 所示。

0	0	0	1	0	0	1	0	QB1

图 4-16　QB1 二进制值

QB1 值监视图如图 4-17 所示。

3. 字地址

字地址格式是 AWx。其中 A 是存储区的标识符 I、Q、M，W 是指字 Word，x 是指存储

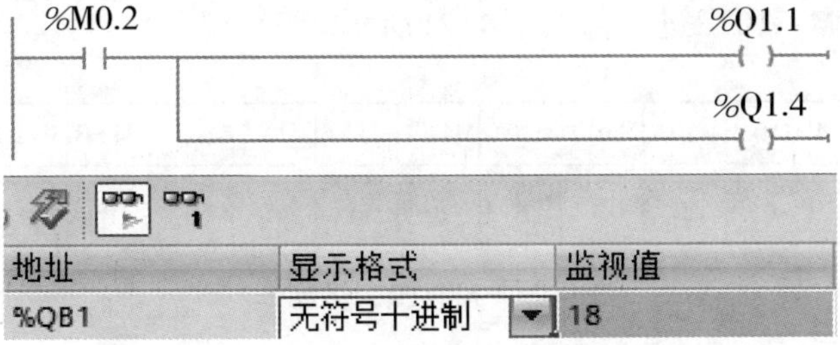

图4–17 QB1值监视图

单元所在的存储区的起始字节地址。AWx自动包括ABx、ABx+1两个字节。

AWx内部的ABx、ABx+1两个字节中，小字节ABx占高8位、大字节ABx+1占低8位，遵循“小字节占高位、大字节占低位”的排位顺序。AWx内部2个字节地址、16个位地址如图4–18所示。

<table>
<tr><td colspan="4">高8位</td><td colspan="4">AWx　　低8位</td></tr>
<tr><td colspan="4">ABX</td><td colspan="4">ABX+1</td></tr>
<tr><td>AX.7</td><td>AX.6</td><td>……</td><td>AX.0</td><td>AX+1.7</td><td>AX+1.6</td><td>……</td><td>AX+1.0</td></tr>
</table>

图4–18 AWx内部字节地址、位地址

例如，地址MW10内部包含MB10、MB11两个字节地址，其中小字节MB10占高8位，大字节MB11占低8位，如图4–19所示。

<table>
<tr><td colspan="4">MB10</td><td colspan="4">MB11</td></tr>
<tr><td>M10.7</td><td>M10.6</td><td>……</td><td>M10.0</td><td>M11.7</td><td>M11.6</td><td>……</td><td>M11.0</td></tr>
<tr><td colspan="8">MW10</td></tr>
</table>

图4–19 MW10内部字节地址、位地址

【例4–2】图4–20所示程序运行时，M0.4常开触点闭合又断开后，MW10的值是多少？

图4–20 【例4–2】程序图

分析：M10.2在MW10中高8位字节MB10的右起第3位，整体第11位。运行程序后，

M10.2的值保持为1。MW10二进制值如图4-21所示。

M10.7	M10.6	M10.5	M10.4	M10.3	M10.2	M10.1	M10.0	M11.7	M11.6	M11.5	M11.4	M11.3	M11.2	M11.1	M11.0	MW10
0	0	0	0	0	1	0	0	0	0	0	0	0	0	0	0	MW10

图4-21 MW10二进制值

根据图4-21的分析，MW10 = 2^{10} = 1024，MW10值监视图如图4-22所示。

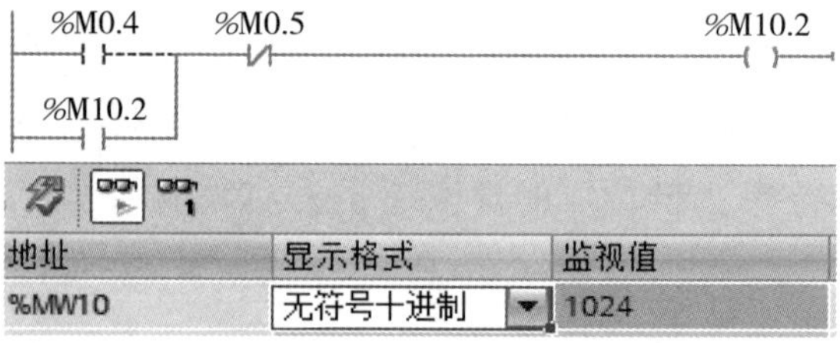

图4-22 MW10值监视图

4. 双字地址

双字地址格式是ADx。其中A是存储区的标识符I、Q、M，D是指双字Double Word，x是指存储单元在存储区的起始字节地址。ADx自动包含ABx、ABx+1、ABx+2、ABx+3四个字节，以及AWx、AWx+2两个字。

ADx内部的ABx、ABx+1、ABx+2、ABx+3四个字节中，遵循“小字节占高位、大字节占低位”的排位顺序。ADx内部2个字地址、4个字节地址、32个位地址如图4-23所示。

高16位 ADx 低16位

<table>
<tr><td colspan="6">AWx</td><td colspan="6">AWx+2</td></tr>
<tr><td colspan="3">ABx</td><td colspan="3">ABx+1</td><td colspan="3">ABx+2</td><td colspan="3">ABx+3</td></tr>
<tr><td>Ax.7</td><td></td><td>Ax.0</td><td>Ax+1.7</td><td></td><td>Ax+1.0</td><td>Ax+2.7</td><td></td><td>Ax+2.0</td><td>Ax+3.7</td><td></td><td>Ax+3.0</td></tr>
</table>

图4-23 ADx内部字、字节、位地址

【例4-3】图4-24所示程序运行时，M0.6常开触点闭合后又断开时，MD9的值是多少?

分析：当M0.6常开触点闭合时，MOVE指令生效，分别将285、160的值赋值给MW10、MW11。

MW10包含MB10、MB11两个字节，MW10 = 285，则MB10 = 1，MB11 = 29，如图4-25所示。

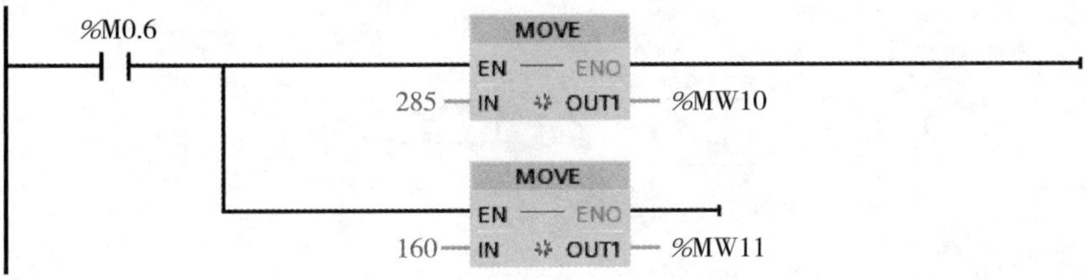

图4-24 【例4-3】程序图

MB10	MB11	
2#0000 0001	29	MW10

图4-25 MW10值

MW11包含MB11、MB12两个字节，MW11 = 160，则MB11 = 0，MB12 = 160，如图4-26所示。

MB11	MB12	
0	160	MW11

图4-26 MW11值

因MB11的值重复赋值2次，PLC程序执行时遵循“从上到下，循环扫描”的顺序，所以MB11的最终值以最后一次赋值为准，即MB11 = 0。

MD9的值如图4-27所示，MD9 = 2^{16}+160=65696。

MB9	MB10	MB11	MB12	
0	2#0000 0001	0	160	MD9

图4-27 MD9的值

MD9的监视图如图4-28所示。

图4-28 MD9的监视图

双字地址

任务4.2 位指令

【任务描述】

位指令是PLC常用的指令，可用于给位存储单元进行赋值，位指令被广泛用于程序控制中。定时器指令可以完成计时操作，当程序中有时间要求时，可以选用合适的定时器指令。计数器指令可以完成计数操作，当程序中有次数要求时，可以选用合适的计数器指令。

【任务目标】

1. 知识目标

- 掌握置位（域）、复位（域）等位指令的使用。
- 掌握上升沿、下降沿指令的使用。
- 掌握比较指令的使用。

2. 技能目标

- 能使用SET、RESET指令，以及SET_BF、RESET_BF指令，能对指令位存储单元置1、置0。
- 能判断上升沿、下降沿指令的有效条件，并熟练使用沿指令。
- 能判断比较指令的有效条件，并熟练使用比较指令。

【任务实施】

4.2.1 置位指令、复位指令

置位指令SET，可以将指令上方Bool型参数的值设置为1；复位指令RESET可以将指定Bool型参数的值设置为0，如图4-29所示。

图4-29 置位指令SET、复位指令RESET

1. SET指令

当SET指令接通母线，指令上方的Bool型参数会被立即设置成1，除非再有置0操作，否则在程序运行期间保持为1。

图4-30所示的程序中，当M0.6常开触点满足闭合条件，则SET指令接通母线，Q0.0

的值被设置为1，执行效果如图4-30所示。

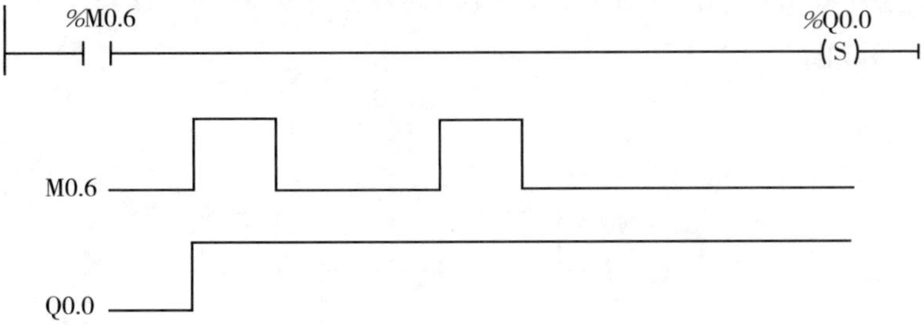

图4-30　SET指令执行效果

2. RESET指令

当RESET指令接通母线，指令上方的Bool型参数会被立即设置成0，除非再有置1操作，否则在程序运行期间保持为0。

图4-31所示的程序中，M100.0是PLC属性中启用的“FirstScan”首次循环，Q0.0在程序首次执行时就被设置为1。如果M0.6触点闭合，RESET指令接通母线，操作数Q0.0立即置0，执行效果如图4-31所示。

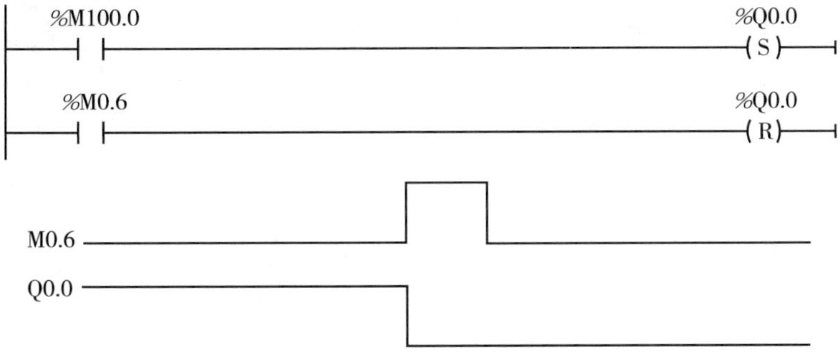

图4-31　RESET指令执行效果

【例4-4】PLC执行图4-32所示的程序，当SET指令、RESET指令的条件M0.7、M1.0的状态如图4-32所示时，分析输出端Q0.0的时序状态。

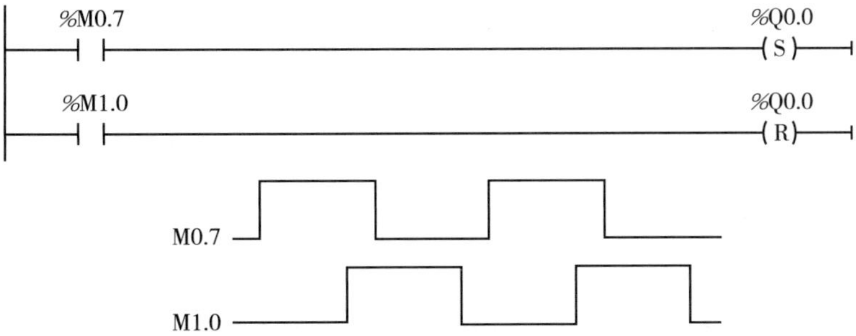

图4-32　【例4-4】程序图、时序图

分析：根据SET指令、RESET指令的性质，只要接通母线立即生效，设置目标参数为1或0，所以在M0.7或M1.0由0向1转换的瞬间，SET指令或RESET指令生效，Q0.0值发生变化，Q0.0时序图如图4–33所示。

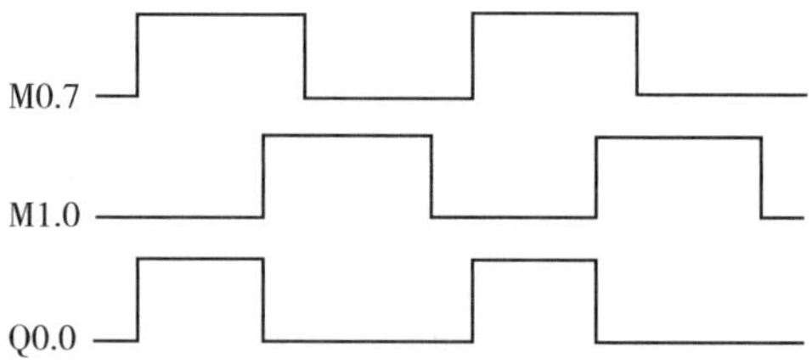

图4–33 【例4–4】Q0.0时序图

4.2.2 置位域指令、复位域指令

置位域（SET_BF）指令、复位域（RESET_BF）指令，可以将从某个特定地址开始的多个位全部置1或置0，如图4–34所示。

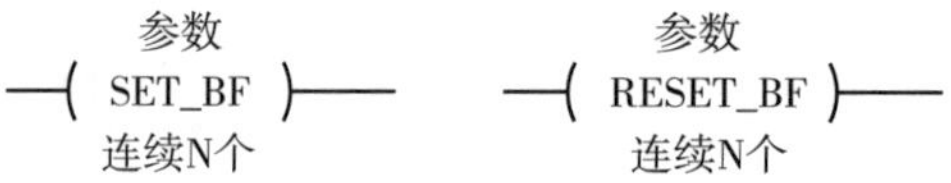

图4–34 SET_BF指令、RESET_BF指令

置位域指令、复位域指令

1. SET_BF指令

当SET_BF接通母线，将指令上方的Bool型参数作首位地址，连续N个位全部置1，整体功能与SET相似。在图4–35所示程序中，若指令接通母线，则从Q0.0开始的连续8个位Q0.0、Q0.1......Q0.7的值，全部被置1。

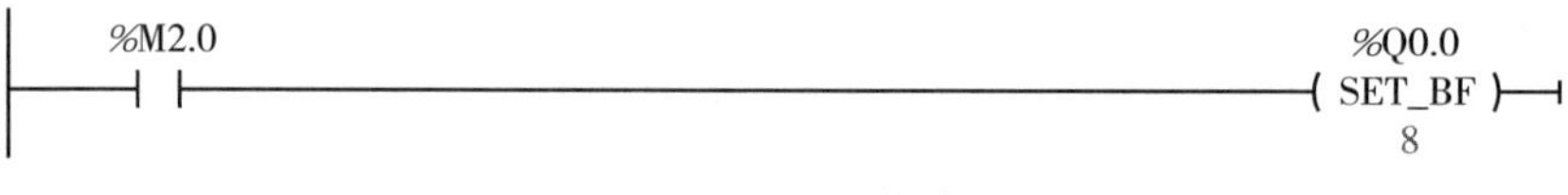

图4–35 SET_BF指令示例

2. RESET_BF指令

当RESET_BF接通母线，将指令上方的Bool型参数作首位地址，连续N个位全部置0，整体功能与RESET相似。在图4–36所示程序中，若指令接通母线，则从Q0.0开始的连续8个位Q0.0、Q0.1......Q0.7的值，全部被置0。

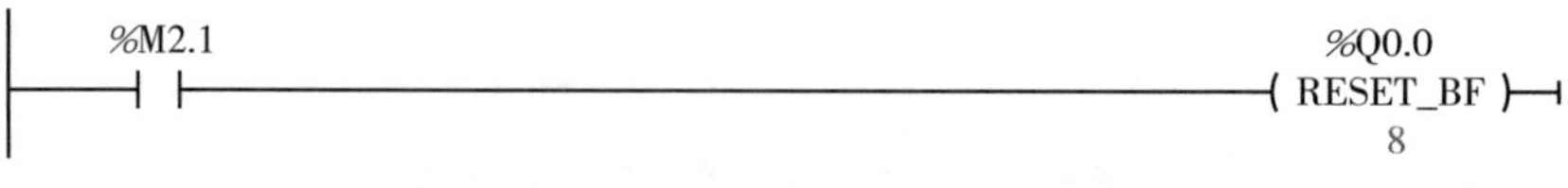

图4–36 RESET_BF指令示例

4.2.3 上升沿指令、下降沿指令

上升沿（Up）指令可以用来检测指定的Bool型参数是否出现由0到1的变化。下降沿（Down）指令可以用来检测指定的Bool型参数是否出现由1到0的变化。

1. 上升沿（Up）指令

上升沿（Up）指令如图4–37所示，该指令可以用来检测参数1是否出现由0到1的上升变化。

系统在每个程序扫描周期均读取参数1的值，并将参数1在上一个扫描周期的值存放在参数2中。如果出现参数2是0、参数1是1，则上升沿指令闭合，即参数1的值在由0变1的瞬间，指令会闭合。

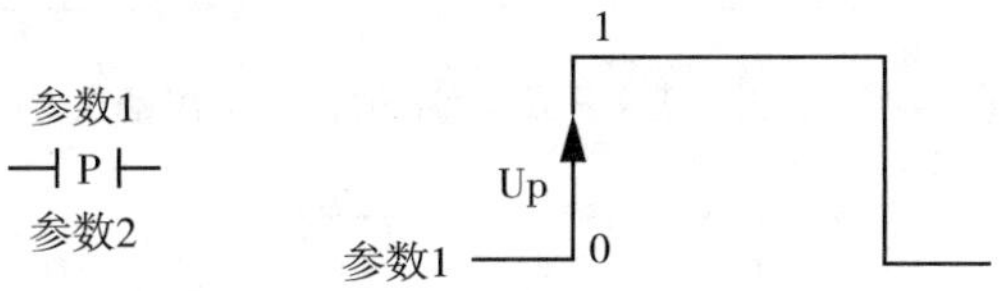

图4–37　上升沿指令、指令闭合时间

2. 下降沿（Down）指令

下降沿（Down）指令如图4–38所示，该指令可以用来检测参数1是否出现由1到0的下降变化。

系统在每个程序扫描周期均读取参数1的值，并将参数1在上一个扫描周期的值存放在参数2中。如果出现参数2是1、参数1是0，则下降沿指令闭合，即参数1的值在由1变0的瞬间，指令会闭合。

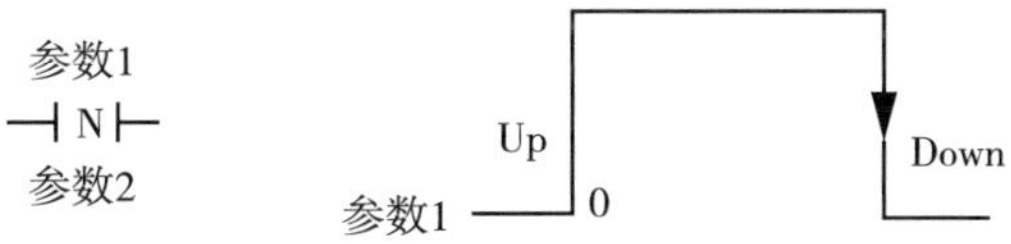

图4–38　下降沿指令、指令闭合时间

【例4–5】PLC执行图4–39所示的程序，当常开触点M1.1、M1.3、M1.5满足时序图中的接通、断开状态时，分析各个程序中Q0.0、Q0.1值的变化。

分析：Q0.0的值取决于线圈是否接通母线，若左边上升沿指令能接通，则Q0.0线圈得电，其值等于1。Q0.1的值由SET指令、RESET指令设置，当M1.3有上升沿时，SET指令接通，Q0.1为1并保持。当M1.5有下降沿时，RESET指令接通，Q0.1为0并保持，如图4–40所示。

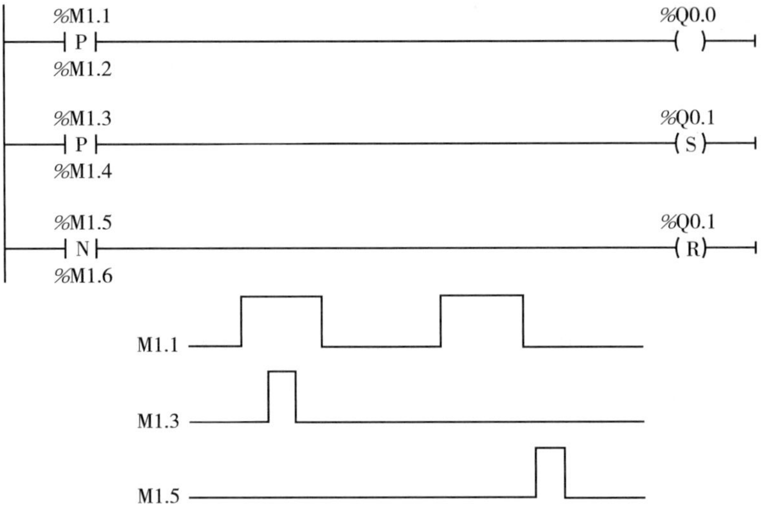

图4-39 【例4-5】PLC 程序图、常开触点时序图

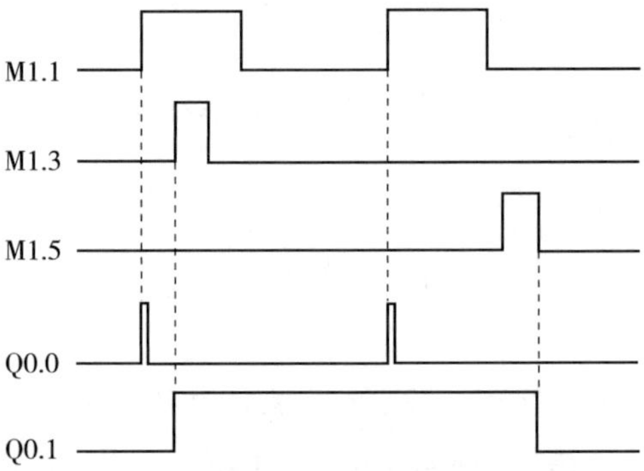

图4-40 【例4-5】Q0.0、Q0.1 时序图

4.2.4 比较指令

比较指令是可以用来对操作数进行数值大小比较的指令，若比较条件成立，则比较指令闭合，反之，则比较指令断开，比较指令如图4-41所示。

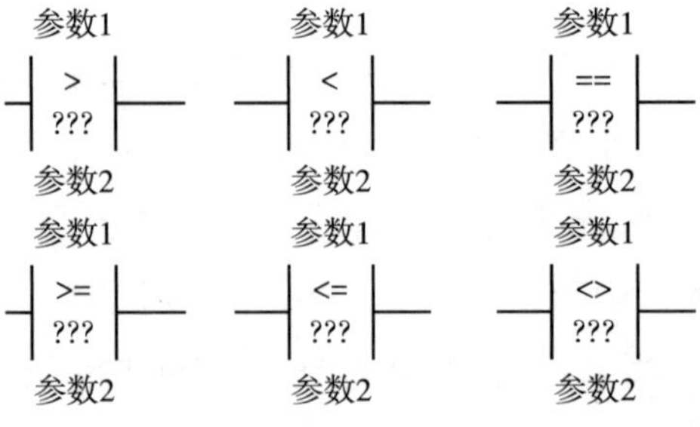

图4-41 比较指令

1. 比较指令的功能

比较指令有6种类型，即大于、小于、等于、大于或等于、小于或等于、不等于比较指令。比较指令的使用方法均一致，程序执行时若有比较指令，则判断<参数1“比较条件”参数2>是否成立。如果成立，比较指令闭合；如果不成立，比较指令断开。

使用指令时，指令的???处可以下拉选择数据类型，参数1、参数2必须与指令所选择的数据类型保持一致。

2. 参数说明

参数1：支持整数、浮点数、字符串、时间等数据类型。

参数2：支持整数、浮点数、字符串、时间等数据类型。

3. 比较指令应用举例

【例4–6】PLC设置M100.0为FirstScan功能，并运行图4–42所示的程序，判断输出点Q0.0的状态。

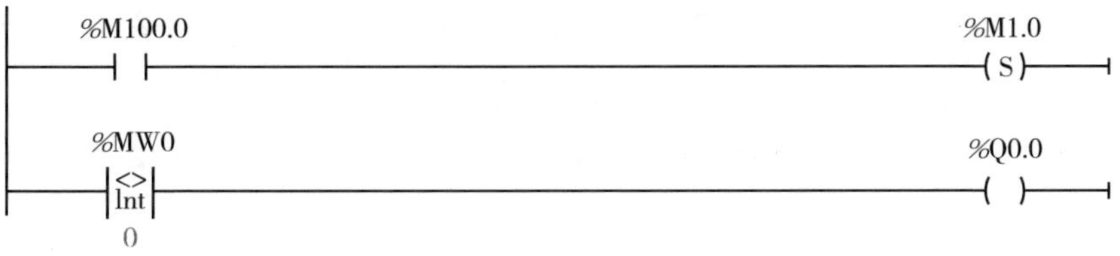

图4–42 【例4–6】程序

分析：M1.0的值被设置为1，M1.0所在的MW0字存储单元的值不再为0，不等于比较条件成立，Q0.0接通母线，值为1。

任务4.3 定时器、计数器指令

【任务描述】

定时、计数是PLC程序中常用的功能，PLC指令中有种类丰富的定时器、计数器指令，可以根据实际情况选用。1200型PLC的定时器是IEC_Timer数据类型的结构，计数器是IEC_Counter数据类型的结构。在调用定时器、计数器指令时，都需要建立对应类型的数据块，以保存与指令相关的参数数据。

【任务目标】

1. 知识目标

- 掌握TON、TONR、TOF、TP等定时器的使用及区别，能熟练使用一到两种定时器指令。
- 掌握CTU、CTD、CTUD等计数器的使用及区别，能熟练使用一到两种计数器指令。

2. 技能目标

- 能熟练指出定时器输入端IN、输出端Q接通和断开的时间关系。
- 能熟练区分计数器的当前值变化。

【任务实施】

4.3.1 接通延时定时器指令

接通延时定时器（TON）指令可以控制指令输出端Q，在输入端IN接通母线后，延时一段预设时间，再置1，如图4-43所示。

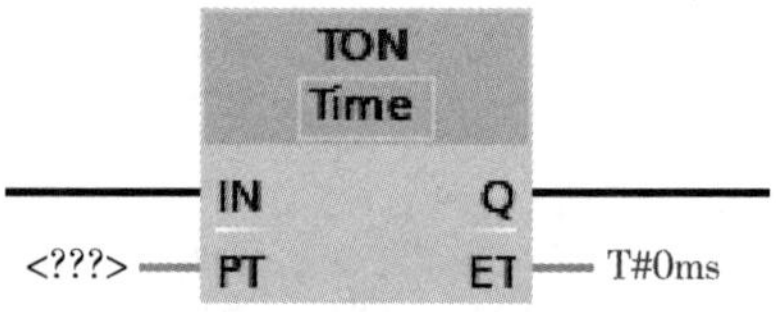

图4-43 TON指令

1. TON指令的功能

TON指令在输入端IN接通母线时，从0开始计时。TON指令当前已计时的时间，存储在ET中。IN断开母线时，ET值会立即清0。

定时器预设时间存储在PT中，如果ET＜PT，输出端Q置0。当ET=PT时，输出端Q置1。Q置1后，只要IN持续接通母线，则Q保持置1的状态，同时ET的值不会再增加。TON指令时序图如图4-44所示。

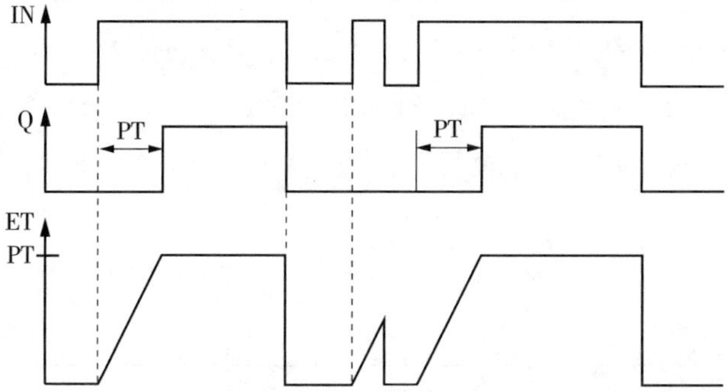

图4-44　TON指令时序图

2. 参数说明

TON：在使用TON指令时，需要单独建立一个IEC_Timer类型的数据块，用于存储TON的参数数据。

IN：Bool型数据，TON指令输入端。

Q：Bool型数据，TON指令输出端。

PT：Time型数据，用于TON指令预设时间的输入。

ET：Time型数据，用于输出TON指令当前已计的时间。

3. TON指令应用举例

【例4-7】PLC执行图4-45所示的程序，当常开触点M2.0的时序如图4-45所示时，指明输出端Q0.0值为1的时间段。

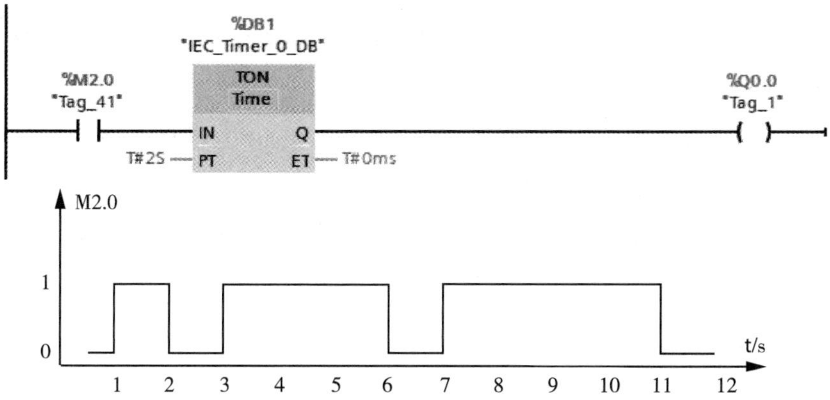

图4-45　【例4-7】程序及M2.0时序图

分析：TON指令在T=1~2s、3~6s、7~11s时间段接通母线。在T=1~2s时间段，IN接通母线，但未到达PT的预设时间2s，输出端Q不通。

在T=3~6s时间段，IN接通母线。到达T=5s时，IN接通母线，累计达到PT的预设时间2s。T=6s时，IN断开母线。在T=5~6s时间段，Q0.0的值为1。

在T=7~11s时间段，IN接通母线。到达T=9s时，IN接通母线，累计达到PT的预设时间2s。T=11s时，IN断开母线。在T=9~11s时间段，Q0.0的值为1。

综上，在T=5~6s、9~11s两段时间，Q0.0的值为1。

【例4–8】在图4–46所示的程序执行时，指出Q0.1、Q0.2、Q0.3的状态。

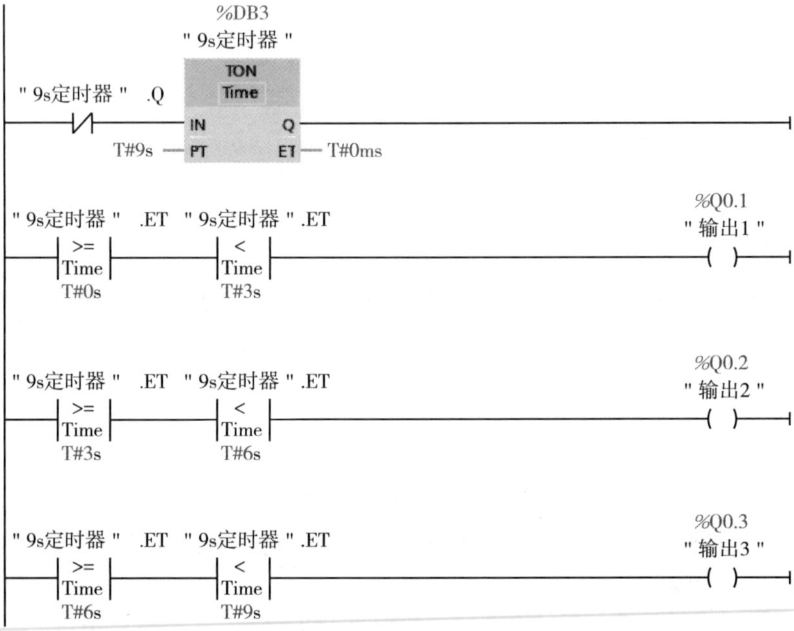

图4–46 【例4–8】程序

分析：TON接通延时定时器，时间设置为9s，使用定时器自身的常闭输出触点Q，作为定时器起动的条件。程序运行，直接起动定时器，到达9s时，常闭输出触点Q断开，定时器关闭，然后重新接通母线，进入循环9s计时。

在每个计时周期内，选用比较指令，数据类型为Time，对TON指令的当前时间ET进行比较，如果满足比较条件，则指令闭合。

根据指令的值进行比较，在0≤T<3s时，Q0.1接通母线；在3≤T<6s时，Q0.2接通母线；在6≤T<9s时，Q0.3接通母线，依此循环。

4.3.2　时间累加定时器指令

时间累加定时器（TONR）指令的功能与TON类似，但比TON指令多了时间记忆功能，如图4–47所示。

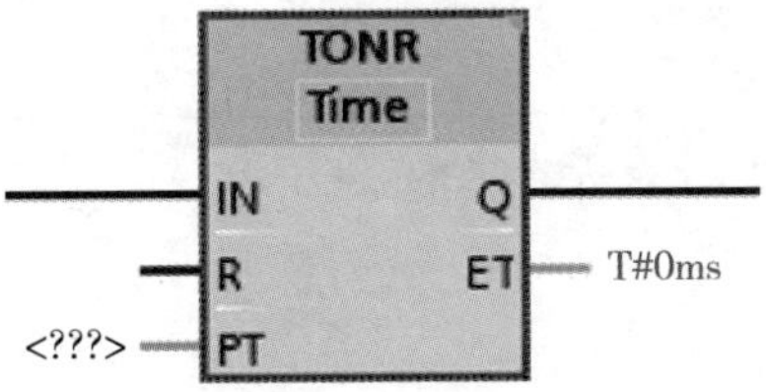

图4–47 TONR指令

1. TONR指令的功能

当输入端IN接通母线时TONR指令开始计时，当前已计时的时间存储在ET中。当输入端断开母线时TONR指令暂停计时，ET的值保持不变。

定时器预设时间存储在PT中，当ET=PT时，输出端Q置1。Q置1后，输入端IN接通或断开，均不再影响Q置1的状态以及ET当前值。

复位端R接通母线时，TONR指令的ET当前值、输出端Q均置0。TONR指令时序图如图4–48所示。

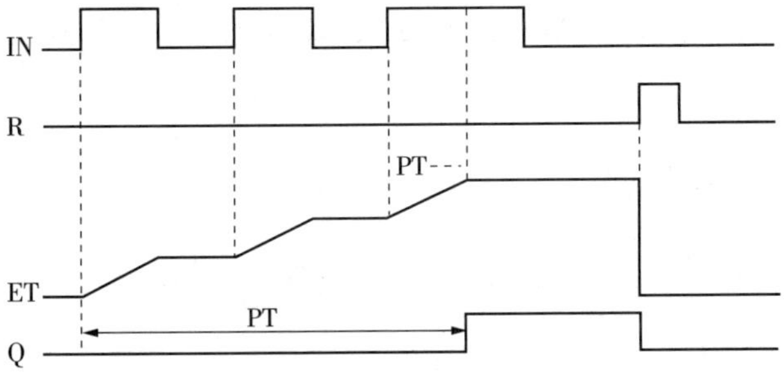

图4–48 TONR指令时序图

2. 参数说明

TONR：在使用TONR指令时，需要单独建立一个IEC_Timer类型的数据块，用于存储TONR的参数数据。

IN：Bool型数据，TONR指令输入端。

Q：Bool型数据，TONR指令输出端。

PT：Time型数据，用于TONR指令预设时间的输入。

ET：Time型数据，用于输出TONR指令当前已计的时间。

3. TONR应用举例

【例4–9】PLC执行图4–49所示的程序，当常开触点M2.1的时序如图4–49所示时，指明输出端Q0.1值为1的时间段。

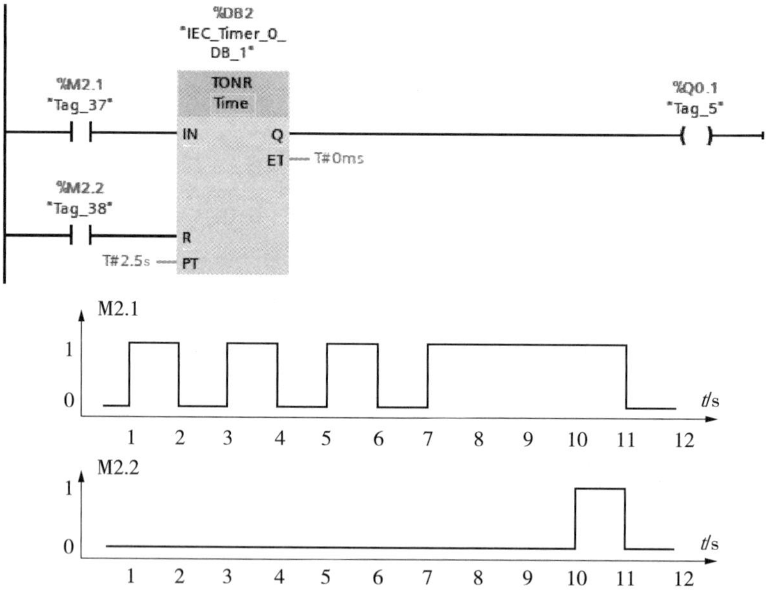

图4–49 【例4–9】程序及M2.1时序图

分析：TONR定时器的ET具有记忆功能。T=5.5s时，ET=PT，此时输出端Q置1，Q0.1=1。T=10s时，M2.2=1，复位端R接通母线，ET=0，输出端Q置0，Q0.1=0。综上，T在5.5~10s时间段，Q0.1=1。

4.3.3 关断延时定时器指令

关断延时定时器（TOF）指令，可以控制输出端Q在输出端IN断开后延时一段预设时间，再回0，如图4–50所示。

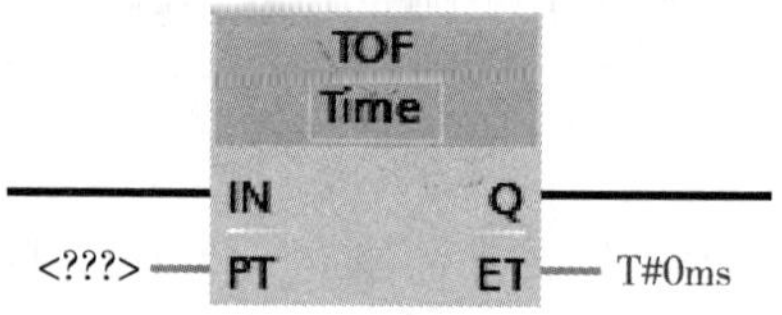

图4–50 TOF指令

1. TOF指令的功能

TOF指令的预设时间存储在PT中。TOF指令当前已计时的时间存储在ET中。TOF指令在输入端IN接通母线时立即将ET清0、输出端Q置1。

在输入端IN断开母线时，输出端Q维持置1状态。同时TOF指令从0开始计时，当ET=PT时，输出端Q回0，ET不再变化。TOF指令时序图如图4–51所示。

2. 参数说明

TOF：在使用TOF指令时，需要单独建立一个IEC_Timer类型的数据块，用于存储TOF

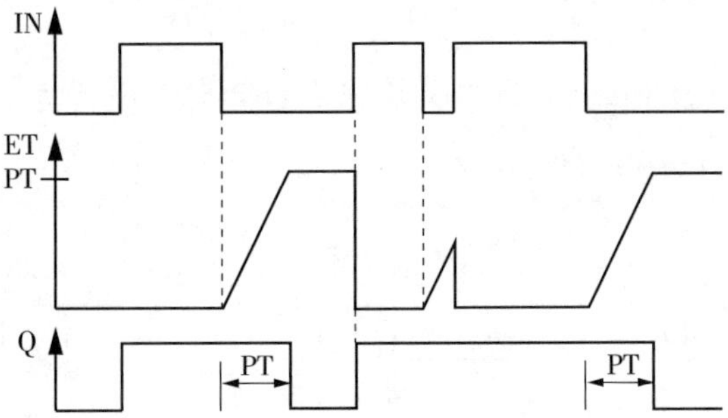

图4–51　TOF指令时序图

的参数数据。

IN：Bool型数据，TOF指令输入端。

Q：Bool型数据，TOF指令输出端。

PT：Time型数据，用于TOF指令预设时间的输入。

ET：Time型数据，用于输出TOF指令当前已计的时间。

3. TOF指令应用举例

【例4–10】PLC执行图4–52所示的程序，M2.2常开触点在T=3.0~5.0s时间段闭合，请指出输出端Q0.4的置1时间段。

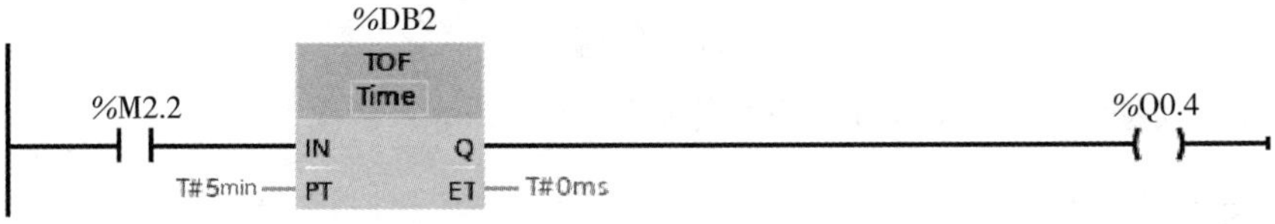

图4–52 【例4–10】程序

分析：T=3.0s时，IN接通母线，Q0.4置1且ET=0。T=5.0s时，IN断开母线，TOF指令维持Q置1的状态，并开始计时，当ET= PT=5min时，Q回0。综上，在T=3.0s~5min 5s时间段，Q0.4置1，在其余时间段Q0.4置0。

4.3.4　生成脉冲定时器指令

生成脉冲定时器（TP）指令用来给输出端Q生成一段固定时间的输出脉冲。TP指令如图4–53所示。

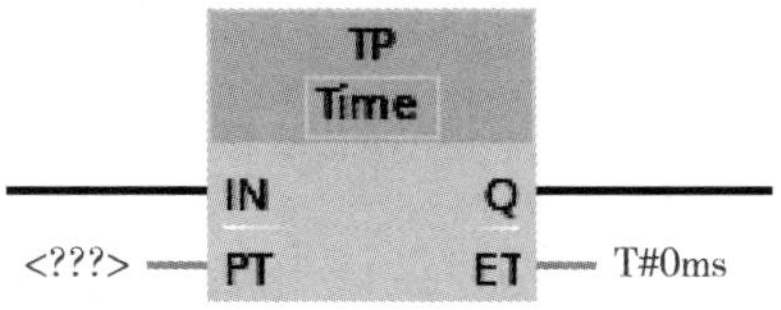

图4–53　TP指令

1. TP指令的功能

当TP指令输入端IN遇到一个上升沿，输出端Q会自动设置为1，并维持一段固定的PT预设时间。TP指令时序如图4-54所示。

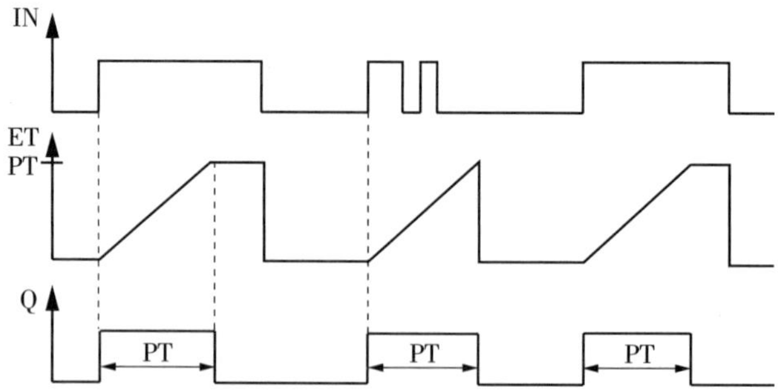

图4-54　TP指令时序图

2. 参数说明

TP：在使用TP指令时，需要单独建立一个IEC_Timer类型的数据块，用于存储TP的参数数据。

IN：Bool型数据，TP指令输入端。

Q：Bool型数据，TP指令输出端。

PT：Time型数据，用于TP指令预设时间的输入

ET：Time型数据，用于输出TP指令当前已计的时间。

3. TP指令应用举例

【例4-11】PLC执行图4-55所示程序，M2.3常开触点在T=1.0~2.0s、3.0~5.0s时间段内闭合，问线圈Q0.5置1的时间段。

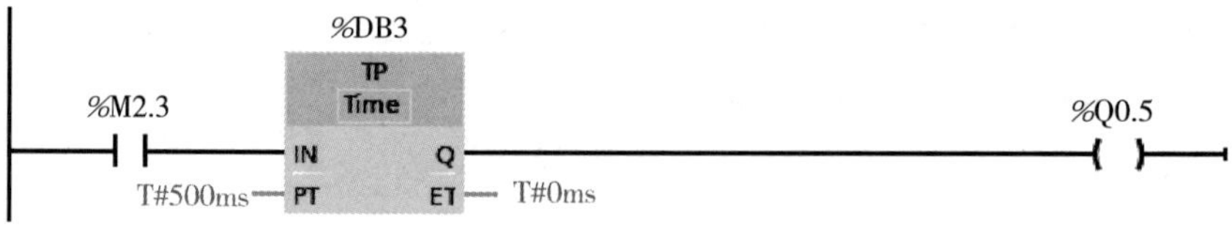

图4-55 【例4-11】程序

分析：TP指令输入端IN有上升沿时，输出端Q置1并维持500ms。IN在T=1.0s、3.0s时有2个上升沿，所以Q0.5在T=1.0~1.5s、3.0~3.5s时间段置1。

4.3.5　加计数器指令

加计数器（CTU）指令可以对指定信号的上升沿次数计数，计数方向为增。指定信号每有1次上升沿时，计数值往上加1，加到一定值时指令接通。CTU指令如图4-56所示。

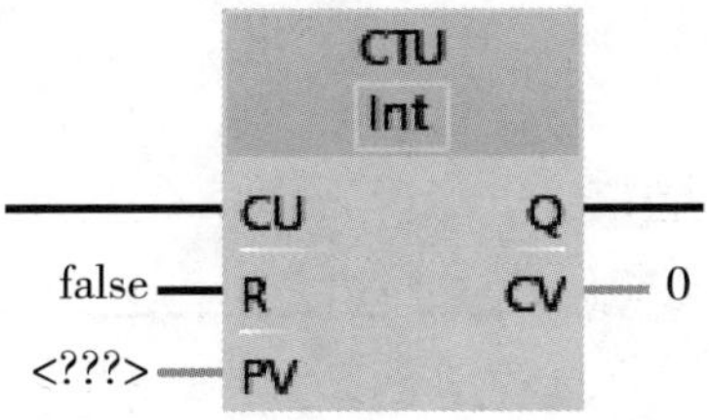

图4-56　CTU指令

1. CTU指令的功能

CTU指令计数的上限值在PV端输入，CTU指令计数的当前值存储在CV，CV的初始值为0。

CTU指令计数信号的输入端CU，如果有一次上升沿，则CV值加1，直到CV=PV时，输出端Q置1并保持。此时，若CU端再有上升沿，CV值继续加1，但不影响输出端Q置1的状态。

在任何时刻，若有复位端R置1，输出端Q立即置0，CV归0。CTU指令时序图如图4-57所示。

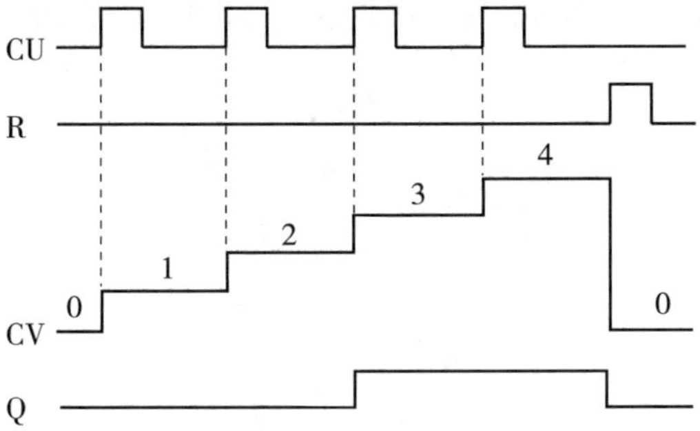

图4-57　CTU指令时序图

2. 参数说明

CTU：在使用CTU指令时，需要单独建立一个IEC_Counter类型的数据块，用于存储CTU的参数数据。

CU：Bool型数据，用于计数信号的输入。

Q：Bool型数据，CTU指令输出端，达到计数次数时置1。

R：Bool型数据，CTU指令复位端，接通母线时，可将Q、CV均置0。

PV：整数型数据，输入CTU指令计数的上限值。

CV：整数型数据，输出CTU指令计数的当前值。

3. CTU指令应用举例

【例4-12】PLC执行图4-58所示程序时，“计数按钮”在1.0s、2.0s、3.0s……9.0s时各被按下1次，共9次。“复位按钮”在6.5s、7.5s时各被按下1次。M8.0的值在什么时间段为1?

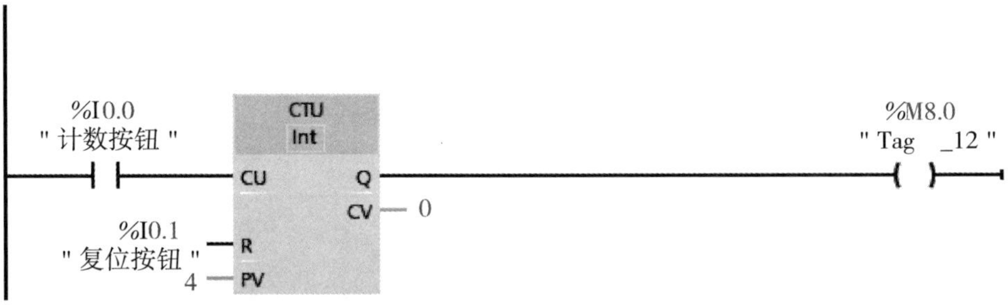

图4–58 【例4–12】程序

分析：CTU指令计数端CU在捕捉I0.0的第4个上升沿时，当前值CV=4。即T=4.0s时Q置1。复位端R在T=6.5s、7.5s时有上升沿，Q、CV均置0。综上，M8.0在T=4.0~6.5s时间段，值为1。

4.3.6 减计数器指令

减计数器（CTD）指令可以对指定信号的上升沿次数计数，计数方向为减。指定信号每有1次上升沿时，计数值往下减1，减到0时指令接通。CTD指令如图4–59所示。

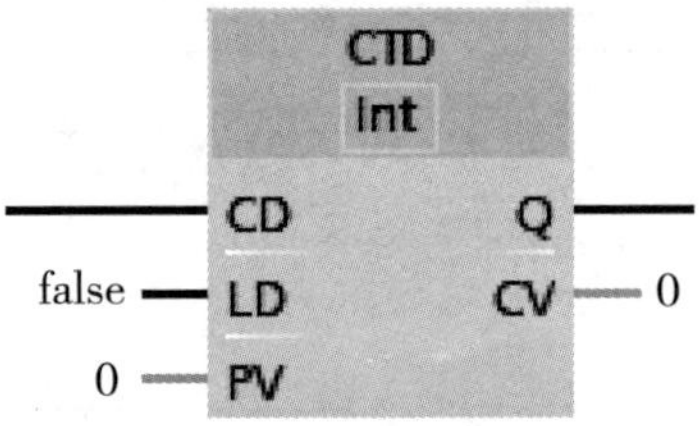

图4–59 CTD指令

1. CTD指令的功能

CTD指令的计数初始值输入在PV端，计数当前值输出在CV端。CTD指令初始时CV=PV。

计数器输入信号CD端，如果有一次上升沿，则CV值减1，直到CV=0时，输出端Q置1并保持。此时，如果CD端再有上升沿，CV值继续减1直至达到指定数据类型的最小值，但不影响输出端Q置1的状态。

在任何时刻，如果装载端LD置1，输出端Q立即置0，且CV值重新等于PV值。CTD指令时序图如图4–60所示。

2. 参数说明

CTD：在使用CTD指令时，需要单独建立一个IEC_Counter类型的数据块，用于存储CTD的参数数据。

CD：Bool型数据，用于计数信号的输入。

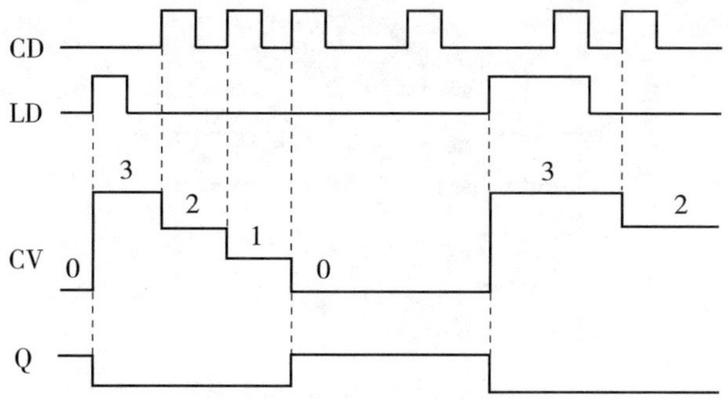

图4-60 CTD指令时序图

Q：Bool型数据，指令输出端，计数当前值到达0时，值为1。

LD：Bool型数据，指令装载端，有上升沿时，Q置0，CV重新等于PV。

PV：整数型数据，计数初始值。

CV：整数型数据，计数当前值。

3. CTD指令应用举例

【例4-13】PLC执行图4-61所示程序时，“计数按钮”在1.0s、2.0s、3.0s……9.0s时各被按下1次，共9次。“复位按钮”在6.5s、7.5s时各被按下1次。M8.0的值在什么时间段为1?

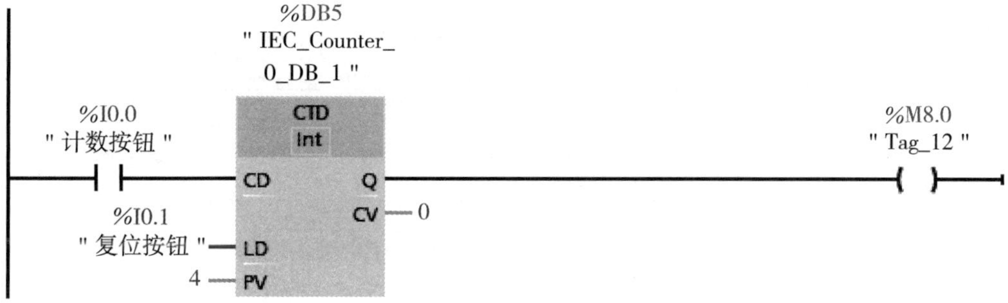

图4-61 【例4-13】程序

分析：CTD指令计数端CD在捕捉I0.0的第4个上升沿时，CV=0。即T=4.0s时Q置1。装载端LD在T=6.5s、7.5s时有上升沿，Q置0，CV值重新回到4。综上，M8.0在T=4.0~6.5s时间段，值为1。

4.3.7 加减计数器指令

加减计数器（CTUD）指令，可以对指定的加信号和减信号进行上升沿次数计数。加信号每有1次上升沿时，计数值往上加1；减信号每有1次上升沿时，计数值往下减1。CTUD指令如图4-62所示。

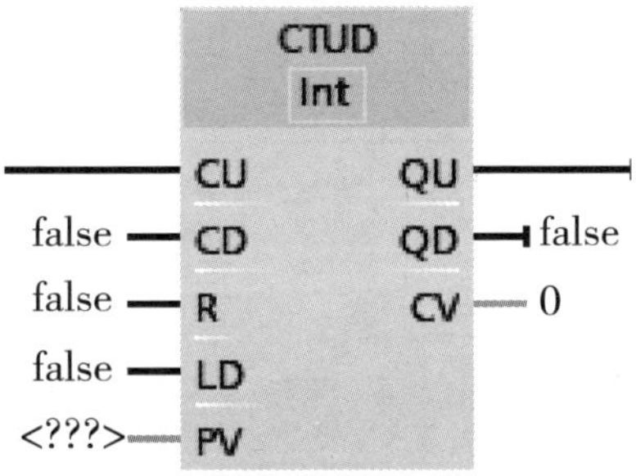

图4–62　CTUD指令

1. CTUD指令的功能

CTUD指令有两个计数信号输入端，即加计数CU端、减计数CD端。CTUD指令的上限值输入在PV，CTUD指令的计数当前值存储在CV。CTUD指令有2个输出端，即加计数输出端QU、减计数输出端QD。

加计数CU端如果有1次上升沿，则CV值加1，当CV≥PV时，QU端置1；当CV<PV时，QU端置0。在任何时刻，复位R端置1，CV=0，同时QU置0、QD置1。

减计数CD端如果有1次上升沿，则CV值减1，当CV≤0时，QD端置1；当CV>0时，QD端置0。在任何时刻，装载LD端置1，CV=PV，同时QD端置0、QU端置1。CTUD指令时序图如图4–63所示。

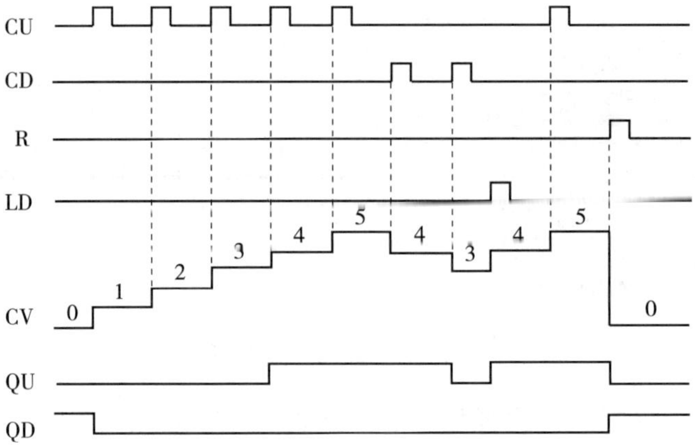

图4–63　CTUD指令时序图

2. 参数说明

CTUD：在使用CTUD指令时，需要单独建立一个IEC_Counter类型的数据块，用于存储CTUD的参数数据。

CU：Bool型数据，用于指令的加方向计数信号输入。

CD：Bool型数据，用于指令的减方向计数信号输入。

QU：Bool型数据，指令的输出端，加方向计数达到上限，QU置1。

QD：Bool型数据，指令的输出端，减方向计数到达0，QD置0。

R：Bool型数据，指令复位端，用于QU、CV清0。

LD：Bool型数据，指令装载端，用于QD清0、CV重新等于PV。

PV：整数型数据，指令加方向计数的上限值。

CV：整数型数据，指令计数的当前值。

3. CTUD指令应用举例

【例4–14】PLC执行图4–64所示程序，“计数按钮1”在1.0s、2.0s、3.0s、4.0s时被按下1次，“计数按钮2”在5.0s、6.0s、7.0s、8.0s时被按下1次。“复位按钮”“装载按钮”各在4.5s、5.5s时被按下1次。“输出1”“输出2”各在什么时间段值为1?

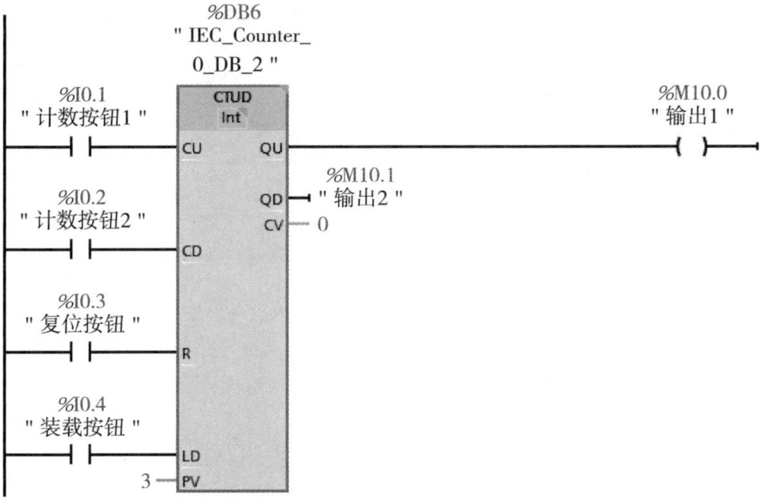

图4–64 【例4–14】程序

分析：

在T=0s时，CV=0，QU置0、QD置1。

在T=1.0s时，CV=1，QD置0、QU置0。

在T=3.0s时，CV=PV=3，QU置1、QD置0。

在T=4.5s时，复位按钮被按下1次，CV=0，QU置0，QD置1。

在T=5.5s时，装载按钮被按下1次，CV=PV=3，QU置1，QD置0。

在T=6.0s时，CD端接收上升沿1次，CV=2，QU置0，QD置0。

在T=8.0s时，CD端接收上升沿3次，CV=0，QU置0，QD置1。

任务4.4 功能指令

【任务描述】

移动、移位、四则运算、转换等指令是PLC指令系统中使用较广泛的功能指令，可以完成对较大存储空间数据的处理。在任务较为复杂时，应尽量多使用功能指令，可以起到简化程序的作用。

【任务目标】

1. 知识目标

- 熟悉移动指令的使用。
- 熟悉移位指令的使用。
- 熟悉四则运算指令的使用。
- 熟悉转换指令的使用。

2. 技能目标

- 能熟练使用功能指令。
- 掌握功能指令的数据类型。

【任务实施】

4.4.1 移动指令

移动（MOVE）指令可以将指定操作数传送到指定的存储单元，移动指令如图4–65所示。

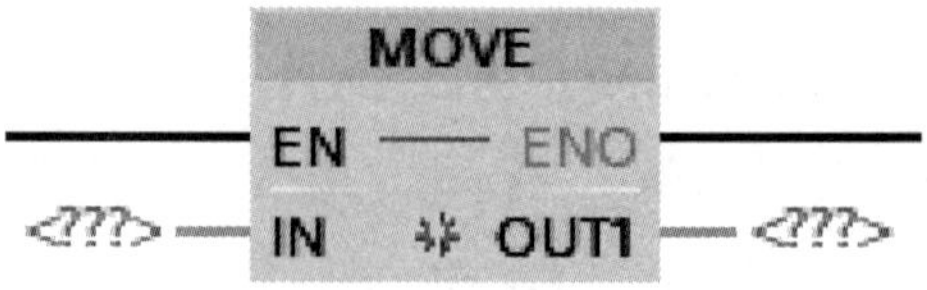

图4–65 移动指令

1. MOVE指令的功能

当MOVE指令的使能端EN接通母线时，MOVE指令执行，将IN输入端的内容传送到OUT端指定的存储单元中。如果要同时传送给多个对象，可以单击IN和OUT中间的星状图标，生成OUT2、OUT3……

2. 参数说明

IN：位序列、整数、浮点数、Time、Date等类型的数据，移动指令的输入端。

OUT：位序列、整数、浮点数、Time、Date等类型的数据，移动指令的输出端。

3. MOVE指令应用举例

【例4-15】当PLC刚起动运行时，给MB20存储单元自动赋值10，程序如图4-66所示。

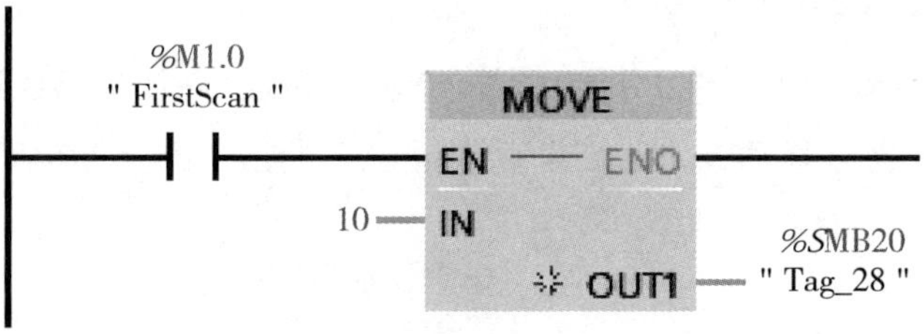

图4-66 【例4-15】程序

分析：设置系统存储字节MB1，首次循环FirstScan地址是M1.0。PLC初始运行时，MOVE指令使能端EN接通母线，将IN端的值10传送给OUT1指向的存储单元MB20。

4.4.2 移位指令

移位指令可以将指定操作数以二进制形式按位向左、向右移位，并输出运算结果。移位指令根据方向分为左移SHL、右移SHR两条指令。

1. 左移（SHL）指令

SHL指令如图4-67所示，SHL指令的使能端EN接通母线时，SHL指令将输入IN中的操作数以二进制形式向左移动N位，结果存放至OUT端指定的存储单元中。

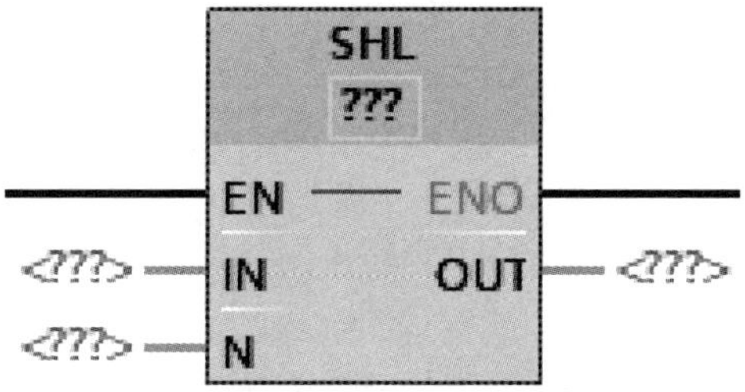

图4-67 SHL指令

SHL指令在向左移位的过程中，IN处数据的最左侧N位被丢失。最右侧空缺N位，则统一补0。以IN处填写已被赋值18的MB12、OUT处填写MB13、N处填写2为例，则SHL指令执行一次，过程如图4-68所示，结果MB13 = 2#01001000 = 72。

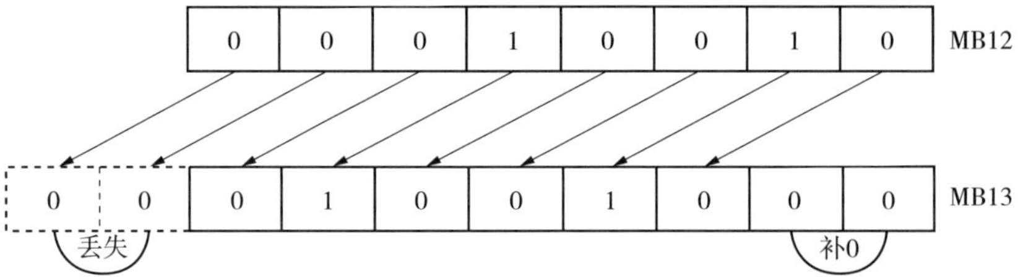

图4-68　SHL指令的执行过程

2. 右移（SHR）指令

SHR指令如图4-69所示，SHR指令的使能端EN接通母线时，SHR指令将输入IN中的操作数以二进制形式向右移动N位，结果存放至OUT端指定的存储单元中。

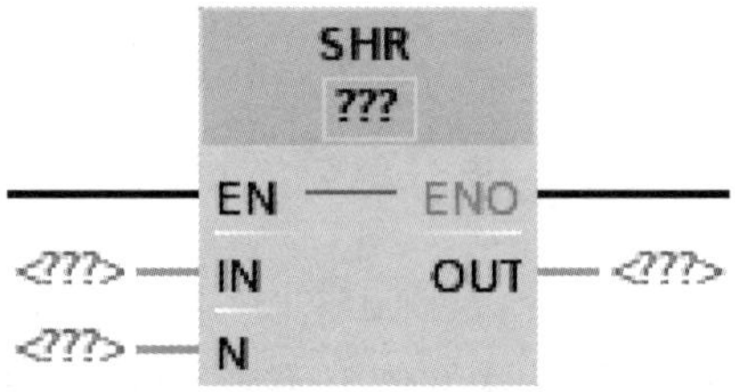

图4-69　SHR指令

SHR指令在向右移位的过程中，IN处数据的最右侧N位被丢失。最左侧空缺N位，则统一补0。以IN处填写已被赋值18的MB12、OUT处填写MB13、N处填写2为例，则SHR指令执行一次，过程如图4-70所示，结果MB13 = 2#00000100 =4。

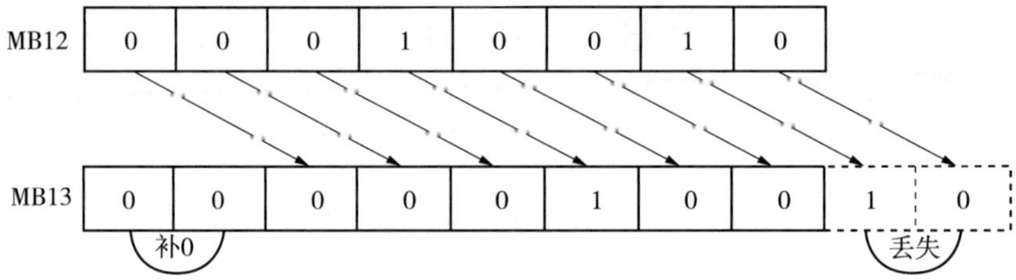

图4-70　SHR指令的执行过程

3. 参数说明

IN：整数型、位序列型数据。用作移位指令的输入值。

OUT：整数型、位序列型数据。用作移位指令的输出值。

N：无符号正整数型数据。移位长度。

4. 移位指令应用举例

【例4-16】当PLC执行图4-71所示程序时，若M2.1常开触点闭合又断开，则MB12的值是?

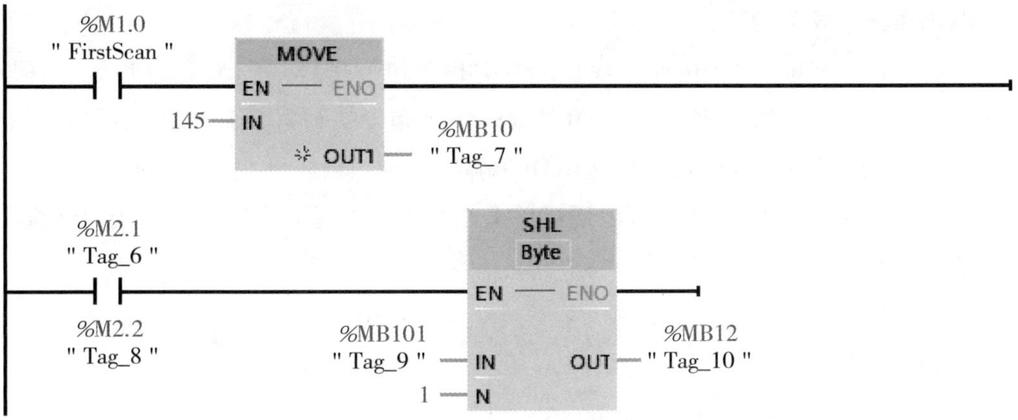

图 4–71 【例 4–16】程序

分析：PLC 运行程序，MB10 自动获得值 145。若 M2.1 常开触点闭合，执行 SHL 指令，将 MB10 的值 145 向左移动 1 位，结果变为 2#00100010，即 MB12 = 34，如图 4–72 所示。

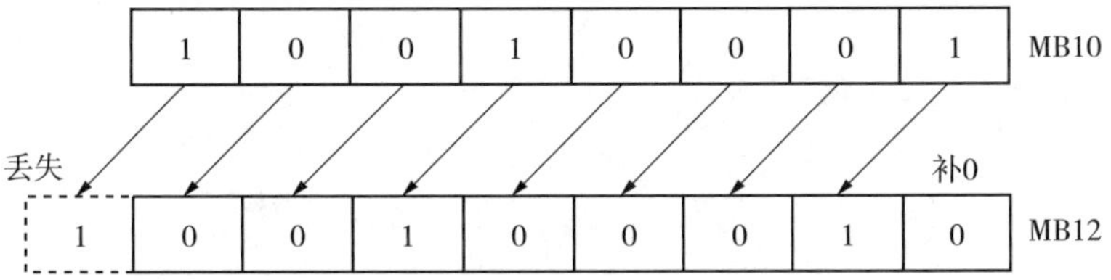

图 4–72 【例 4–16】程序执行过程图

4.4.3 四则运算指令

四则运算指令是 PLC 的基本运算指令，包括加法（ADD）、减法（SUB）、乘法（MUL）、除法（DIV）指令，四则运算指令如图 4–73 所示。

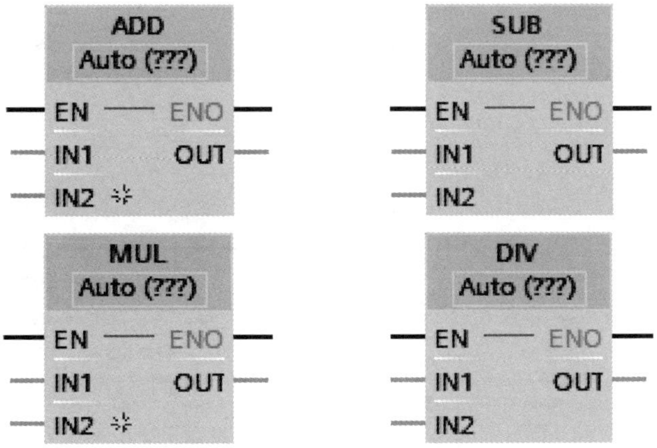

图 4–73 四则运算（加法、减法、乘法、除法）指令

1. 四则运算指令的功能

四则运算指令使能端EN接通母线时，ADD指令执行将IN1 + IN2的值传送给OUT端；SUB指令执行将IN1 – IN2的值传送给OUT端；MUL指令执行将IN1 × IN2的值传送给OUT端；DIV指令执行将IN1 ÷ IN2的值传送给OUT端。

其中，执行ADD、MUL指令可以通过单击指令下方的星状图标，让多个值连续相加、相乘，结果赋值给OUT端。

2. 参数说明

EN：Bool型数据。

IN1、IN2：整数、浮点型数据。

OUT：整数、浮点型数据。

3. 四则运算指令应用举例

【例4–17】用四则运算指令计算圆的周长和面积，设圆半径为12.0mm。

分析：建立变量表，如图4–74所示。

圆半径	Real	%MD100
圆面积	Real	%MD104
开始计算	Bool	%M2.3
圆周长	Real	%MD108

图4–74 【例4–17】变量表

计算圆面积、圆周长，程序如图4–75所示。

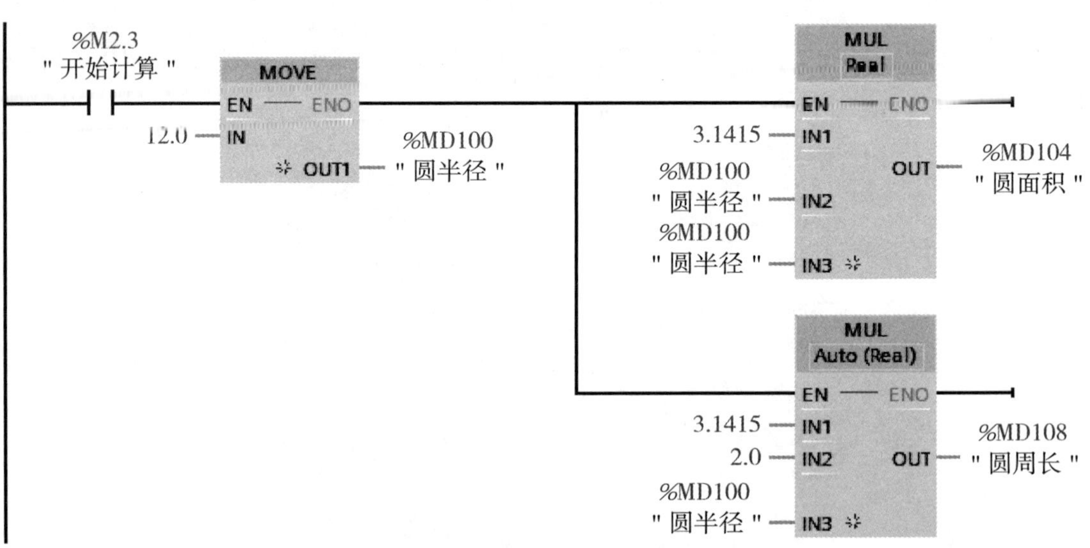

图4–75 【例4–17】程序

4.4.4 转换指令

1. 标准化指令 NORM_X

标准化指令可以将指令中输入的VALUE值映射到MIN~MAX的线性标尺，从而对其进行标准化输出，标准化指令如图4–76所示。

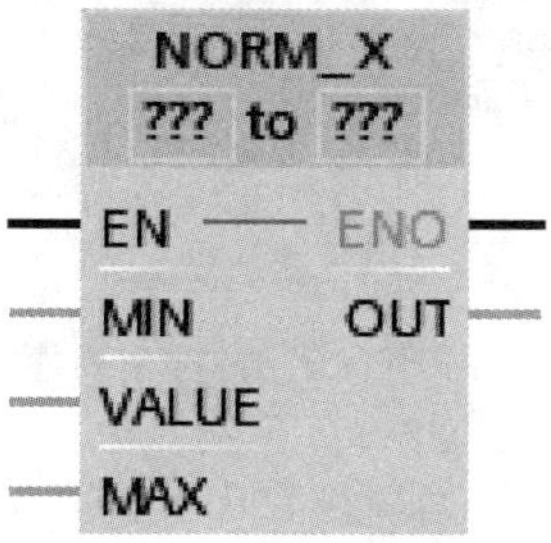

图4–76 标准化指令

（1）标准化指令的功能。

标准化指令MIN端输入VALUE值的下限、MAX端输入VALUE值的上限，VALUE端输入一个在（MIN，MAX）区间的中间值。

EN使能端接通母线后，标准化指令计算VALUE在（MIN，MAX）区间的线性比例值。标准化指令的计算公式是 $\mathbf{OUT}=\frac{\mathbf{VALUE-MIN}}{\mathbf{MAX-MIN}}$，OUT端输出一个在0.0~1.0的浮点数。标准化指令输出如图4–77所示。

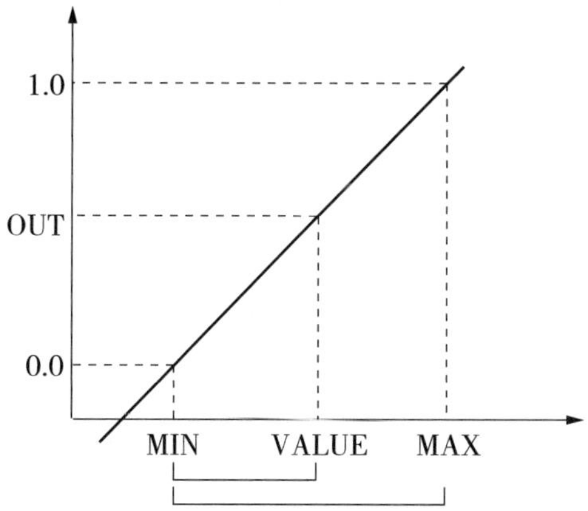

图4–77 标准化指令输出示意图

（2）参数数据类型。

MIN：整数、浮点型数据。输入VALUE值的下限。

MAX：整数、浮点型数据。输入VALUE值的上限。

OUT：浮点型数据。标准化输出值。

（3）标准化指令应用举例。

【例4-18】PLC执行图4-78所示程序时，变量表中的MD10、MD20均设置为Real型数据，求OUT端的输出值。

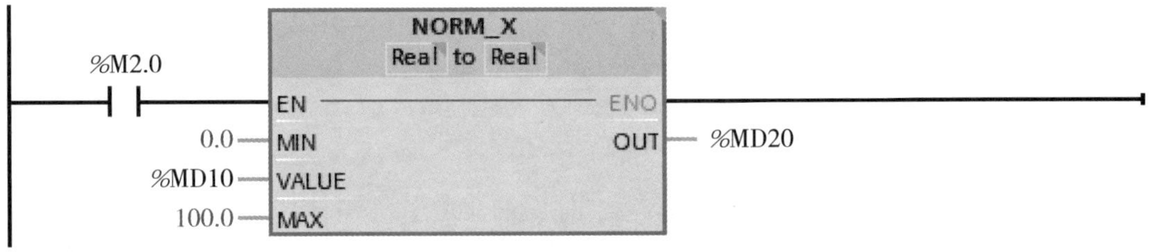

图4-78 【例4-18】程序

分析：当标准化指令运行时，MD10输入0.0~100.0的任一值，OUT端根据MD10值在MIN~MAX的线性标尺，标准化输出给MD20。例如MD10值设置为50.0，标准化指令EN端接通母线后，OUT端输出0.5。

2. 缩放指令SCALE_X

缩放指令可以根据VALUE值，对（MIN，MAX）区间进行比例缩放，输出至OUT端。缩放指令如图4-79所示。

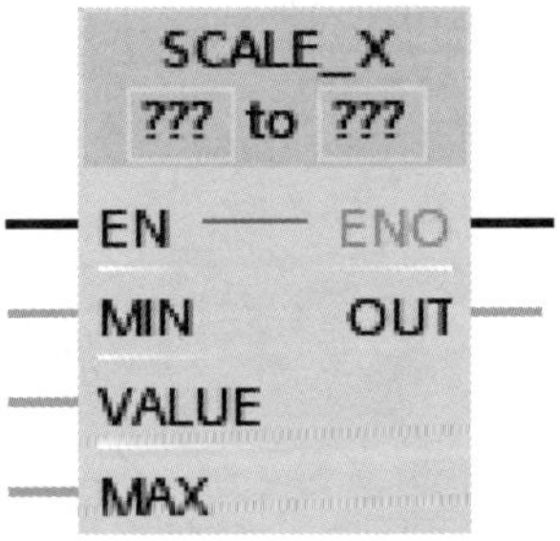

图4-79 缩放指令

（1）缩放指令功能。

缩放指令MIN端代表输出OUT值的下限，MAX端代表输出OUT值的上限，VALUE端输入一个在0.0~1.0的缩放值。缩放指令根据VALUE的值，在指定的（MIN，MAX）区间进行缩放，OUT端输出值。

缩放公式是OUT = VALUE ×（MAX–MIN）+ MIN，缩放指令输出如图4-80所示。

（2）参数数据类型。

MIN：整数、浮点型数据。输出OUT值的下限。

MAX：整数、浮点型数据。输出OUT值的上限。

VALUE：浮点型数据，一般为0.0~1.0的数据。

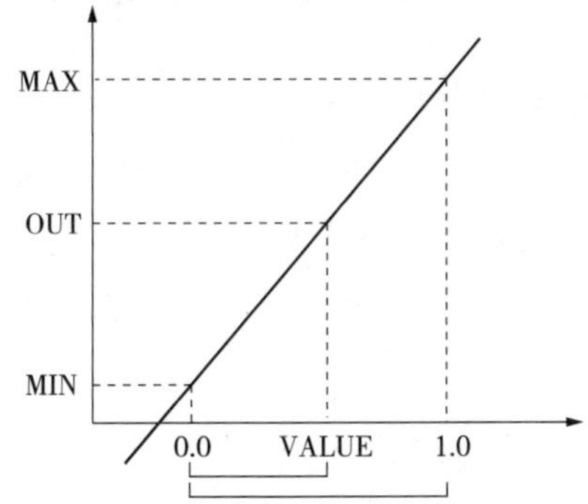

图4-80 缩放指令输出示意图

（3）缩放指令应用举例。

【例4-19】PLC执行图4-81所示程序时，变量表MD30、MD40均设置为Real型数据，求OUT端的输出值。

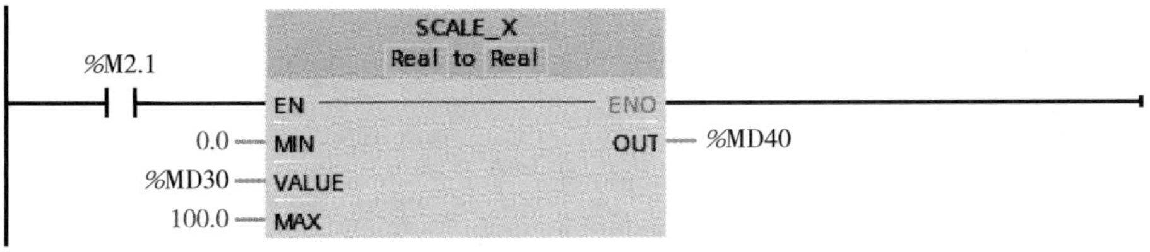

图4-81 【例4-19】程序

分析：当MD30输入0.0~1.0的任一值时，例如0.75，缩放指令EN端接通母线后，缩放指令根据VALUE值，在MIN~MAX直接比例缩放，OUT端输出75.0。

项目小结

通过本项目学习PLC的数据类型、存储地址和功能指令。通过本项目的学习，读者可以对PLC能处理的基本数据类型有清晰的了解，同时对PLC存储器中不同功能的存储区，以及对应的存储地址有一定程度的掌握。结合数据类型、存储地址，读者可练习后续的功能指令，进而对PLC编程有更深的领悟。

思考与练习

1. 下列哪些是PLC合法的存储地址？

（1）Q2.9；（2）A3.3；（3）MD10；（4）IB10；（5）QW3；（6）WM10；（7）QI12。

2. 如果QW2=300，则QB2=？QB3=？

3. PLC存储器的哪些存储区有对应的绝对地址？

4. CTU指令中的R，功能是什么？CTD指令中的LD，功能是什么？

5. 从TON指令接通母线开始计时，输出端Q比输入端IN接通母线的时间滞后多少？

6. SHL指令将IN端的值整体向左移动N位，结果输出给OUT端，这是否意味着OUT端的值大于IN端的值？

7. 使用TP指令时，输入端IN接通母线持续的时间更长，是否能让OUT端置1的时间更长？

项目5

顺序控制设计法

【情境导入】

顺序控制是指在生产过程中，各个执行机构按照生产工艺预先设定的动作顺序，以及相应的转换条件，一步一步地自动有序操作的过程。

为了使顺序控制系统工作可靠，通常采用步进式控制电路结构。所谓步进式顺序控制，是指控制系统的任一程序步得电，必须以“前一步得电并且本步的转换指令已发出”为条件。

对生产机械而言，受控设备任一步的机械动作是否执行，取决于控制系统的前一步是否已有输出信号及其受控机械动作是否已完成。若前一步的动作未完成，则后一步的动作无法执行。这样，控制系统每步之间互锁严密，动作顺序不会错乱。

【内容图谱】

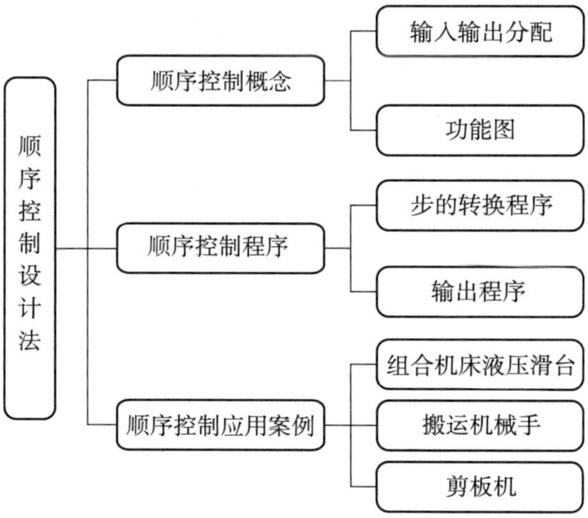

【重点、难点】

1. 重点内容

（1）顺序控制的基本概念。

（2）顺序控制功能图。

2. 难点内容

（1）顺序控制程序。

（2）顺序控制案例分析。

【立德树人】

结合顺序控制的内容，培养一丝不苟的职业精神，养成细致入微的职业态度。工作中的任意一个细节都要过手过心，如果不满足条件，绝不能轻易放过，养成严谨认真的好习惯。

任务5.1 顺序控制概念

【任务描述】

顺序控制设计法是指在设计电气控制系统编程时根据设备预先设定的工艺，在规定顺序下按照特定信号条件、时间条件，让设备上各个执行机构自动有序地按照规定顺序依次执行输出。

顺序控制设计方法主要分为三大步骤，即输入输出分配、功能图设计、程序编写。

【任务目标】

1. 知识目标

- 掌握顺序控制输入输出分配、功能图设计。
- 掌握顺序控制PLC程序的编写。

2. 技能目标

- 能根据机械设备工作流程，设计合理的功能图。
- 能合理地编写PLC程序，完成顺序控制动作。
- 能对程序错误进行合理排查。

【任务实施】

5.1.1　输入输出分配

系统功能的具体任务，涉及PLC的输入点、输出点，分配具体编程地址，并在PLC变量表中做好记录。例如表5–1所示的PLC输入点、输出点，各分配了指定功能，将编程地址记录下来，就形成了顺序控制的输入输出分配表。

表5–1　输入输出分配表

输入信号	起动按钮SB1	停止按钮SB2	行程开关SQ1
编程地址	I0.1	I0.2	I0.3
输出信号	运行指示灯	继电器线圈KA1	继电器线圈KA2
编程地址	Q0.1	Q0.2	Q0.3

将分配好的输入点、输出点记录在PLC变量表中，并修改名称，如图5–1所示。

图5–1　将分配好的输入点、输出点记录在PLC变量表中

5.1.2　功能图

功能图又称为流程图，是一种用图形表示顺序控制工作流程的方法。功能图通过简洁的图形，清晰、准确地描述控制系统的工作流程及功能特点，设计功能图是设计顺序控制的一个重要环节。

功能图具有五要素，分别是步、编号、有向连线（转换）、转换条件、输出动作。

1. 步

对于复杂的控制过程，通常将它分解为若干独立的工序。每个工序称为一个步，一个步通常用一个矩形框来表示。如果某个步是顺序控制开始的第一步，称为初始步，用双线矩形框表示。步的矩形框表示如图5–2所示。

图5–2　步的矩形框表示

2. 编号

在编程时为了准确地描述系统中的各个步，要给每一个步分配唯一的编号。编号通常用存储器中M区的位Mx.y来表示。若编号的值为1，则表示该编号对应的步正处于运行状态，也可称为当前步。若编号的值为0，则表示该编号对应的步正处于停止状态。编号如图5–3所示。

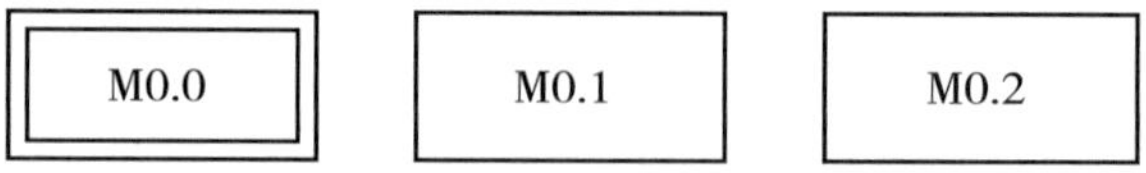

图5–3　编号

3. 有向连线（转换）

有向连线是指在系统运行过程中，将当前步的前进方向用一根带箭头的直线来连接。通常情况下，从上往下、从左往右的有向连线可以省略箭头，用直线连接。如果是从下往上、从右往左的有向连线，则必须加箭头以标识方向。有向连线如图5–4所示。

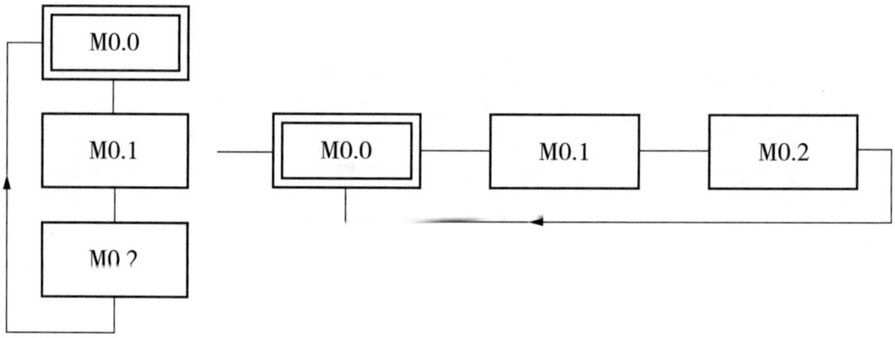

图5–4　有向连线

4. 转换条件

转换条件是指在系统运行过程中沿着当前步的前进方向，从上一个当前步转换到下一个当前步所必须满足的条件。在有向连线上用一根横线表示转换条件，如图5–5所示。

转换条件一般是按钮、开关、传感器等外部信号，以及PLC的定时器、计数器等内部信号。

5. 输出动作

输出动作是指系统的某一步正在运行，正处于当前步时具体有哪些输出端口Qx.y有输出，驱动外部负载。

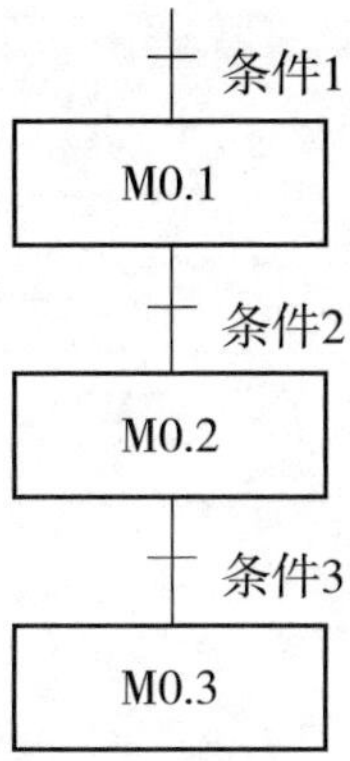

图5-5 转换条件

输出动作一般写在矩形框的右边，如图5-6所示，在该功能图中，当系统执行到M0.1步时，会有Q0.2输出；执行到M0.2步时会有Q0.2、Q0.4同时输出；执行到M0.3步时，会有Q0.5输出。

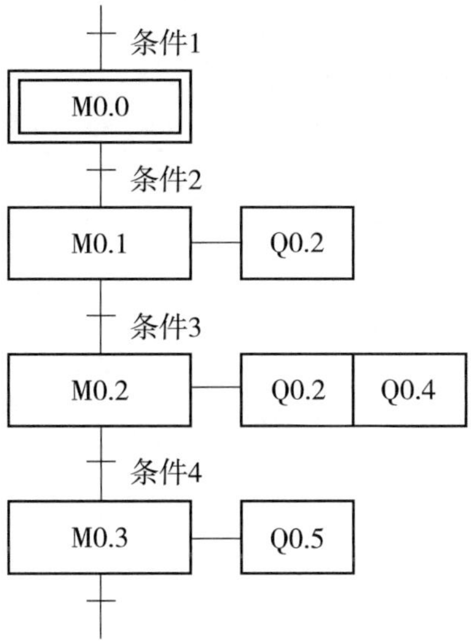

图5-6 输出动作

6. 功能图设计常用习惯

（1）初始步。通常情况下，设计功能图需要将系统的第一个步设计成初始步，用于系统初始化。初始步没有任何输出动作，也可以称为空步，用双线矩形框表示。

（2）初始步起动条件。初始步的起动条件可以使用“首次循环”功能，即PLC起动运行时直接进入初始步。“首次循环”功能起动如图5-7所示。

（3）设置循环。顺序控制的最后一步，一般设置为向上循环。即顺序控制系统执行最后一步时，自动返回进入初始步。该设计允许系统重新循环起动，可以提高程序使用效率，如图5-8所示。

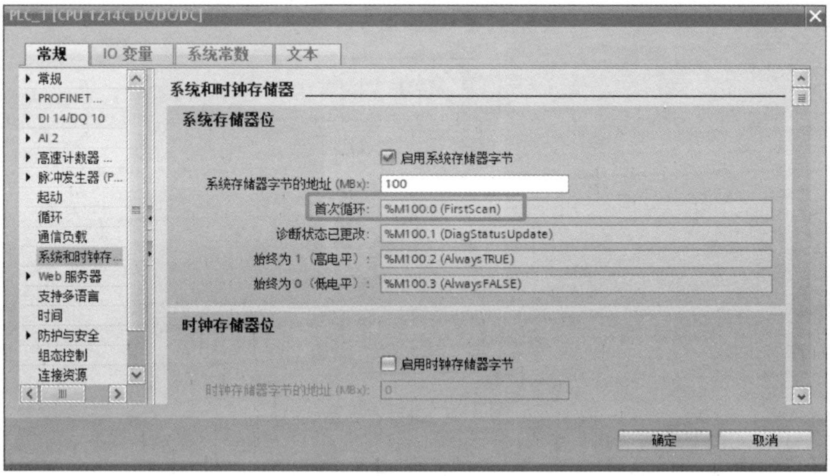

图 5-7 “首次循环”功能起动

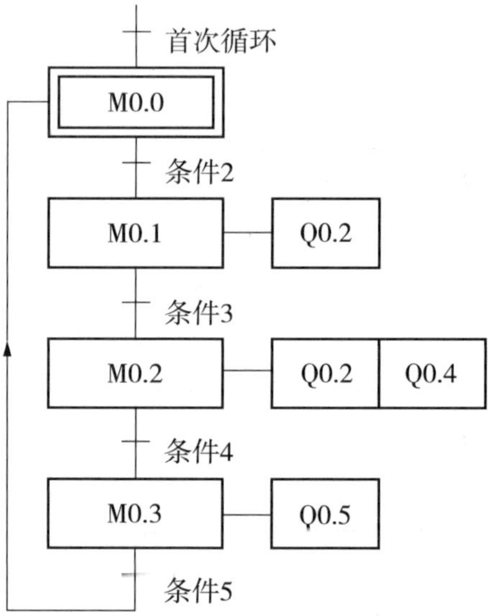

图 5-8 循环功能图设计

（4）编号习惯。每个步以Mx.y作为编号，具体地址可自由分配，但为了程序简捷，同一分支的编号最好能位于同一存储单元（如同一个字节、字、双字）且能连续起来，例如M0.0、M0.1、M0.2......

（5）避免使用编号地址所在的存储单元。已被用作编号的位和本存储单元中的其他位，应在程序中避免继续使用。例如位M0.0、M0.1、M0.2已被用作功能图编号，则MB0中的M0.3~M0.7最好不再用于程序中的其他功能。

7. 功能图的基本结构

功能图根据自身结构形状，分为单序列、选择分支、并行分支三种结构。

（1）单序列。

单序列是由一系列前后相继的步组成的，每一个步的前、后都仅有唯一的步，没有分支或合并，如图5-9所示。

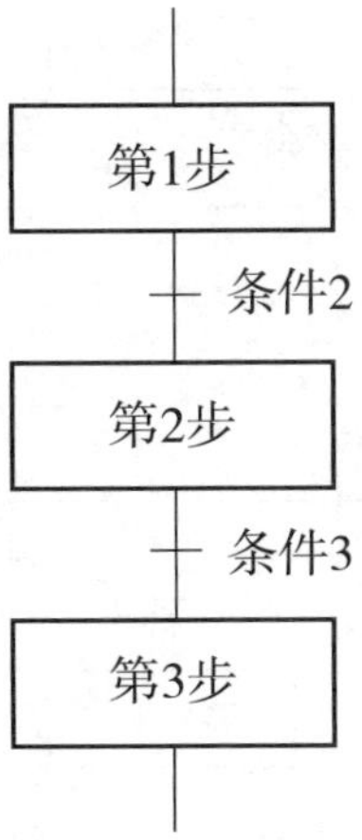

图5-9　单序列功能图

（2）选择分支。

选择分支是指在功能图的某一步后有多个下一步可供选择，即有分支以及相应的转换条件。系统根据对应条件的满足情况，转而执行多个分支中的其中一个。如图5-10所示，在运行第1步时，若满足条件1，则选择左边的分支，执行第2、3、6步；若满足条件6，则选择右边的分支，执行第4、5、6步。

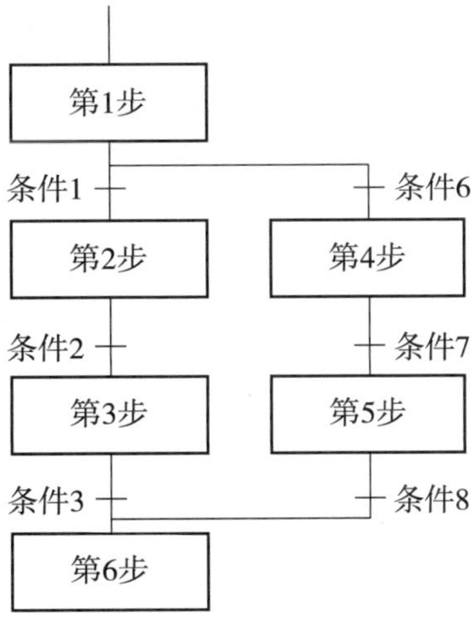

图5-10　选择分支功能图

（3）并行分支。

并行分支是指在功能图运行至某一步时，若满足转换条件，同时转换进入多个下一步。如图5-11所示，在运行第1步时，若满足条件1，则系统同时转换至运行第2、4步，功能图的左右分支同时运行。

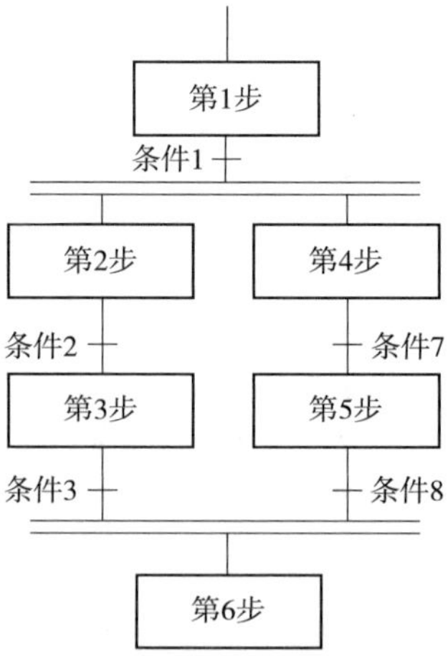

图5-11 并行分支功能图

顺序控制的功能图是系统设计中的一项重要内容，一个电气系统的运行是否正确、合理，很大程度上取决于其功能图设计是否合理。

任务5.2 顺序控制程序

【任务描述】

在顺序控制的功能图绘制完成后，可以根据功能图来进行程序的编写。程序的编写主要分为两部分内容：其一，步的转换程序，即功能图在什么条件下、哪一步是正在运行的当前步；其二，输出动作程序，即功能图的步与输出动作的对应关系。

一般在功能图设计完成后进行程序编写，通常不在没有绘制完功能图时直接编写程序。

【任务目标】

1. 知识目标

- 掌握顺序控制输入输出分配、功能图设计。
- 掌握顺序控制PLC程序的编写。

2. 技能目标

- 能根据机械设备的工作流程，设计合理的功能图。
- 能合理地编写PLC程序，完成顺序控制动作。
- 能对程序错误进行合理排查。

【任务实施】

5.2.1 步的转换程序

步的转换程序主要分析功能图的每一步在满足哪些条件的情况下对应编号的值为1。以图5-12所示的功能图为例，功能图中有M0.0~M0.3共4个步，程序中描述M0.0~M0.3四个编号在什么条件下值为1，即为步的转换程序。

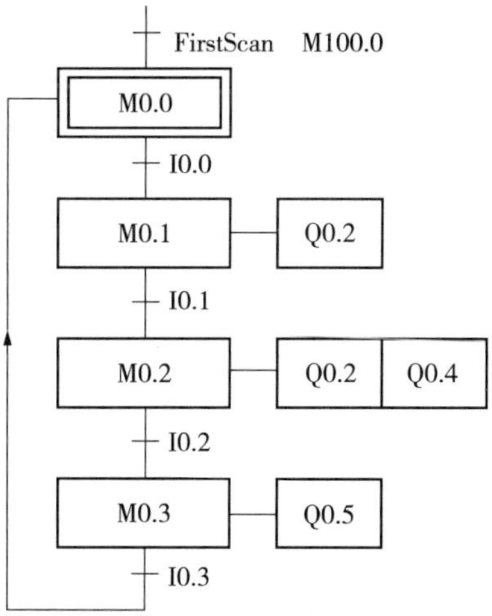

图5-12 5.2.1示例功能图

步的转换程序可以通过多种方法实现，有置位复位指令控制、起保停控制、移位指令控制等多种编程方法。

1. 置位复位指令控制程序

置位复位指令控制的步转换程序中，任意一步M_i的转换程序如图5-13所示。

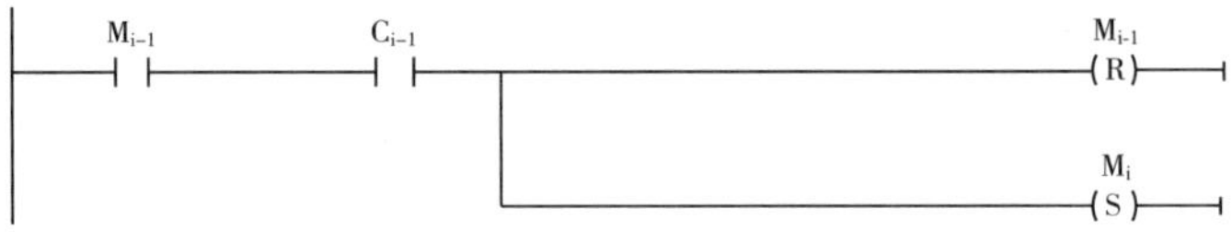

图5-13　置位复位指令控制的M_i步的转换程序

M_i表示当前步，M_{i-1}表示上一步，C_{i-1}表示向M_i步转换的条件。

图5-13中的程序表示上一步M_{i-1}正在运行并满足转换条件时，先停止上一步M_{i-1}，再置位当前步M_i。因PLC扫描程序时遵循“从上到下、从左到右”的扫描顺序，所以RESET、SET指令的先后顺序不可颠倒。

图5-12所示的功能图中，置位复位指令的步转换程序如图5-14所示。

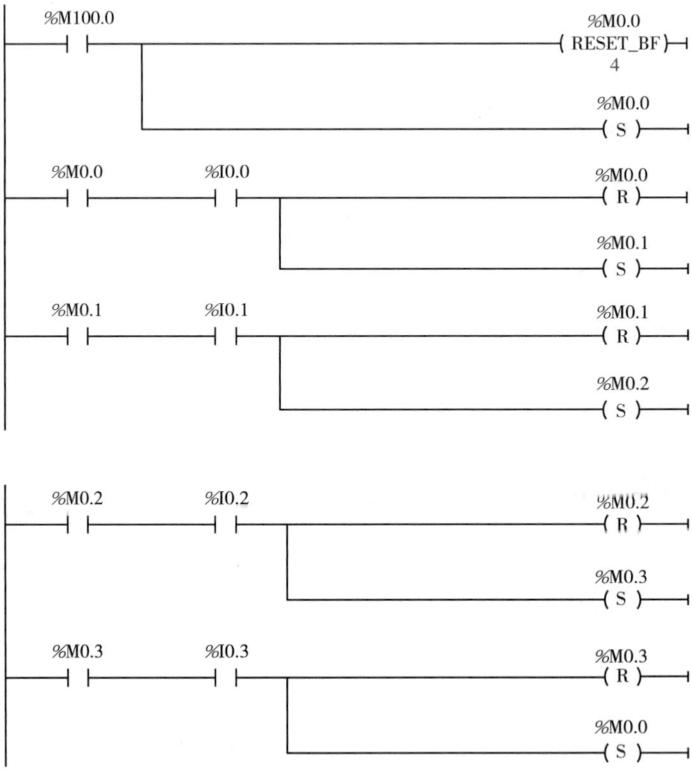

图5-14　5.2.1示例功能图的步转换程序（置位复位指令）

2. 置位移动指令控制程序

置位移动指令类似于置位复位指令，用MOVE指令将顺序控制编号所在的存储单元

（字节、字、双字）全部清零，再置位当前步编号 M_i。图 5–12 中示例功能图的置位移动指令控制程序如图 5–15 所示。

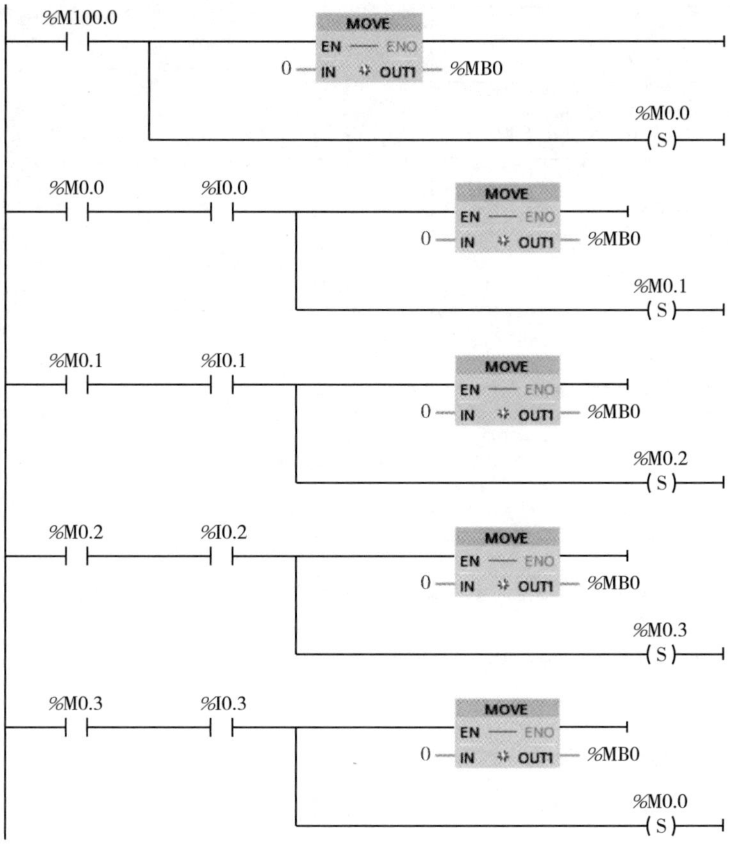

图 5–15　5.2.1 示例功能图的步转换程序（置位移动指令）

因 MB0 已被程序占用，MB0 中的 M0.4~M0.7 一般不再在程序中使用。

3. 起保停控制程序

起保停控制程序的步转换程序中，任意一步 M_i 的转换程序如图 5–16 所示。

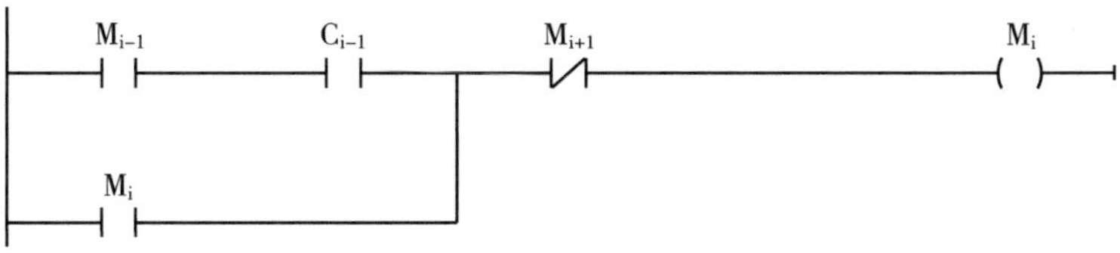

图 5–16　M_i 步转换程序（起保停控制）

M_i 表示当前步，M_{i-1} 表示上一步，C_{i-1} 表示向 M_i 步转换的条件，M_{i+1} 表示 M_i 的下一步。M_{i-1} 常开触点串联 C_{i-1} 常开触点是当前步的起动条件。M_{i+1} 常闭触点是当前步的停止条件。

图 5–12 示例中的起保停转换程序如图 5–17 所示。

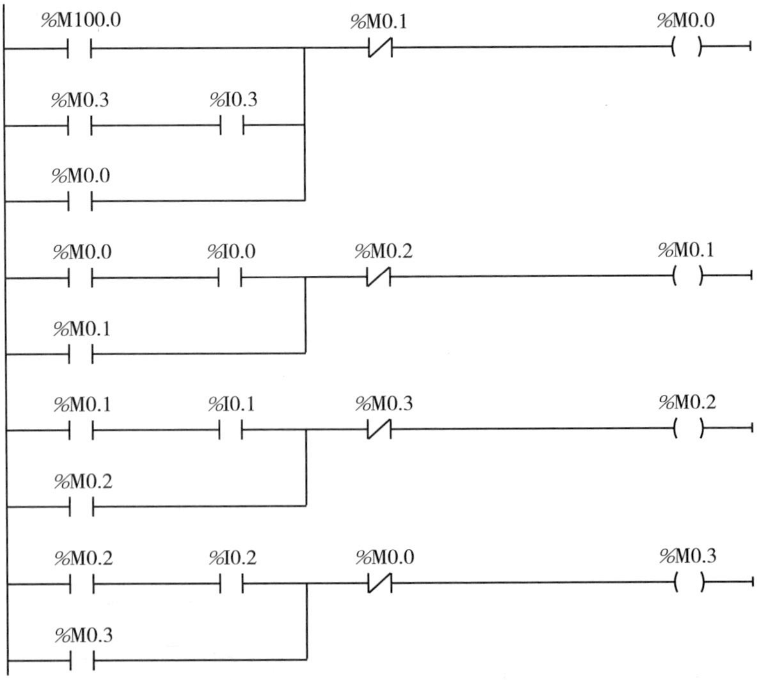

图5-17　5.2.1示例功能图的步转换程序（起保停控制）

程序中，M0.0有2个起动条件，为了避免双线圈，将2个起动条件合并在一起，M0.0线圈只出现1次。

4. 移位指令控制程序

移位指令控制程序使用移位指令完成步的转换，程序的篇幅较小、使用效率较高，要求编号M_i连续。系统起动时，首次扫描M100.0使MOVE指令执行1次，MB0=1，即M0.0=1，其他编号=0。当前步每转换1次，执行1次左移指令，令M0.1、M0.2、M0.3等的值轮流为1。图5-12示例功能图中，移位指令的步转换程序如图5-18所示。

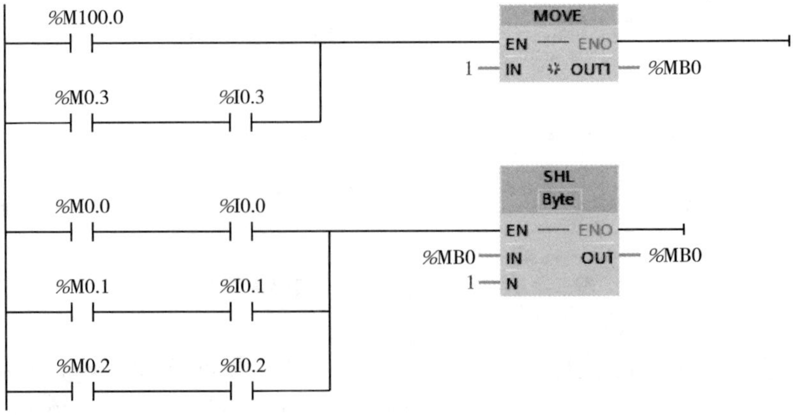

图5-18　5.2.1示例功能图的步转换程序（移位指令）

程序中，功能图的最后一步M0.3结合条件I0.3，给MB0赋值1，即M0.0=1，M0.1~M0.7为0，系统返回至M0.0步。

M0.x步结合转换条件I0.x，使用移位指令编写功能图程序可以节约程序的篇幅，提高运行效率。

5.2.2 输出程序

步的输出程序是指功能图中，功能图的步与输出动作的对应关系。

编写输出程序主要有2种方法，一种是线圈式输出程序，另一种是置位复位式输出程序。以图5-19所示的功能图为例，M0.1步执行Q0.2输出，M0.2步执行Q0.2、Q0.4输出，M0.3步执行Q0.5输出，分别介绍2种输出动作程序的写法。

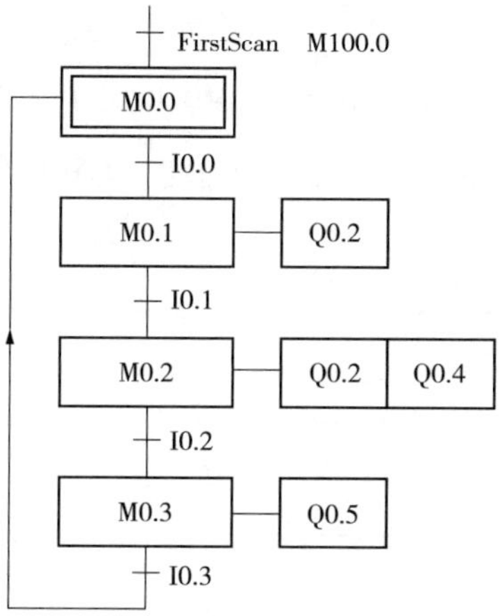

图5-19 5.2.2示例功能图

1. 线圈式输出程序

线圈式输出程序的主要内容是同一个线圈出现在哪几个步。将对应步的条件并联起来，接对应线圈。图5-19所示的功能图中，Q0.2线圈出现在M0.1、M0.2步，Q0.4线圈出现在M0.2步，Q0.5线圈出现在M0.3步，输出程序如图5-20所示。

图5-20 5.2.2示例功能图的线圈式输出程序（正确样式）

在线圈式输出程序中，同1个线圈只能出现1次，不可写成“双线圈”式，否则会造成线圈重复，程序运行混乱，图5–21所示的程序是错误写法。

图5–21　5.2.2示例功能图的线圈式输出程序（错误样式）

2. 置位复位式输出程序

置位复位式输出程序分析每一步中开始了哪些输出、停止了哪些输出，分别用置位、复位指令完成。5.2.2示例功能图的置位复位式输出程序如图5–22所示。

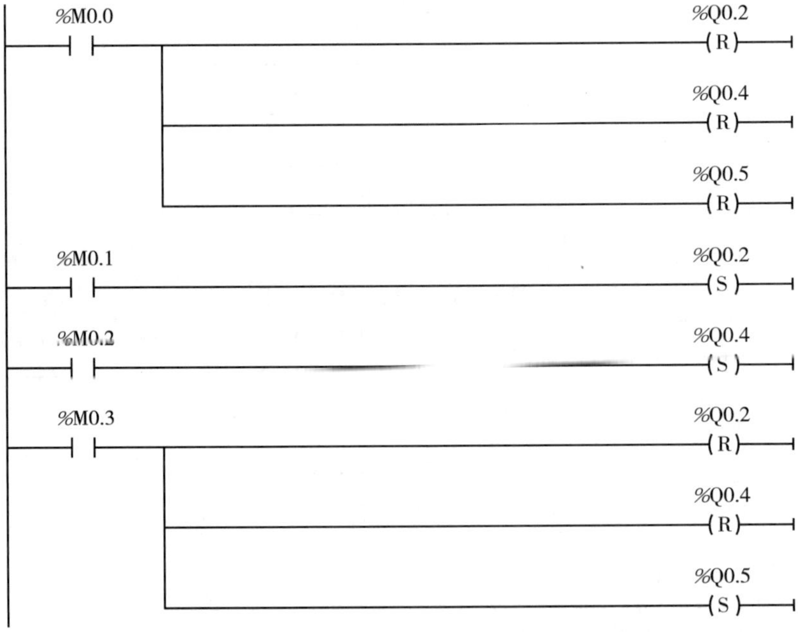

图5–22　5.2.2示例功能图的置位复位式输出程序

任务 5.3 顺序控制应用案例

【任务描述】

顺序控制方法在PLC编程中应用非常广泛，主要包括顺序控制分析方法、顺序控制工作流程设计、顺序控制的功能图及程序设计。本任务通过实际应用中的典型案例，帮助读者快速掌握和巩固顺序控制方法。

【任务目标】

1. 知识目标

- 掌握顺序控制分析方法。
- 掌握顺序控制工作流程设计。
- 掌握顺序控制的功能图及程序设计。

2. 技能目标

- 能分析顺序控制的输入点、输出点。
- 能掌握两种及以上顺序控制编程的方法，编写程序。
- 能合理排查、改正顺序控制系统运行的错误。

【任务实施】

5.3.1 组合机床液压滑台

1. 工作任务

某组合机床液压滑台的进给运动如图5–23所示。

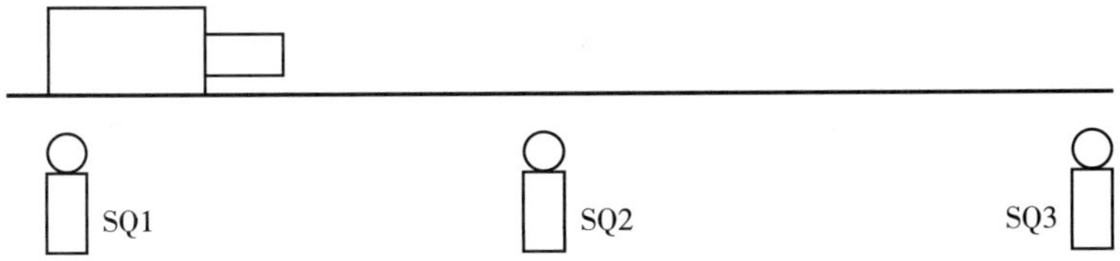

图5–23 某组合机床液压滑台的进给运动示意图

初始状态时滑台停留在左边的起点位置，SQ1行程开关处于接通状态。当按下起动按钮SB1时，滑台进入前进状态，继电器KA1接通，电动机正转，滑台向右前进。

当滑台前进到行程开关SQ2处时，滑台进入工进状态，KA1、KA3线圈接通，滑台同时前进、加工。

当滑台前进到最右边的SQ3处时，滑台在后退状态下工作，KA1、KA3线圈断开，KA2线圈接通，电动机反转；当滑台返回至SQ1处时，滑台停止，等待下一次起动。

2. 输入输出分配

根据任务分析，系统中有4个输入信号，分别是起动按钮SB1，以及行程开关SQ1、SQ2、SQ3；3个输出信号，即电动机正转控制KA1线圈、反转控制KA2线圈、加工控制KA3线圈。

滑台系统的输入输出分配如表5–2所示。

表5–2 滑台系统的输入输出分配表

输入信号	起动按钮SB1	行程开关SQ1	行程开关SQ2	行程开关SQ3
编程地址	I0.0	I0.1	I0.2	I0.3
输出信号	正转KA1线圈	反转KA2线圈	加工KA3线圈	
编程地址	Q0.0	Q0.1	Q0.2	

3. PLC硬件接线

根据滑台系统的输入输出分配，对1214C DC/DC/DC型PLC进行硬件接线，如图5–24所示。

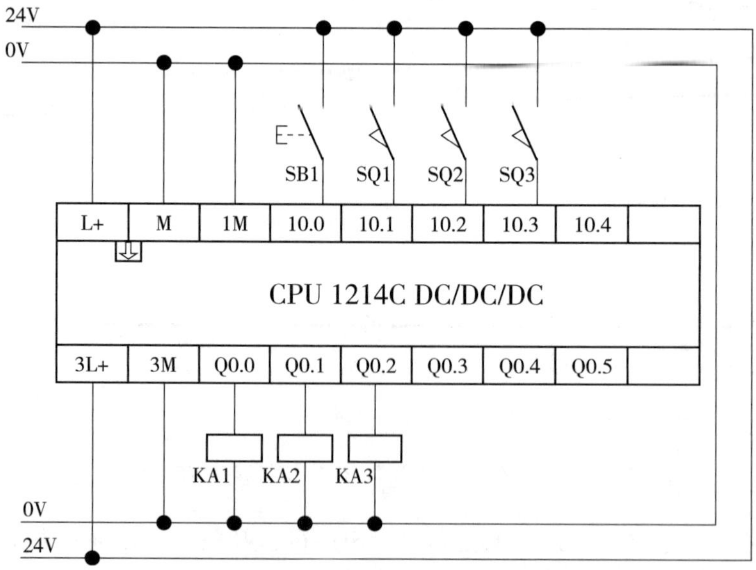

图5–24 滑台的PLC硬件接线图

4. PLC变量表设计

在PLC属性中启用“系统存储器字节”，并设置地址为100，则PLC变量表中自动添加M100.0为FirstScan变量，如图5-25所示。

名称	数据类型	地址			
FirstScan	Bool	%M100.0	KA3线圈	Bool	%Q0.2
System_Byte	Byte	%MB100	KA2线圈	Bool	%Q0.1
第3步	Bool	%M0.3	KA1线圈	Bool	%Q0.0
第2步	Bool	%M0.2	SQ3	Bool	%I0.3
第1步	Bool	%M0.1	SQ2	Bool	%I0.2
初始步	Bool	%M0.0	SQ1	Bool	%I0.1
顺序字节	Byte	%MB0	SB1	Bool	%I0.0

图5-25　滑台的PLC变量表设计

5. 功能图设计

分析组合机床液压滑台的工作流程，对照系统工作顺序图绘制功能图，如图5-26所示。

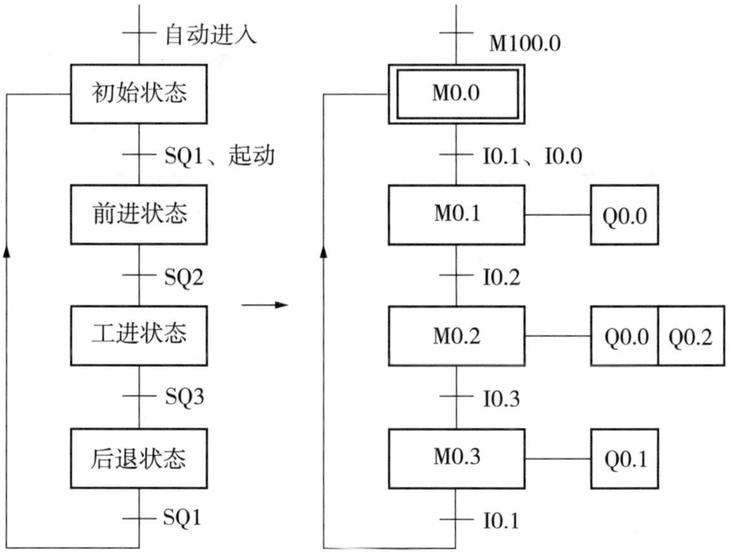

图5-26　滑台的功能图设计

6. PLC程序设计

根据功能图分析步的转换，以及步的输出动作，编写PLC程序可以有多种方法，这里试用2种方法编写，如图5-27所示。

程序段1：方法1置位复位指令

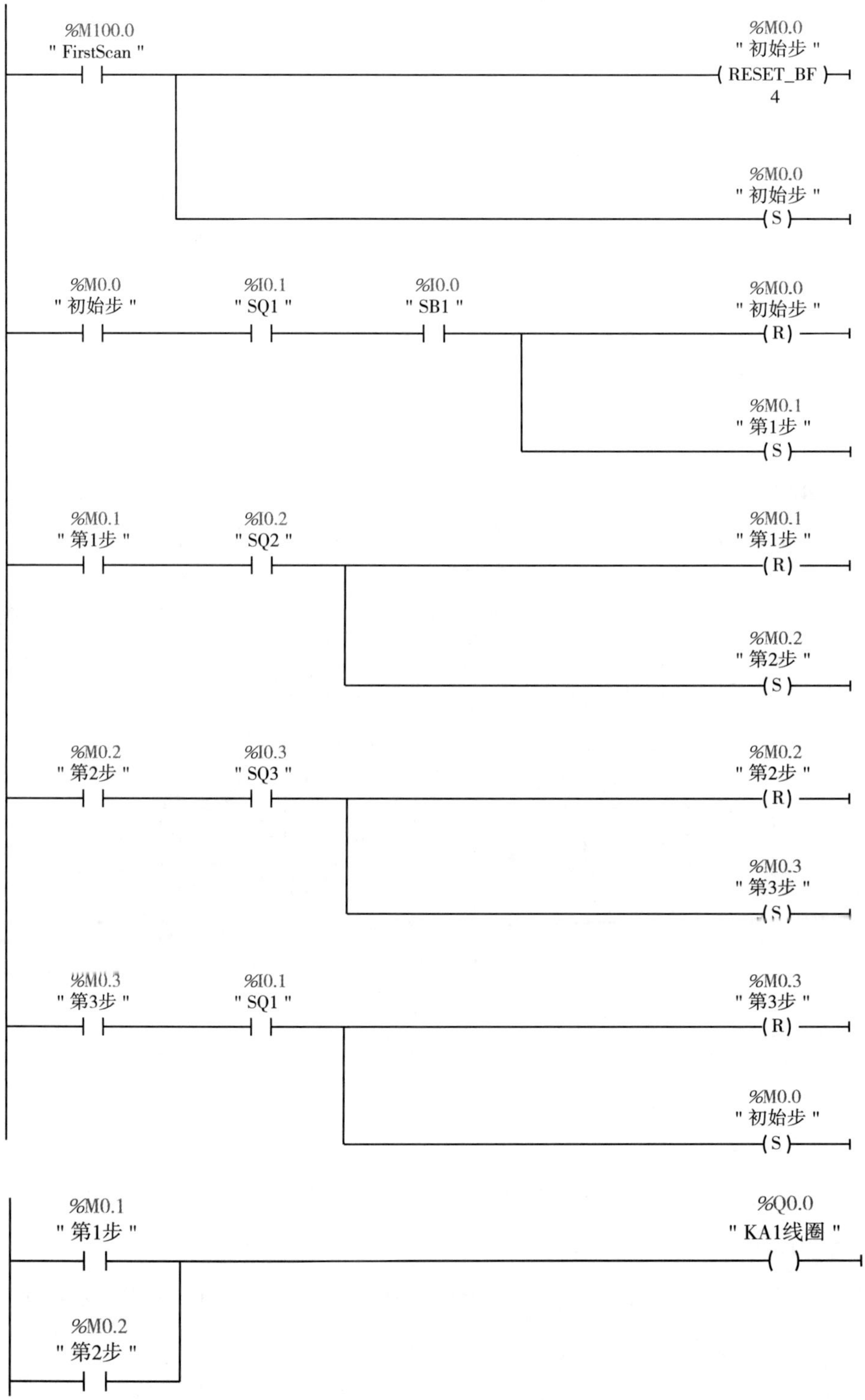

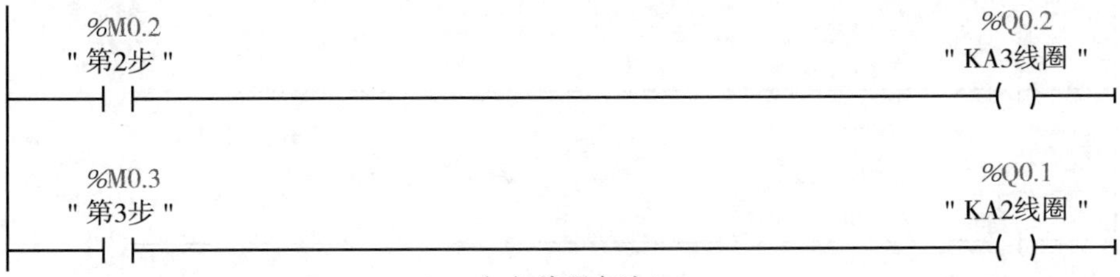

（a）编程方法1

程序段3：方法2起保停控制

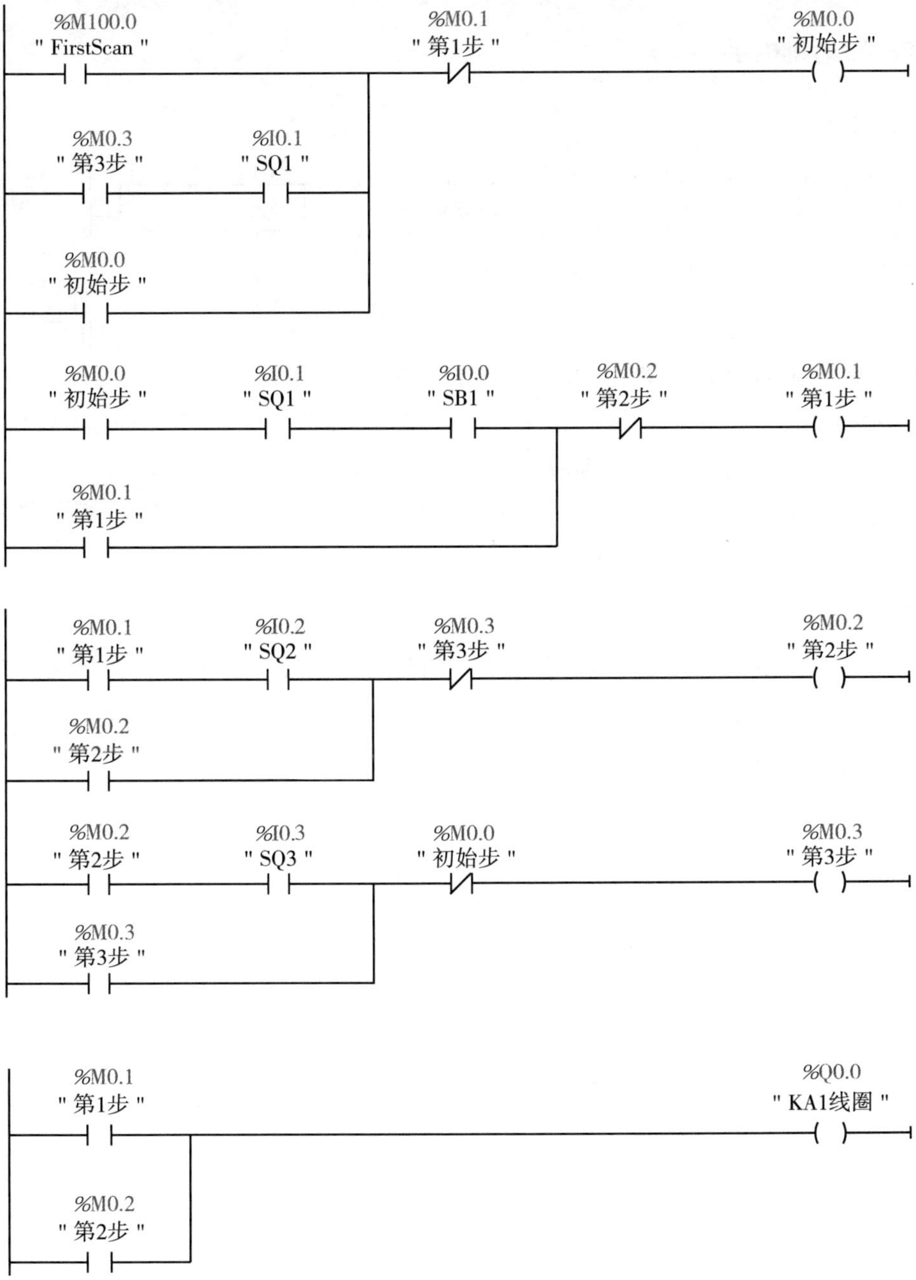

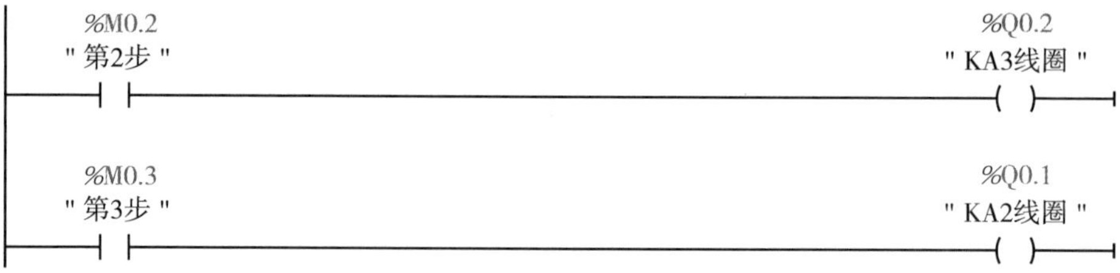

（b）编程方法2

图5-27　滑台的PLC程序设计

5.3.2　搬运机械手

1. 工作任务

搬运机械手的结构图如图5-28所示，由三个气缸组成，即水平气缸、垂直气缸、夹爪气缸。通过三个气缸的不同方向的活动，可以将A处的工件搬往B处。

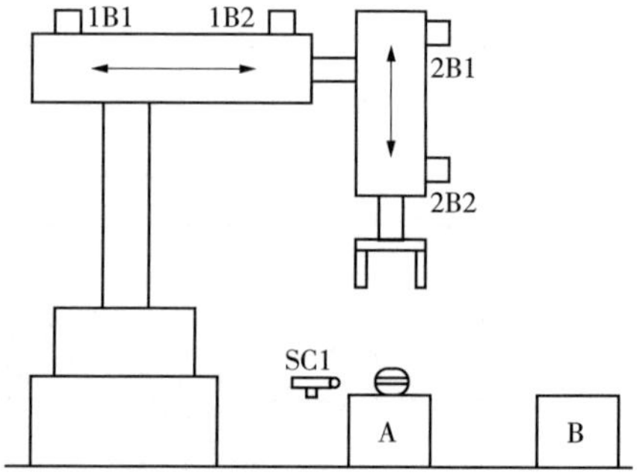

图5-28　搬运机械手的结构图

水平气缸、垂直气缸、夹爪气缸分别由三个二位五通单电控电磁换向阀（简称电磁阀）1Y1、2Y1、3Y1控制。水平气缸、垂直气缸分别有2个限位的磁性感应开关1B1、1B2和2B1、2B2。A工作台处有一个工件接近开关SC1。

2. 气动回路图

当电磁阀1Y1、2Y1、3Y1断电时，水平气缸缩回、垂直气缸上升、夹爪气缸松开。当电磁阀1Y1、2Y1、3Y1得电时，水平气缸伸出、垂直气缸下降、夹爪气缸夹紧。搬运机械手的气动控制回路原理图如图5-29所示。

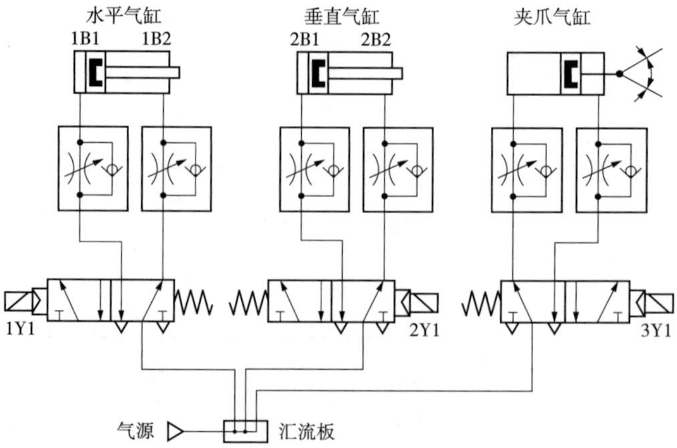

图5-29　搬运机械手的气动控制回路原理图

3. 输入输出分配

电磁阀1Y1、1Y2、1Y3分别由中间继电器KA1、KA2、KA3控制。搬运机械手系统的输入、输出分配如表5-3所示。

表5-3　搬运机械手系统的输入输出分配表

输入信号	接近SC1	左限1B1	右限1B2	上限2B1	下限2B2
编程地址	I0.0	I0.1	I0.2	I0.3	I0.4
输出信号	水平控制KA1		垂直控制KA2		夹爪控制KA3
编程地址	Q0.0		Q0.1		Q0.2

4. PLC硬件接线

根据搬运机械手的PLC输入输出分配，对1214C DC/DC/DC型PLC进行硬件接线，如图5-30所示。

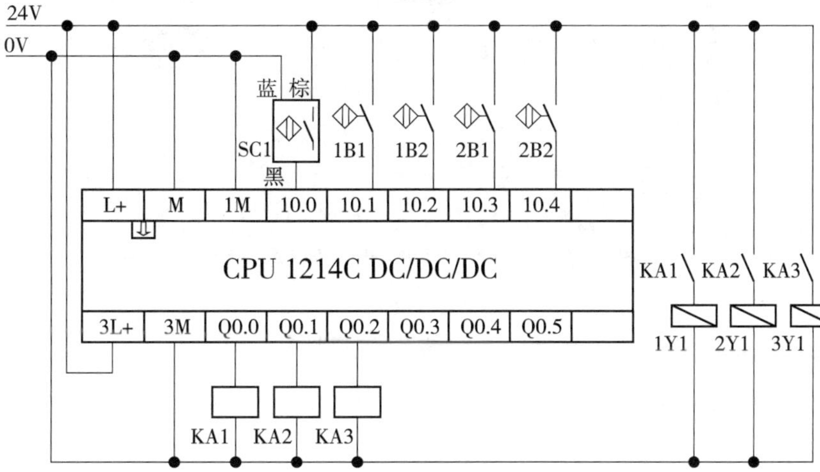

图5-30　搬运机械手的PLC硬件接线图

5. 功能图设计

当SC1感应到有工件时，搬运机械手执行垂直气缸下降→夹爪气缸夹紧→垂直气缸上升→水平气缸伸出→垂直气缸下降→夹爪气缸松开→垂直气缸上升→水平气缸缩回。搬运机械手的功能图设计如图5-31所示。

6. PLC变量表设计

PLC变量表设计见图5-32。

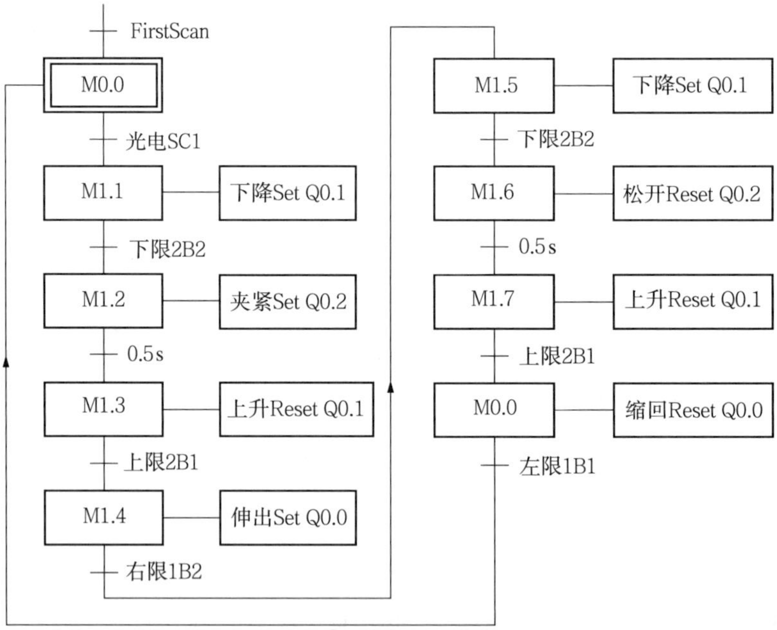

图5-31　搬运机械手的功能图设计

名称	数据类型	地址	名称	数据类型	地址
FirstScan	Bool	%M100.0	第8步	Bool	%M0.0
System_Byte	Byte	%MB100	顺序字	Word	%MW0
第7步	Bool	%M1.7	夹爪控制3Y1	Bool	%Q0.2
第6步	Bool	%M1.6	垂直控制2Y1	Bool	%Q0.1
第5步	Bool	%M1.5	水平控制1Y1	Bool	%Q0.0
第4步	Bool	%M1.4	下限2B2	Bool	%I0.4
第3步	Bool	%M1.3	上限2B1	Bool	%I0.3
第2步	Bool	%M1.2	右限1B2	Bool	%I0.2
第1步	Bool	%M1.1	左限1B1	Bool	%I0.1
初始步	Bool	%M1.0	接近开关SC1	Bool	%I0.0

图5-32　搬运机械手的PLC变量表设计

7. PLC程序设计

根据搬运机械手的功能图，编写程序，如图5-33所示。

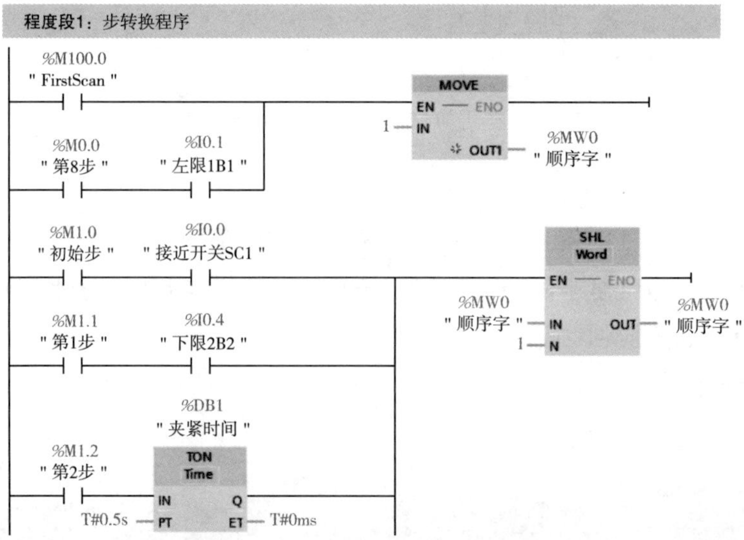

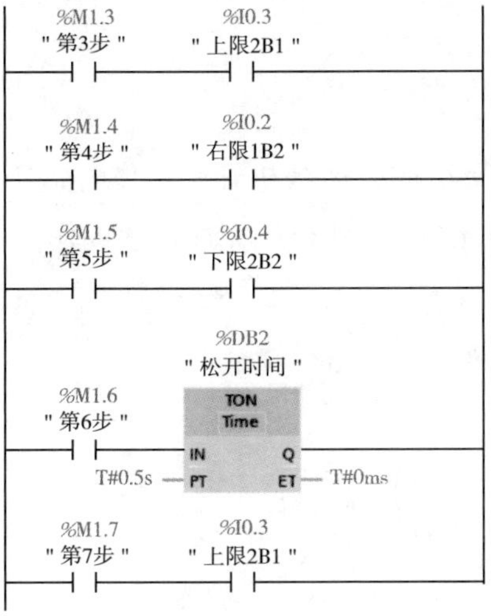

程度段2：输出程序

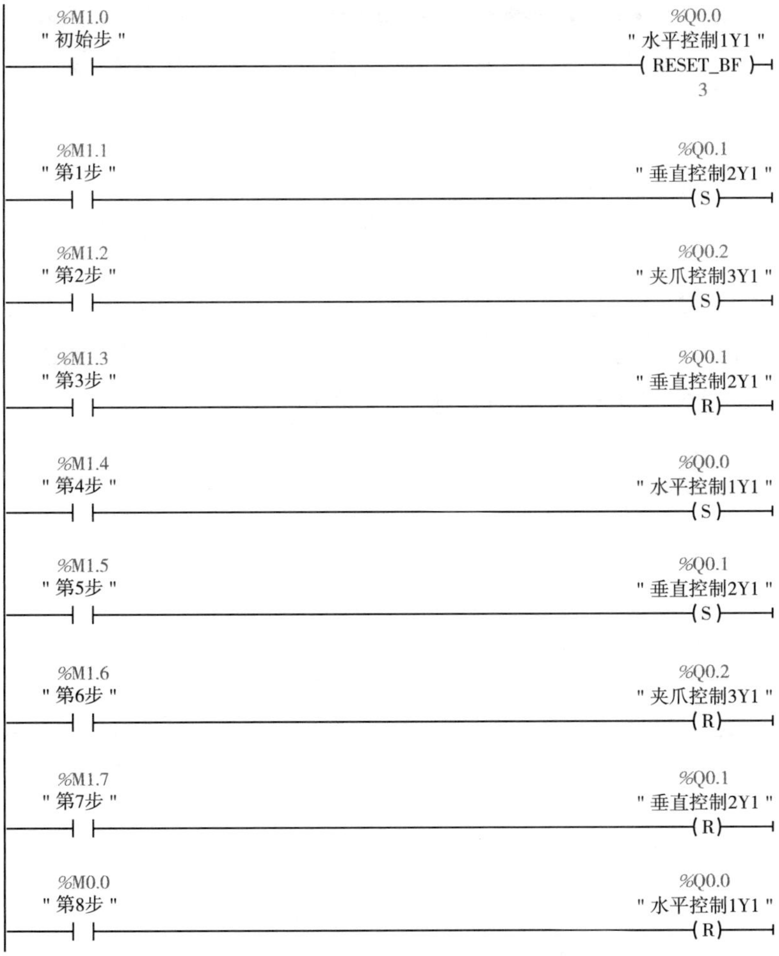

图5-33　搬运机械手的PLC程序设计

5.3.3 剪板机

1. 工作任务

剪板机由压钳、剪钳、滚轮电动机、支架组成，剪板机开始工作时，压钳、剪钳处于上限位置，如图5–34所示。当按下开始按钮SB1时，剪板机完成下述动作。

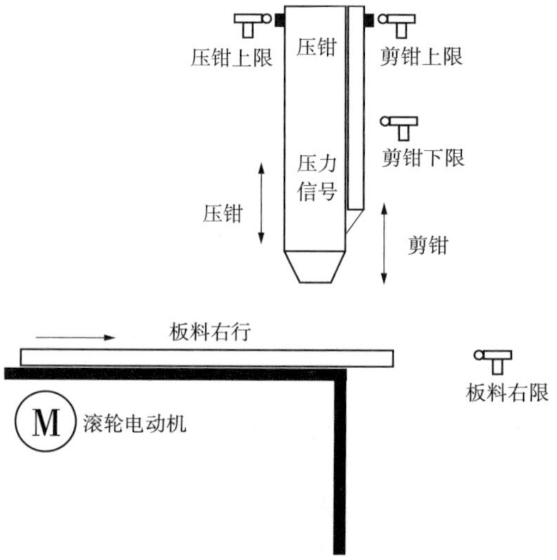

图5–34　剪板机的结构示意图

滚轮电动机滚动，板料右行。板料右行到达右限位处，滚轮电动机停止滚动，压钳下行。内部压力继电器有信号时，压钳保持压紧状态。接着剪钳下行，到达下限时，剪断板料。剪断后压钳、剪钳同时上行，到达上限，完成1个循环。

上述过程自动重复10次，即自动剪断10块板料是一个周期，停止并回到初始状态。

2. 输入输出分配

根据剪板机系统的功能，设计输入输出分配表，如表5–4所示。

表5–4　剪板机的输入输出分配表

输入信号	开始按钮	剪钳上限	剪钳下限	压钳上限	压力信号	板料右限
编程地址	I0.0	I0.1	I0.2	I0.3	I0.4	I0.5
输出信号	板料右行	剪钳上行	剪钳下行	压钳上行	压钳下行	
编程地址	Q0.0	Q0.1	Q0.2	Q0.3	Q0.4	

3. PLC 硬件接线

根据剪板机的PLC输入输出分配，使用1214C AC/DC/RLY型PLC进行硬件接线，如图5–35所示。

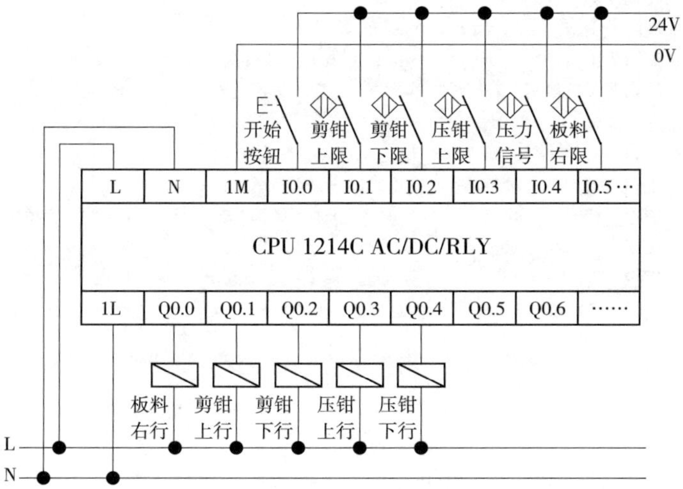

图5–35　剪板机的PLC硬件接线图

4. 功能图设计

剪板机的功能图设计如图5–36所示。

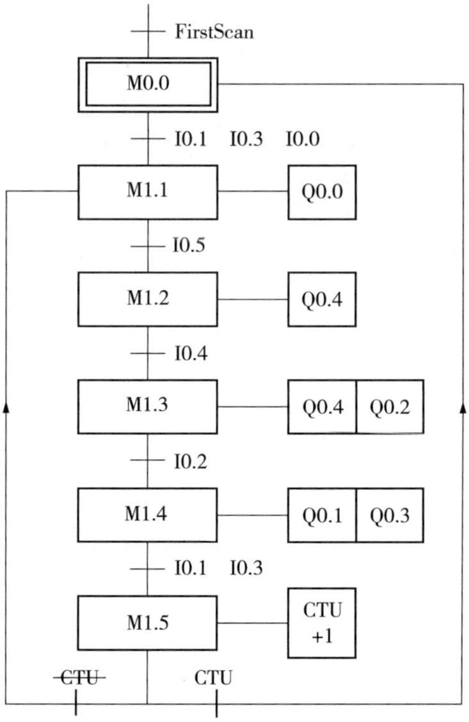

图5–36　剪板机的功能图设计

5. PLC变量表设计

剪板机的PLC变量表设计如图5–37所示。

名称	数据类型	地址
起动按钮	Bool	%I0.0
剪钳上限	Bool	%I0.1
剪钳下限	Bool	%I0.2
压钳上限	Bool	%I0.3
压力信号	Bool	%I0.4
板料右限	Bool	%I0.5
板料右行	Bool	%Q0.0
剪钳上行	Bool	%Q0.1
剪钳下行	Bool	%Q0.2
压钳上行	Bool	%Q0.3
压钳下行	Bool	%Q0.4
顺序字节	Byte	%MB1
初始步	Bool	%M1.0
第1步	Bool	%M1.1
第2步	Bool	%M1.2
第3步	Bool	%M1.3
第4步	Bool	%M1.4
第5步	Bool	%M1.5
System_Byte	Byte	%MB100
FirstScan	Bool	%M100.0

图5–37　剪板机的PLC变量表设计

6. PLC程序设计

剪板机的PLC程序设计如图5–38所示。

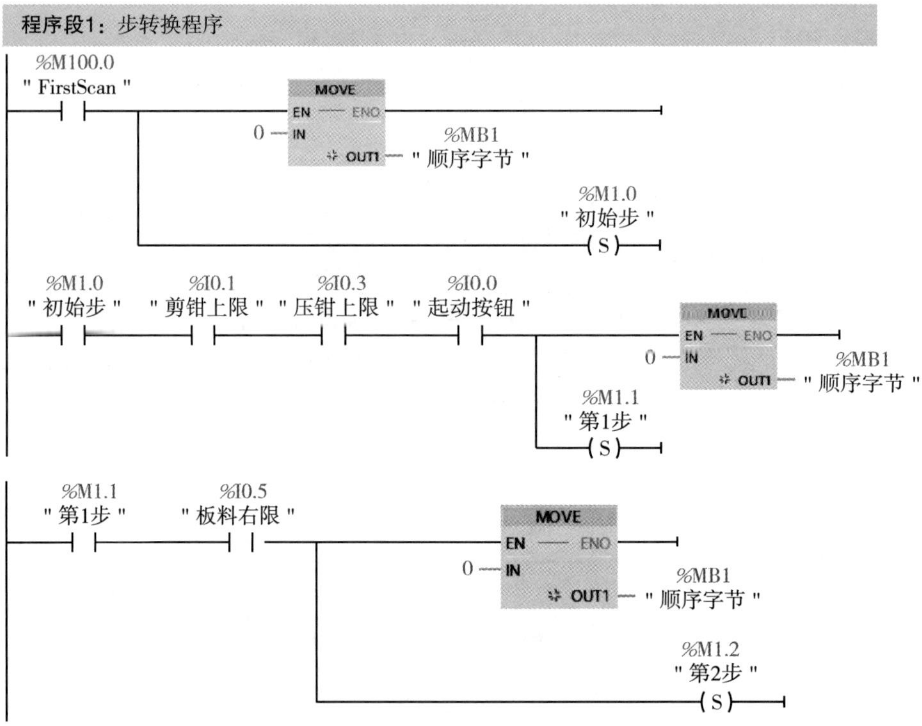

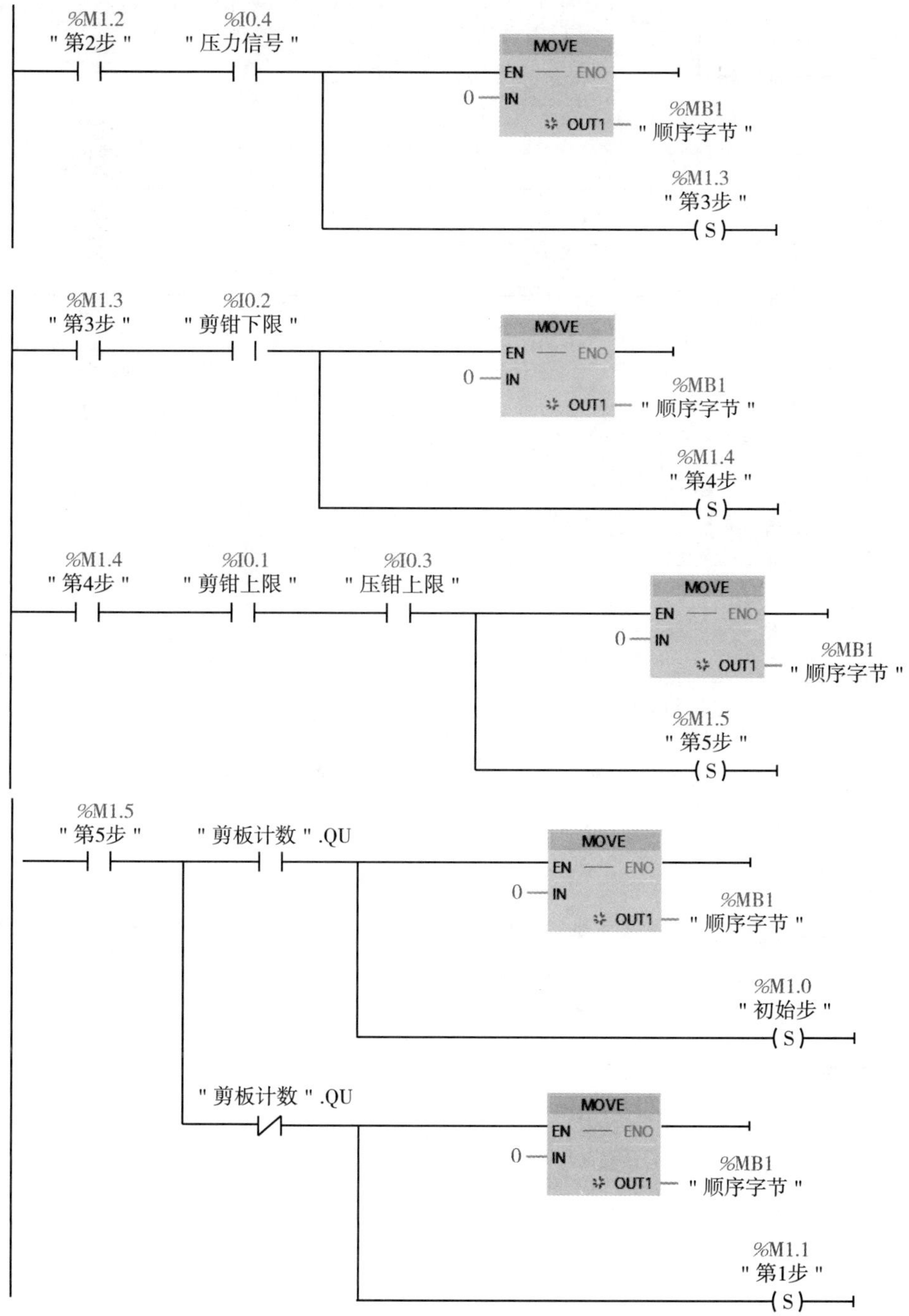
%M1.2
" 第2步 "
%I0.4
" 压力信号 "
MOVE
EN
ENO
0
IN
OUT1
%MB1
" 顺序字节 "
%M1.3
" 第3步 "
S
%M1.3
" 第3步 "
%I0.2
" 剪钳下限 "
MOVE
EN
ENO
0
IN
OUT1
%MB1
" 顺序字节 "
%M1.4
" 第4步 "
S
%M1.4
" 第4步 "
%I0.1
" 剪钳上限 "
%I0.3
" 压钳上限 "
MOVE
EN
ENO
0
IN
OUT1
%MB1
" 顺序字节 "
%M1.5
" 第5步 "
S
%M1.5
" 第5步 "
" 剪板计数 " .QU
MOVE
EN
ENO
0
IN
OUT1
%MB1
" 顺序字节 "
%M1.0
" 初始步 "
S
" 剪板计数 " .QU
MOVE
EN
ENO
0
IN
OUT1
%MB1
" 顺序字节 "
%M1.1
" 第1步 "
S

程序段2：输出程序

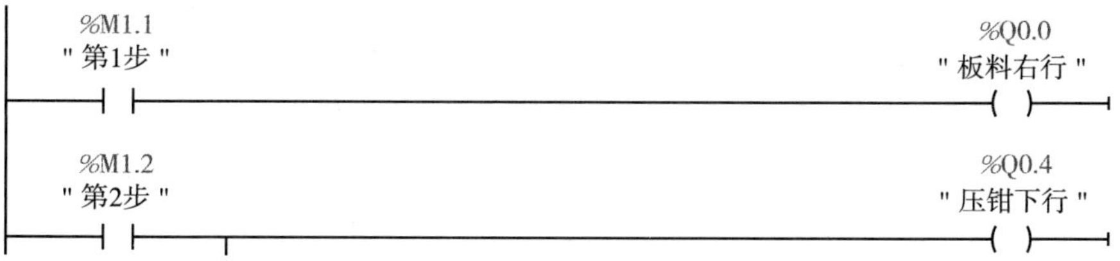
%M1.1
" 第1步 "
%Q0.0
" 板料右行 "
%M1.2
" 第2步 "
%Q0.4
" 压钳下行 "

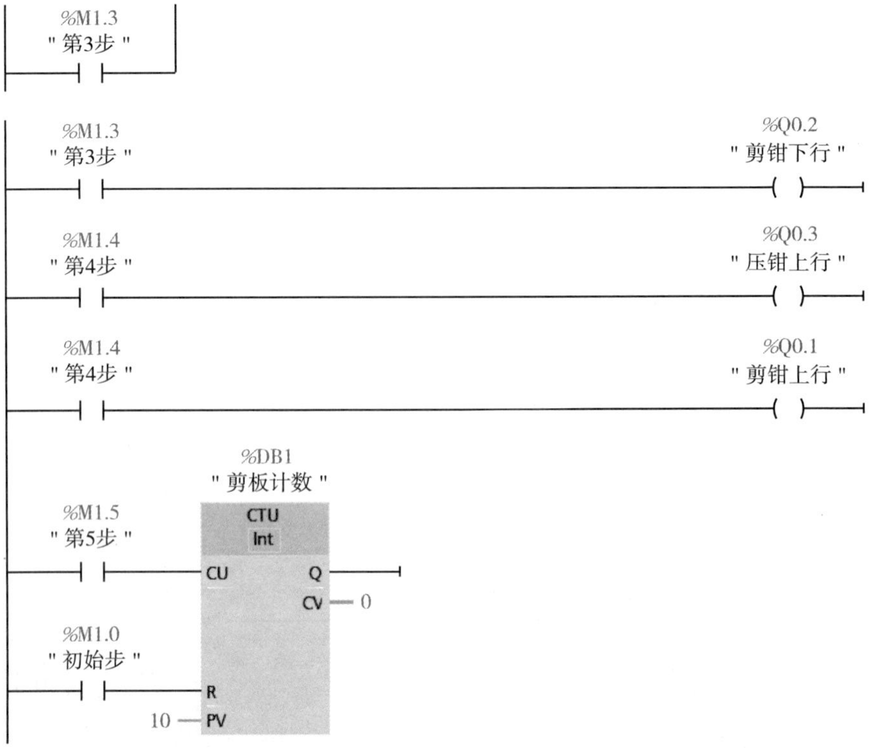

图5-38　剪板机的PLC程序设计

项目小结

顺序控制编程方法，将复杂任务拆解成若干个独立的任务。以功能图描述顺序控制系统的工作过程，逻辑清晰，指向明确，方便PLC编程，有较广泛的应用。

思考与练习

电气控制系统中，有2个指示灯（红灯、绿灯）、1台直流电动机、1个伸缩气缸。按以下要求进行控制。

初始状态：红灯点亮，绿灯熄灭，直流电动机处于停止状态，伸缩气缸处于缩回状态（单控电磁阀断电）。

当按下起动按钮SB1时，红灯熄灭、绿灯持续以2Hz的频率闪烁。1s后气缸伸出，到达限位后，电动机正转，4s后，电动机反转，2s后，气缸缩回。

气缸缩回到达限位后，红灯点亮，绿灯熄灭，直流电动机处于停止状态，伸缩气缸处于缩回状态，回到初始状态。

项目6

PLC与触摸屏应用

【情境导入】

人机界面简称HMI（触摸屏），是一种带触摸功能的显示屏，是PLC控制器的重要辅助控制设备。利用人机界面，操作人员能方便、直观地与PLC控制器进行数据交互，不但可以通过触摸方式操作PLC，还可以实时监控PLC的工作状态、数据变量。

十字路口交通灯是PLC课程中的一个经典案例，本项目以十字路口交通灯为对象，结合触摸屏，将交通灯变成触摸屏中虚拟的图形。学习在触摸屏设置图形动画，随着PLC程序的运行，触摸屏动态模拟交通灯运行动画。读者可以在触摸屏操控、观察交通灯运行的效果，在节省元件和接线时间的同时，还能增强操作触摸屏的实践能力。

【内容图谱】

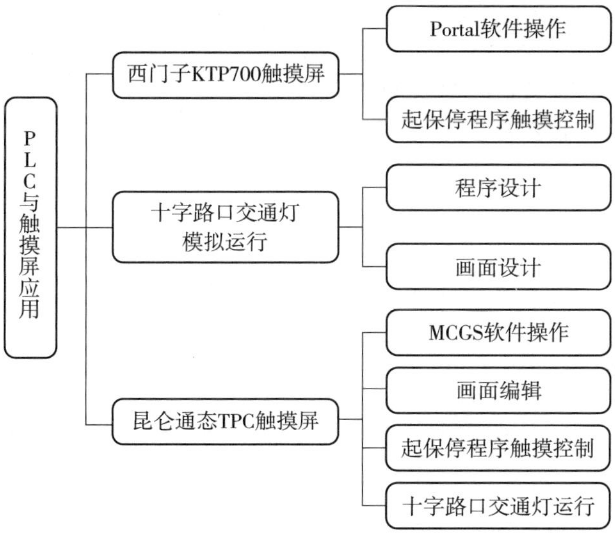

【重点、难点】

重点内容：触摸屏动画、变量连接。

难点内容：顺序控制编程、触摸屏数据交互。

【立德树人】

结合触摸屏知识，学习电气工控的主流、先进的界面设计方式，具备与时俱进、积极探索的精神。深刻领会制造业在民族复兴伟业中的巨大作用，用自己的方式为中华民族伟大复兴贡献一份力量。

任务6.1 西门子KTP700触摸屏

【任务描述】

KTP700触摸屏是西门子公司推出的精简系列中的触摸屏，其价格低廉，功能强大。通过本任务，掌握触摸屏的基本功能，绘制简单画面及基本控件，能使用KTP700触摸屏对1200系列PLC进行简单操控，如电动机的起保停程序控制。

【任务目标】

1. 知识目标

- 了解西门子触摸屏的定义、功能、使用场景。
- 了解西门子触摸屏在Portal软件中的基本操作。
- 掌握KTP700触摸屏的使用方法。

2. 技能目标

- 能够根据实际需求，选择合适型号的触摸屏。
- 能够在Portal软件中完成电动机的起保停程序控制。

【任务实施】

KTP700系列是西门子公司推出的操作简单、功能强大、可靠性强的精简型人机界面产品，其性价比高，深受广大用户喜爱。

KTP700触摸屏的接口如图6-1所示，其中①是电源接口，需接通24V直流电，L+接正极，M接负极。③是网口，可以接通计算机，下载程序，或与PLC进行通信。

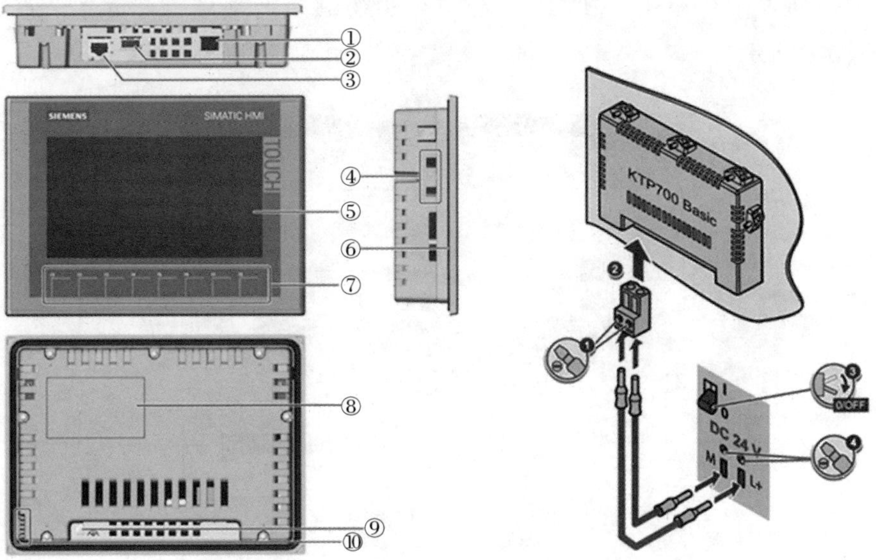

①电源接口　②USB接口　③PROFINET接口　④装配夹的开口
⑤显示屏/触摸屏　⑥嵌入式密封件　⑦功能键　⑧铭牌
⑨功能接地的接口　⑩标签条导槽

图 6-1　KTP700触摸屏的外观图

6.1.1　Portal软件操作

1. 添加硬件

打开博途软件，单击“创建新项目”，在项目中先添加PLC，再单击“添加新设备”，添加与实物一致的触摸屏，如图6-2所示。

图 6-2　添加触摸屏

在新设备列表中，单击“HMI”，选中与实物触摸屏型号、订货号一致的KTP700 Basic，如图6–3所示。

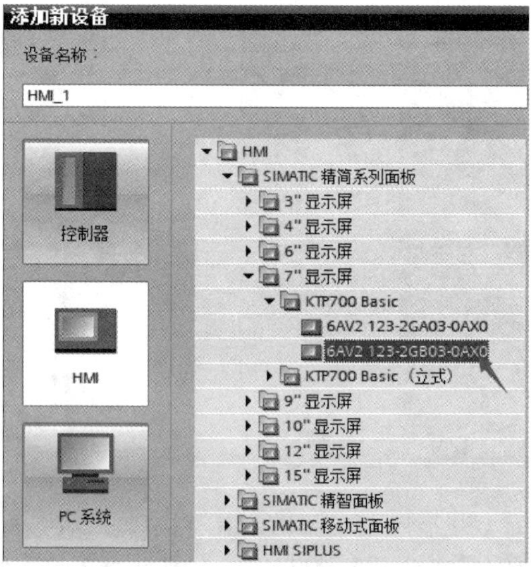

图6–3 添加指定型号的触摸屏

选中型号后，弹出HIM设备向导对话框，选择触摸屏要连接的对象，该设置可让触摸屏与PLC建立数据连接。单击“浏览”，选中项目中已添加的PLC，如“PLC_1”，然后单击“完成”，结束设备添加，如图6–4所示。

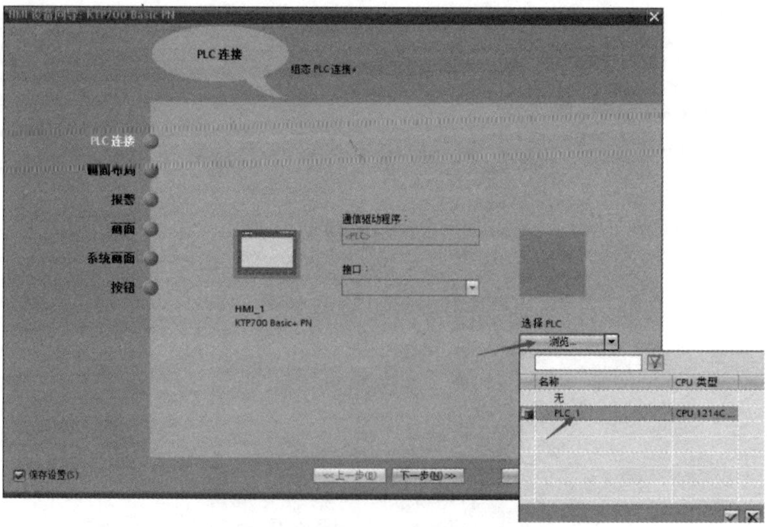

图6–4 选择与触摸屏通信的PLC

完成上述PLC、触摸屏的添加后，可以在项目树的“设备和网络”中看到项目中的硬件PLC_1、HMI_1，以及它们的通信连接“PN/IE_1”，如图6–5所示。

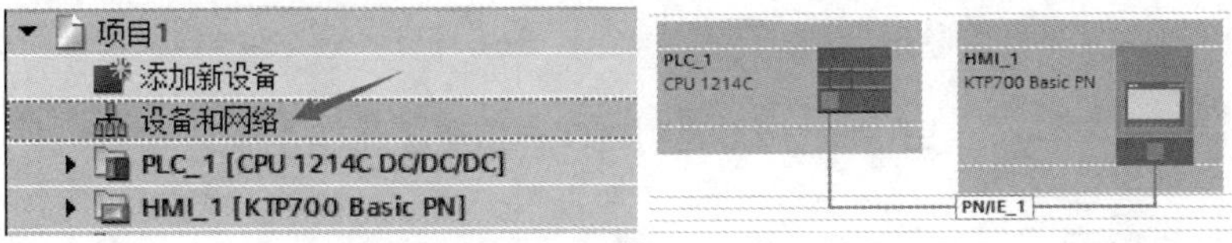

图6–5　在“设备和网络”中查看硬件

2. 画面编辑

（1）画面。

添加触摸屏后，可以单击“HMI_1”→“画面”→“根画面”，进入画面编辑。画面中需要添加的工具、动画、控件等功能，可从右侧的“工具箱”“动画”等功能栏添加。如果需要添加“根画面”以外的画面，可以单击“画面”→“添加新画面”，如图6–6所示。

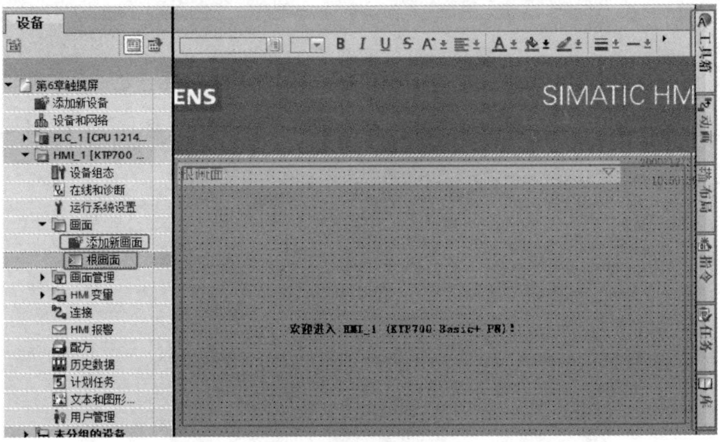

图6–6　画面编辑

（2）图形动画。

在画面的“工具箱”中，单击“基本对象”的下拉按钮，可以在画面中添加直线、椭圆、圆、矩形、文字、图片等基本图形，例如圆图形，如图6–7所示。

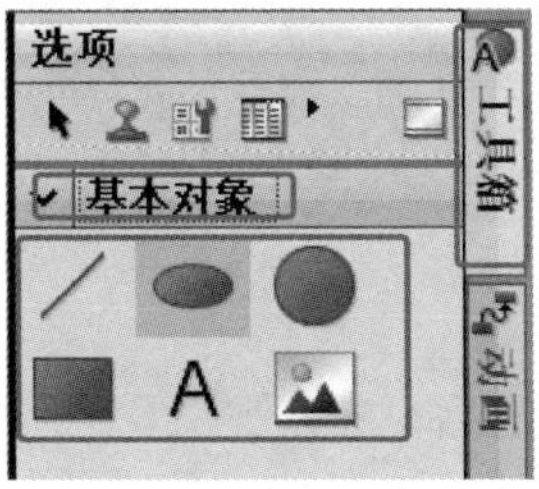

图6–7　在画面中添加圆图形

基本图形可以在画面中静止显示，也可以关联PLC变量，根据变量值的变化动态显示。例如PLC已创建变量Q0.0，如图6–8所示。

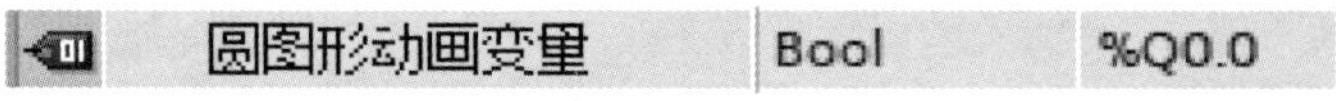

图6–8　PLC已创建Bool型变量Q0.0

右击圆图形，单击“属性”。

在圆图形的属性框中的“动画”标签页，单击“添加新动画”，可设置关联Q0.0的动画，如图6–9所示。

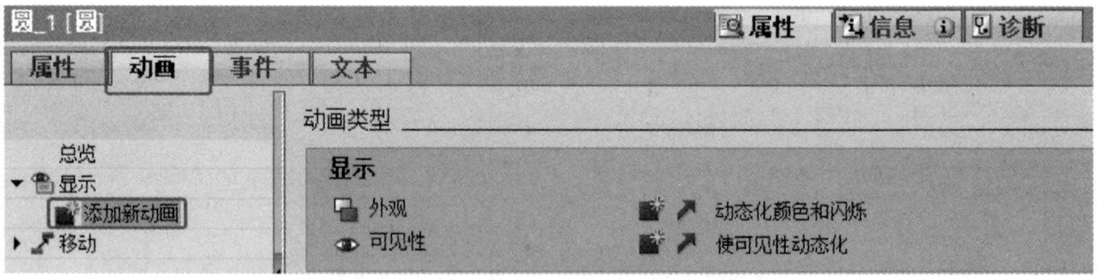

图6–9　设置关联Q0.0的动画

单击“添加新动画”后，在弹出的对话框选择“外观”，如图6–10所示。

图6–10　为圆图形添加新动画

添加外观动画后，为动画关联PLC变量Q0.0，如图6–11所示。

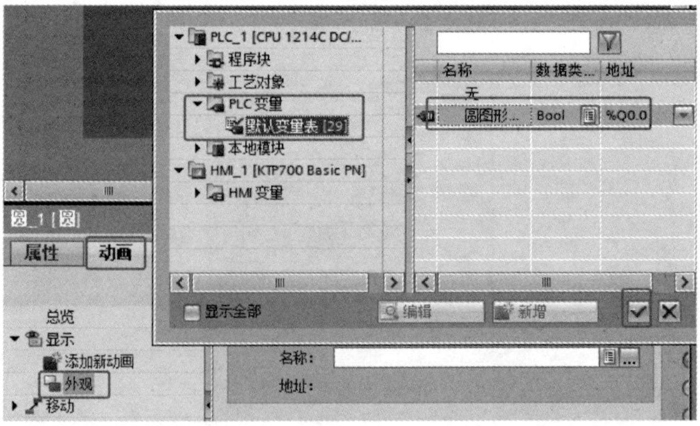

图6–11　为圆图形关联PLC变量

关联好变量后，可将PLC变量的Q0.0值对应的颜色添加在线框内，如图6–12所示。

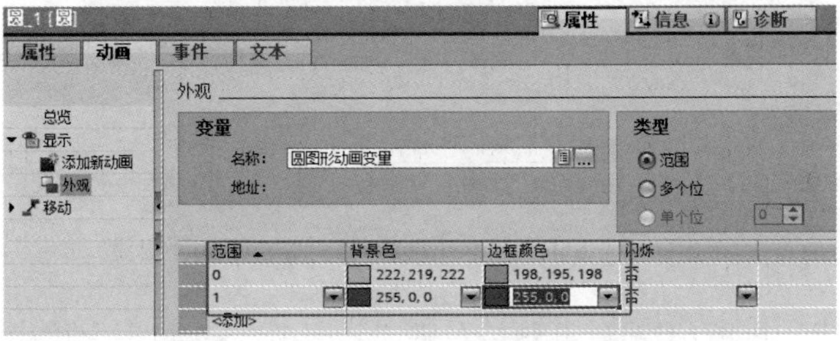

图6–12　为圆图形添加外观动画的颜色

在画面下载、运行后，可观察到PLC变量的Q0.0值在0~1变化时，触摸屏的圆图形的颜色对应改变，如图6–13所示。

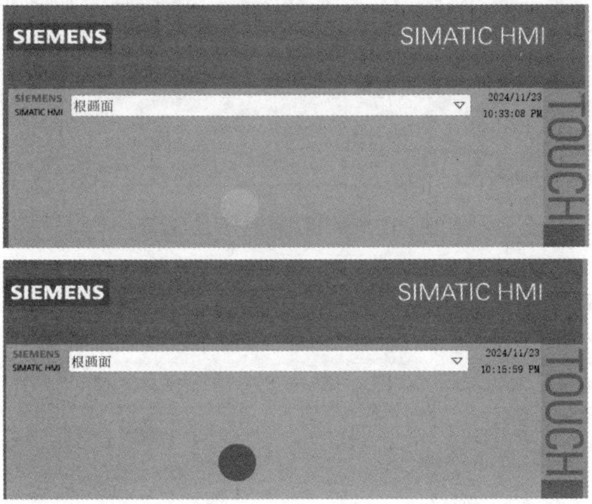

图6–13　触摸屏的圆图形的颜色对应改变

注：基本图形中其他形状的图形，动画效果的使用方法与圆图形一致。

（3）I/O域。

在画面“工具箱”，“元素”的下拉功能表中，可以添加“I/O域”控件，如图6–14所示。

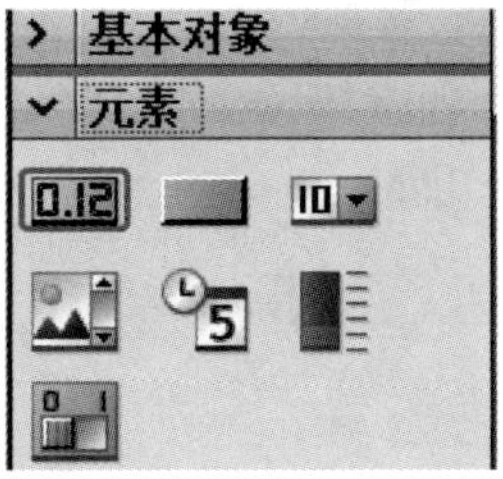

图6–14　添加“I/O域”控件

I/O域的主要功能是关联PLC的整型、浮点型数据，可通过键盘给这些数据输入值。同时，在PLC运行时，I/O域可以实时监视PLC的变量值。

例如，PLC已创建地址为MW10的整数型变量，如图6-15所示。

	名称	数据类型	地址
	显示在触摸屏的数据	Int	%MW10

图6-15　PLC已创建地址为MW10的整数型变量

在HMI画面中，单击I/O域，并拖动至画面。右击，选择“属性”。在属性框中关联PLC已创建的数据MW10，如图6-16所示。

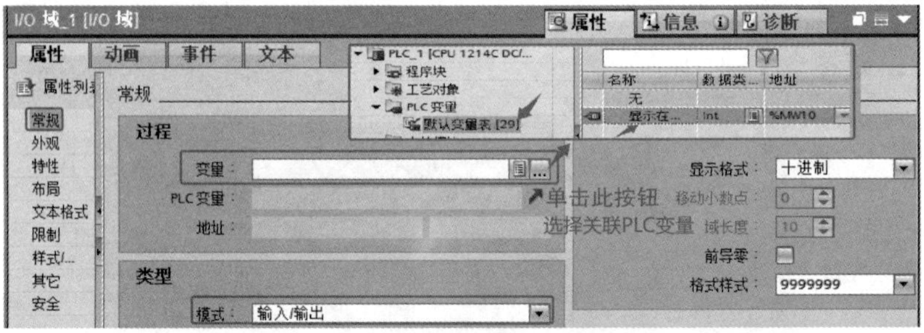

图6-16　I/O域属性框的设置

在画面下载、运行后，可在触摸屏输入、监视MW10的值，如图6-17所示。

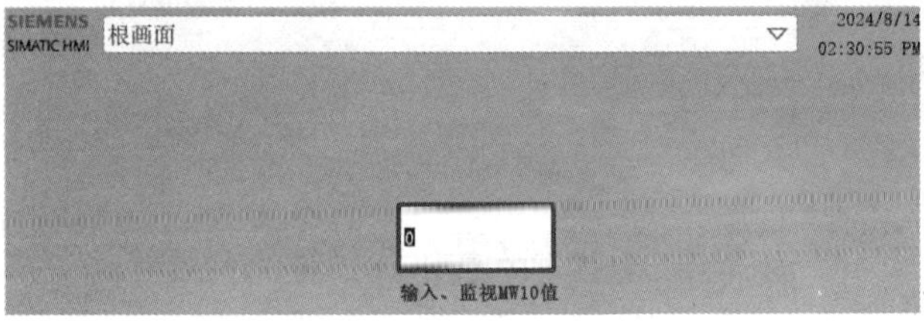

图6-17　I/O域运行效果

（4）按钮。

在画面“工具箱”，“元素”的下拉功能表中，可以添加“按钮”控件，如图6-18所示。

图6-18　添加“按钮”控件

按钮的主要功能是关联PLC存储器中M区、Q区的位地址，通过按钮的“按下”“释放”事件，将所关联的PLC存储器的值修改为1或0，达到触摸屏控制PLC程序的目的。按钮不能修改PLC中I区位地址的值。PLC已创建变量如图6–19所示。

	名称	数据类型	地址 ▲
	触摸屏按钮控制	Bool	%M0.0

图6–19　PLC已创建变量（按钮）

在HMI画面中，单击按钮符号并拖动至画面，右击，选择“属性”。在属性框中给按钮添加“按下”“释放”事件，并关联PLC中已创建的M区位变量。

1）设定“按下”事件。在按钮属性框中，单击“事件”选项卡，单击“按下”，单击三角形下拉按钮，在弹出的“添加函数”中，选择“编辑位”→“置位位”，如图6–20所示。

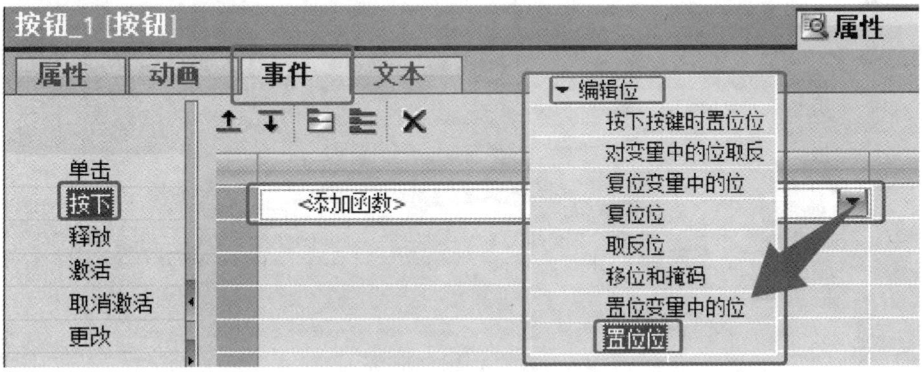

图6–20　按钮“按下”事件设置

选择“置位位”函数后，外观如图6–21所示，单击箭头处的按钮，可以关联PLC变量。

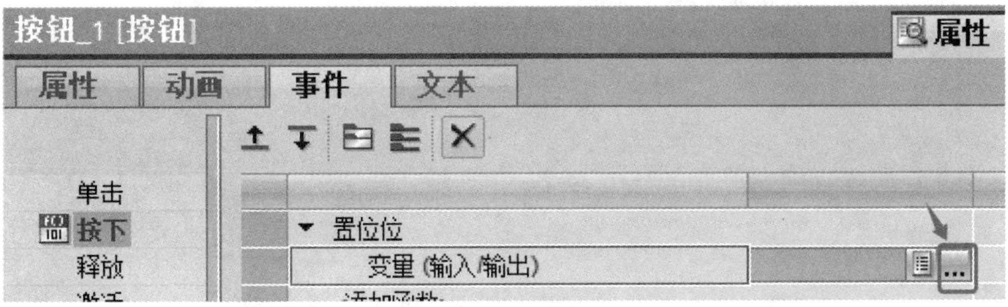

图6–21　按钮“按下”事件变量设置

在选择变量栏中，选中PLC已创建的M0.0变量，如图6–22所示。

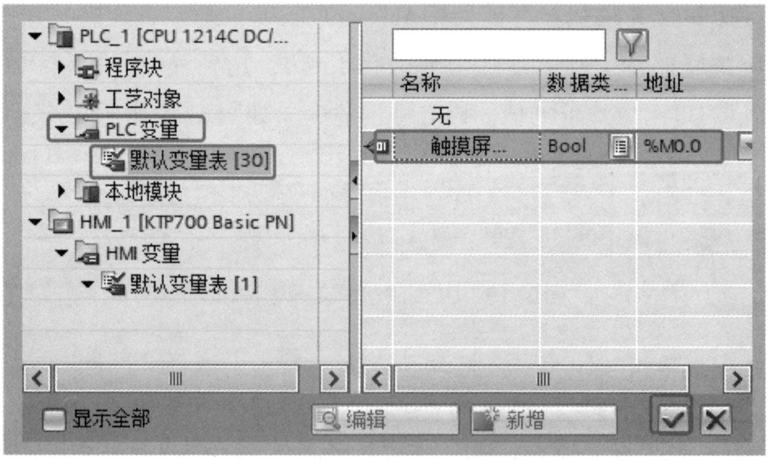

图6-22　关联PLC对应变量（按钮）

至此，按钮已经设定好“按下”事件，执行“置位位”，M0.0的值为1，如图6-23所示。

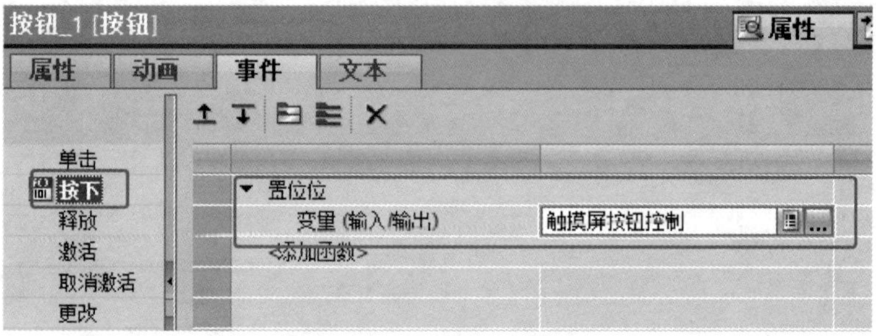

图6-23　“置位位”设置

2）设定“释放”事件。在按钮属性框“事件”选项卡中，单击“释放”，在“添加函数”中，选择“编辑位”→“复位位”，变量对象同样为M0.0，如图6-24所示。

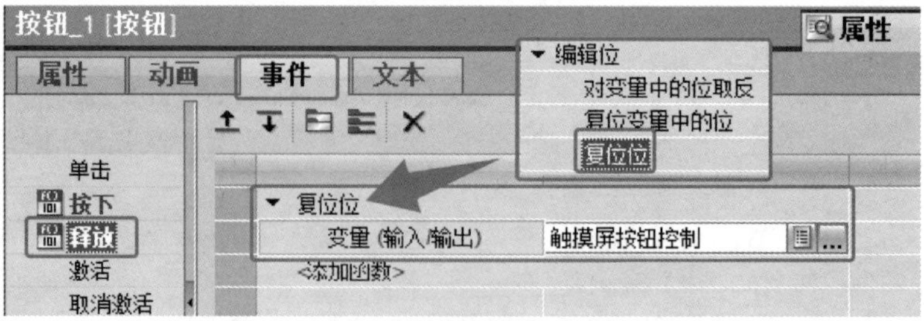

图6-24　按钮“释放”事件设置“复位位”

3）运行效果。按钮运行效果如图6-25所示，在画面下载、运行后，单击画面的按钮，即可给PLC中的M0.0置1、置0。

图6–25　按钮运行效果图

（5）开关。

在画面“工具箱”，“元素”的下拉功能表中，可以添加“开关”控件，如图6–26所示。

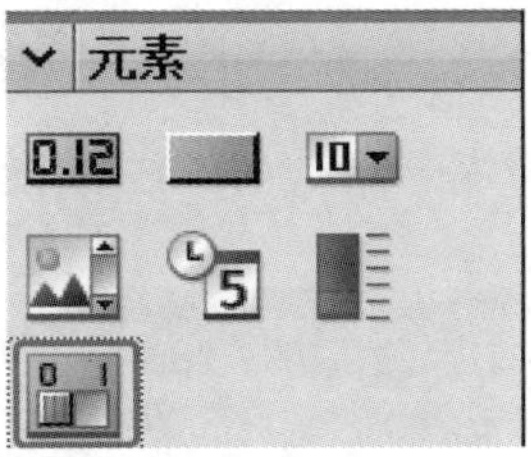

图6–26　添加“开关”控件

开关的主要功能是关联PLC存储器中M区、Q区的位地址，通过拨动开关，设定PLC中M区位地址的值为1或0。开关的功能类似于电气元件的旋钮开关。例如PLC已创建变量M0.1，如图6–27所示。

图6–27　开关对应的PLC变量

在HMI画面中，单击开关符号并拖动至画面，右击，选择“属性”。在属性对话框“常规”菜单中，关联控件变量为PLC的M0.1，步骤与“I/O域”相同。开关关联PLC变量后的属性框如图6–28所示。

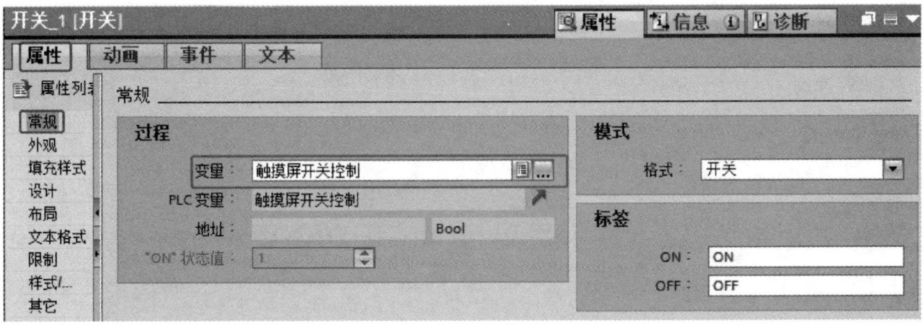

图6–28　开关关联PLC变量

1）设置开关“打开”事件。在属性框“事件”选项卡中，设置“打开”事件为“置位位”，对象为已关联的“触摸屏开关控制M0.1”，如图6–29所示。

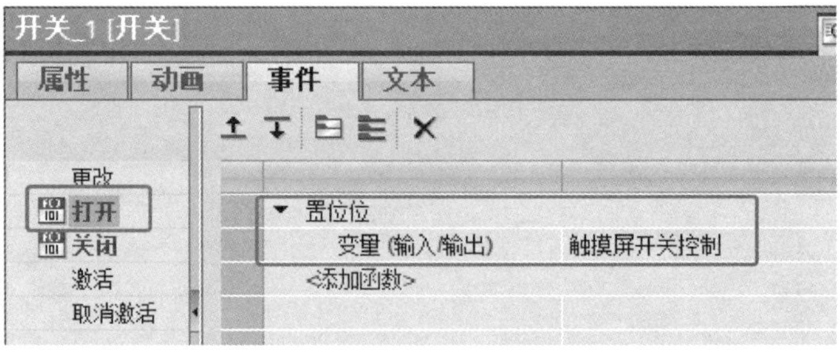

图6–29　开关“打开”事件设置

2）设置开关“关闭”事件。在属性框“事件”选项卡中，设置“关闭”事件为“复位位”，对象为已关联的“触摸屏开关控制M0.1”，如图6–30所示。

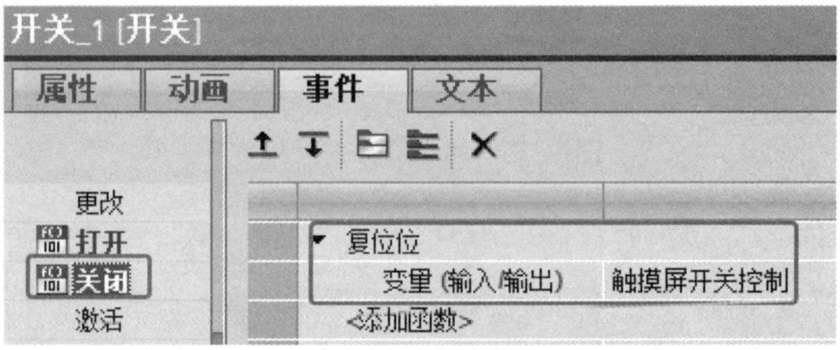

图6–30　开关“关闭”事件设置

3）运行效果。在画面下载、运行后，拨动画面的开关，即可给PLC中的M0.1置1、置0，如图6–31所示。

图6–31　开关运行效果图

（6）HMI变量表。

画面中控件对象每关联1次PLC变量，均会在HMI内部自动创建1个HMI变量，其名称、数据类型与PLC变量相同。在“项目树”→“HMI”→“HMI变量”中可以查看HMI变量表。

HMI变量与PLC变量通过指定连接，进行数据交互，默认HMI数据采集周期是1s，如果需要提高采集频率，可以将采集周期修改为更短的100ms或500ms，如图6–32所示。

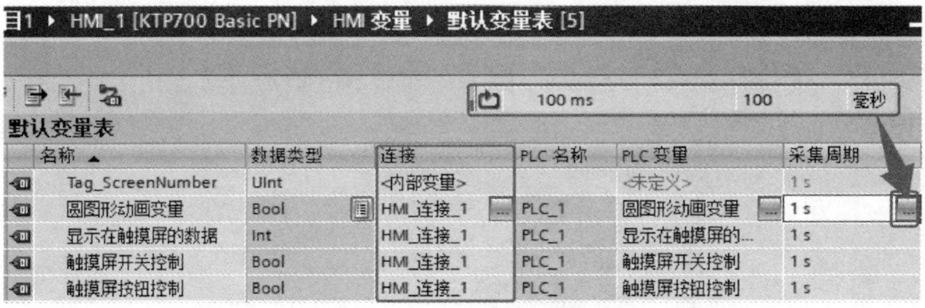

图 6–32　HMI 变量表

3. 编译、下载

在“项目树”中，选中“HMI_1”，单击编译按钮，状态栏无错误时可以对 HMI 进行编译、下载，如图 6–33 所示。

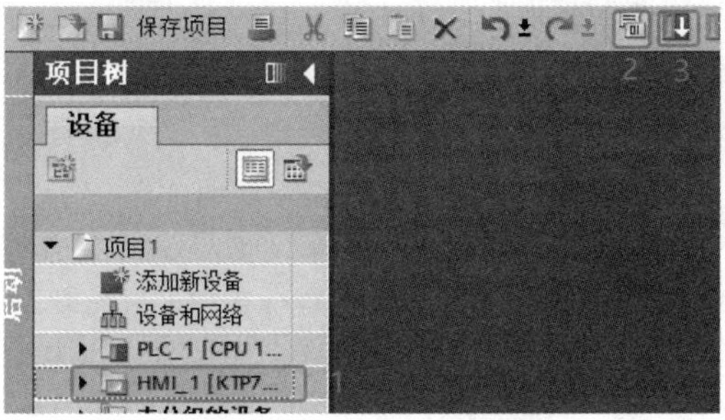

图 6–33　HMI 编译、下载界面

在下载界面选择对应的通信协议、接口类型，步骤同 PLC 程序下载一致，下载完成后，触摸屏将运行画面。

6.1.2　起保停程序触摸控制

1. 硬件接线

对 PLC 及触摸屏进行硬件接线，其中 PLC 与触摸屏之间以 1 根网线相连，接线图如图 6–34 所示。

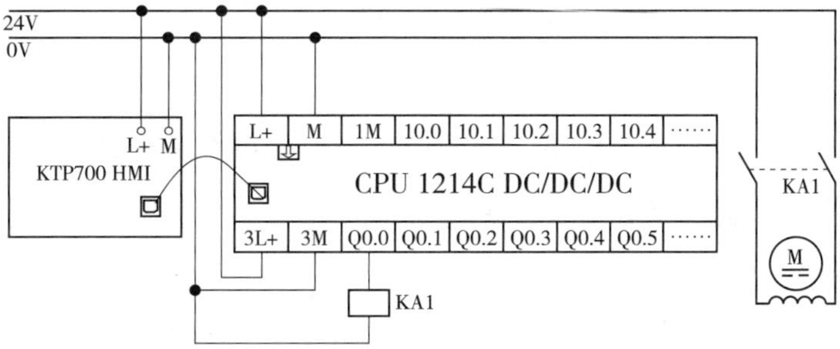

图 6–34　触摸屏、PLC 硬件接线图（起保停程序触摸控制）

2. PLC变量表

给项目添加PLC硬件，并创建PLC变量表，如图6–35所示。

	名称	数据类型	地址
	KA1线圈	Bool	%Q0.0
	触摸屏起动	Bool	%M0.1
	触摸屏停止	Bool	%M0.2

图6–35　PLC变量表（起保停程序触摸控制）

3. 起保停PLC程序

编写PLC起保停程序，如图6–36所示，并下载至PLC运行。

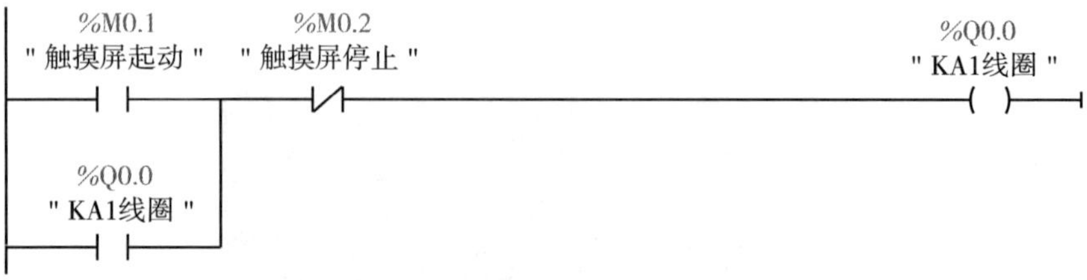

图6–36　PLC程序（起保停程序触摸控制）

4. 触摸屏画面设计

（1）添加KTP700触摸屏。

给项目添加KTP700触摸屏，并打开“根画面”，如图6–37所示。

图6–37　打开触摸屏“根画面”

（2）绘制画面。

在“根画面”中，绘制两个按钮，分别用作起保停程序的起动、停止。绘制一个圆图形，显示Q0.0状态，画面参考如图6–38所示。

1）“触摸屏起动”按钮属性设置。

将该按钮“按下”设置为“置位位”PLC的M0.1，“释放”设置为“复位位”PLC的M0.1，如图6–39所示。

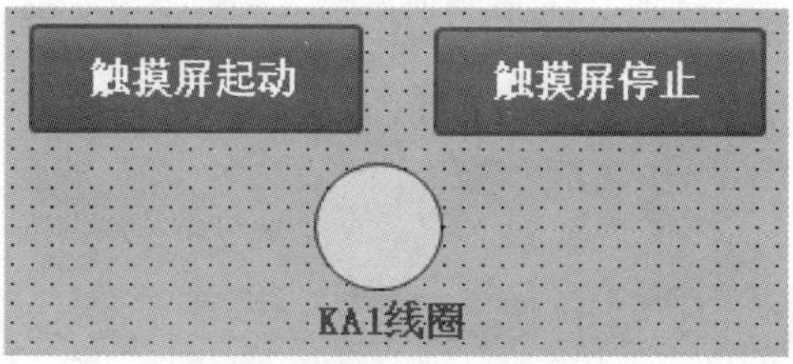

图 6–38　起保停 HMI 画面

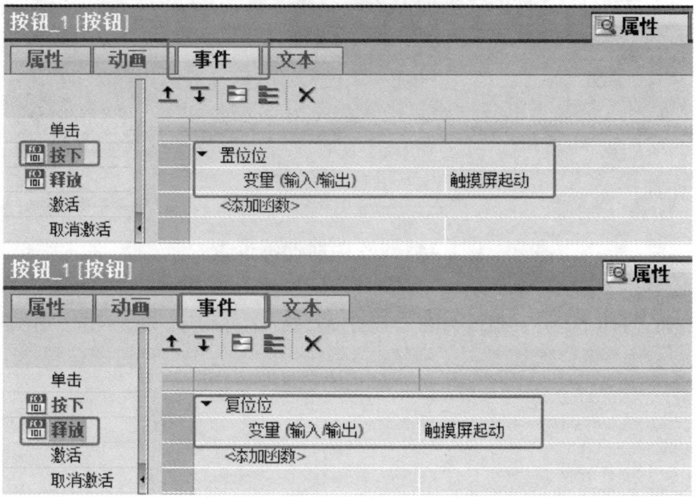

图 6–39　起动按钮属性设置

2）“触摸屏停止”按钮属性设置。

将该按钮“按下”设置为“置位位”PLC 的 M0.2，“释放”设置为“复位位”PLC 的 M0.2，如图 6–40 所示。

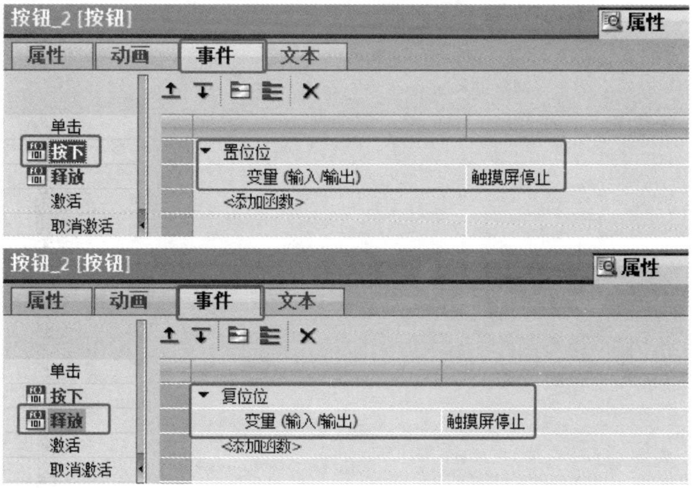

图 6–40　停止按钮属性设置

3）动画属性设置。

在圆图形对象属性框中，关联PLC变量Q0.0，并设置值0、1对应的颜色，如图6–41所示。

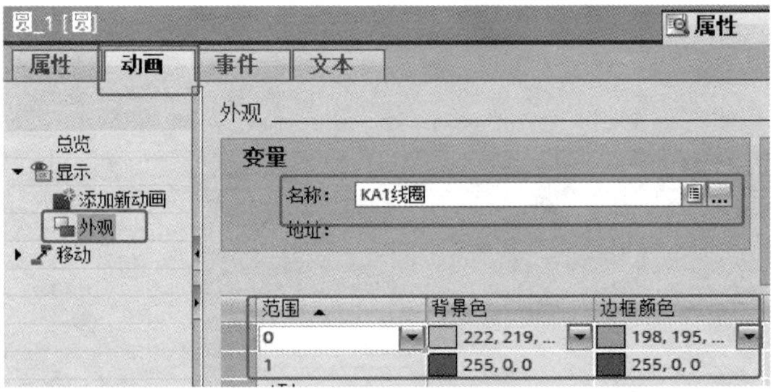

图6–41　圆图形动画设置

设置完成后，分别将程序、触摸屏工程下载至对应的硬件，并一起运行。

任务 6.2 十字路口交通灯模拟运行

【任务描述】

十字路口交通灯有东西红灯、东西绿灯、东西黄灯、南北红灯、南北绿灯、南北黄灯。初始状态，交通灯全灭，按下开始按钮SB1，则交通灯会按照一定的顺序点亮。如果没有拨动循环开关SA1，交通灯会自动进入循环；若拨动循环开关SA1，则交通灯在执行到最后一步时，结束循环，回到初始状态。

任何时刻，交通灯的当前循环次数均实时显示在触摸屏。当按下停止按钮SB2，交通灯全部熄灭，循环次数清零，回到初始状态。

该任务通过在触摸屏中建立图形动画，编写PLC程序，达到模拟十字路口交通灯运行的效果。

【任务目标】

1. 知识目标

- 了解十字路口交通灯的PLC程序编写。
- 了解触摸屏在十字路口交通灯项目的组态应用。

2. 技能目标

- 能使用顺序控制方法，完成十字路口交通灯的设计流程、程序编写。
- 能进一步掌握触摸屏的使用，并扩展应用至其他相关项目中。

【任务实施】

十字路口交通灯的工作流程如图6–42所示。

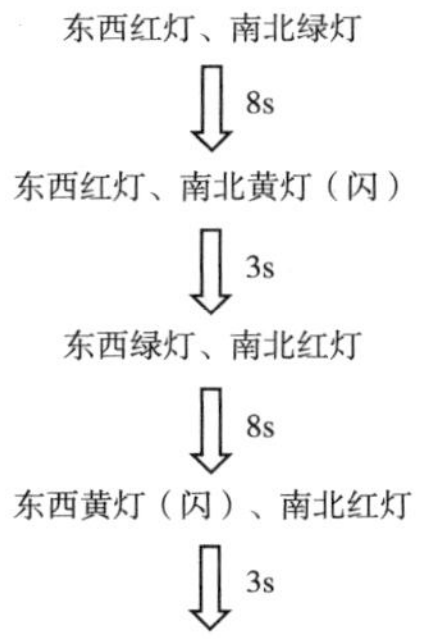

图6–42　十字路口交通灯的工作流程

6.2.1 程序设计

1. 硬件接线

将PLC与HMI连接电源，并通过网线将二者相连，如图6–43所示。

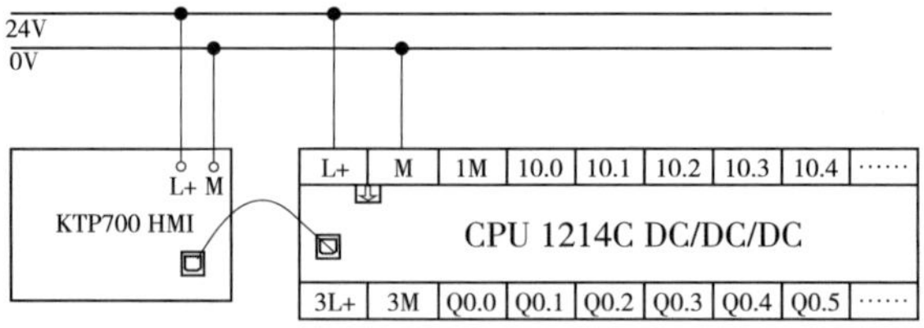

图6–43　PLC、HMI硬件接线（十字路口交通灯）

2. PLC变量表设计

在PLC变量表中创建相关变量，并在PLC属性框中选中“系统存储器字节”“时钟存储器字节”，地址分别设置为MB100、MB101，如图6–44所示。

名称	数据类型	地址			
System_Byte	Byte	%MB100	南北红灯	Bool	%Q0.3
FirstScan	Bool	%M100.0	南北黄灯	Bool	%Q0.4
Clock_Byte	Byte	%MB101	南北绿灯	Bool	%Q0.5
Clock_2.5Hz	Bool	%M101.2	初始步	Bool	%M0.0
起动按钮SB1	Bool	%M1.0	第1步	Bool	%M0.1
停止按钮SB2	Bool	%M1.1	第2步	Bool	%M0.2
循环开关SA1	Bool	%M1.2	第3步	Bool	%M0.3
东西红灯	Bool	%Q0.0	第4步	Bool	%M0.4
东西黄灯	Bool	%Q0.1	顺序字节	Byte	%MB0
东西绿灯	Bool	%Q0.2	循环计数值	UInt	%MW2

图6–44　PLC变量设计（十字路口交通灯）

3. 功能图设计

根据十字路口交通灯的功能要求，绘制功能图，如图6–45所示。

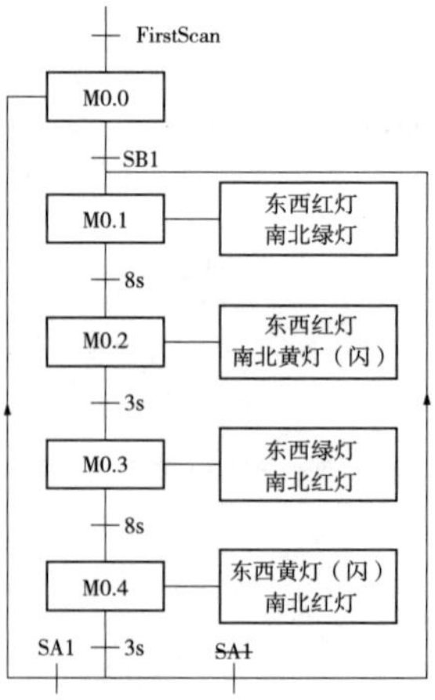

图6–45　功能图设计（十字路口交通灯）

4. PLC程序设计

根据功能要求，编写PLC程序，如图6–46所示。

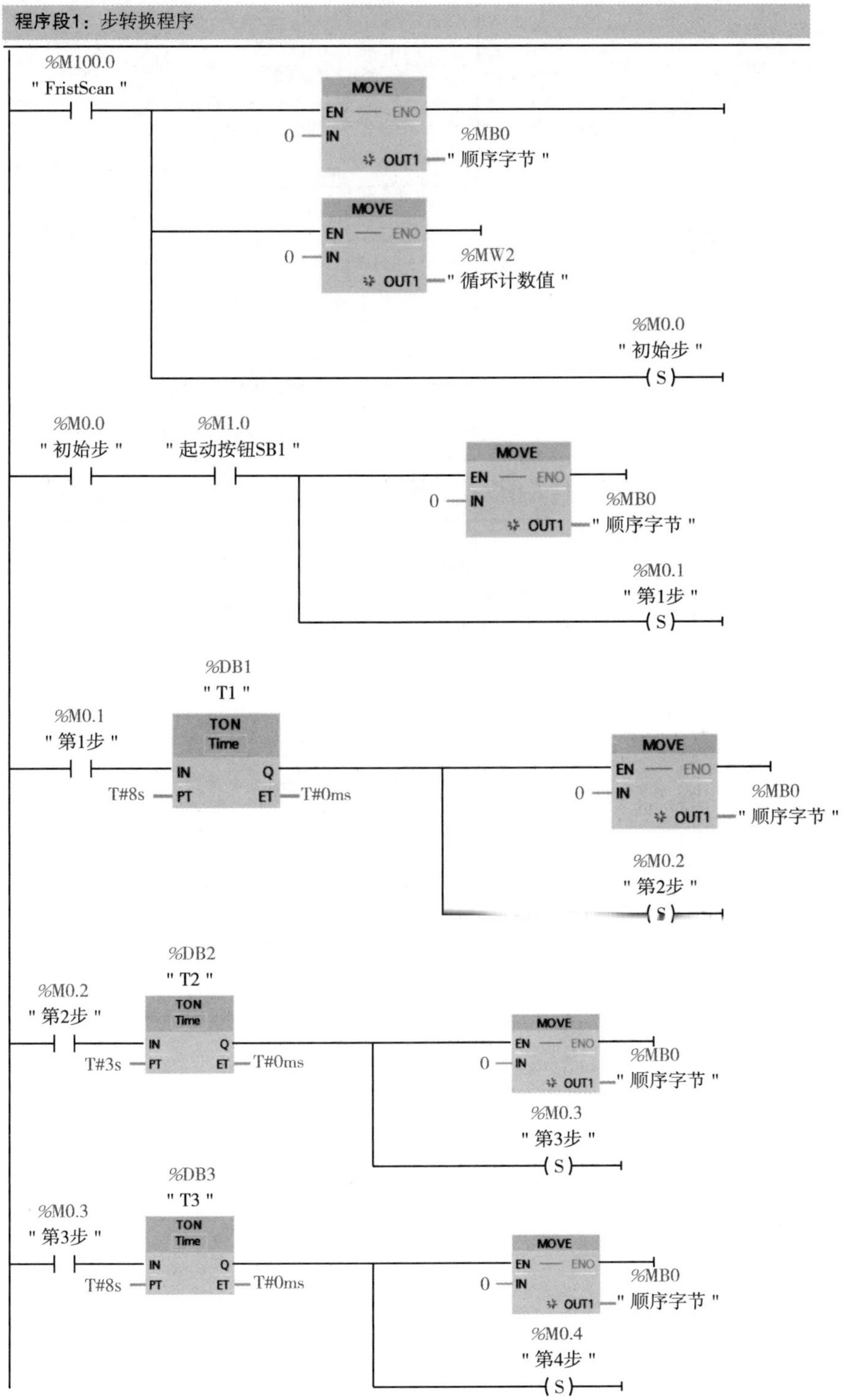

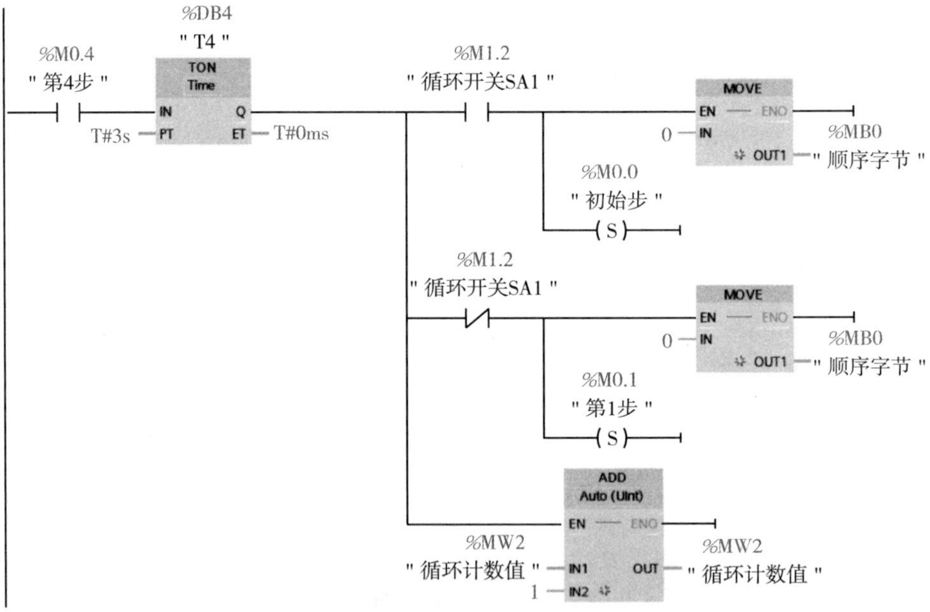

程序段2：停止程序，回到初始步，计数清零

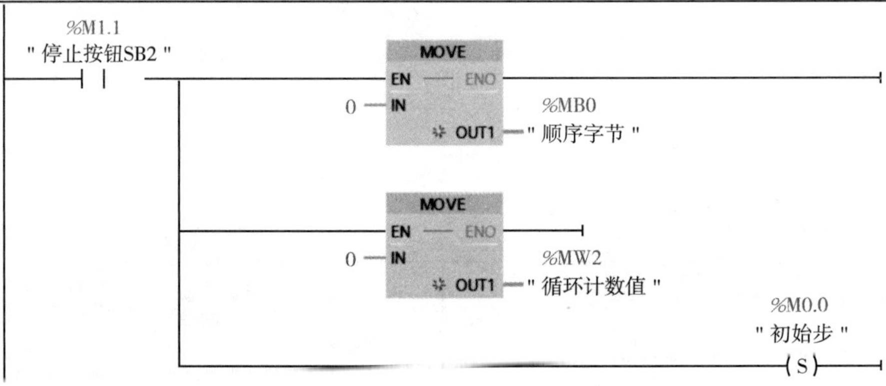

程序段3：计数程序

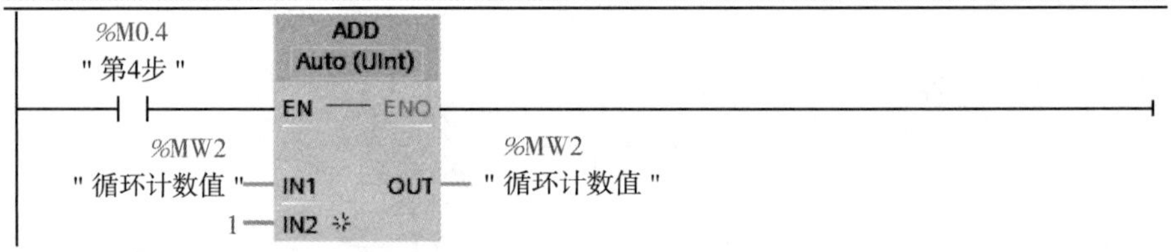

程序段4：输出程序

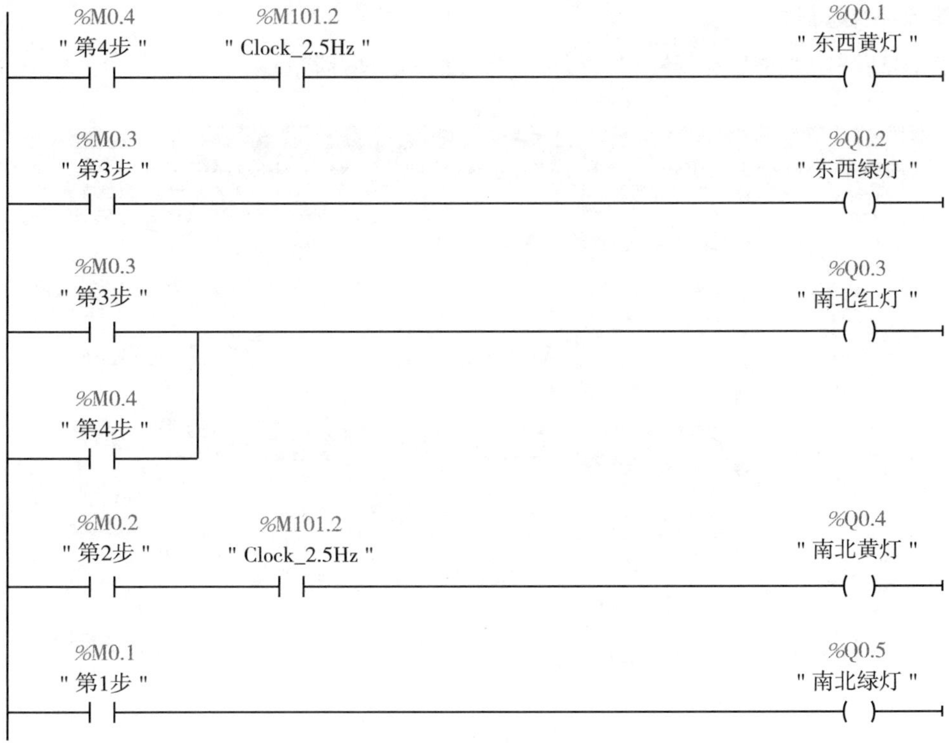

图6–46　PLC程序设计（十字路口交通灯）

6.2.2　画面设计

1. 画面整体设计

在项目中添加指定型号的触摸屏，与PLC建立连接。打开根画面，设计整体画面样式，如图6–47所示。

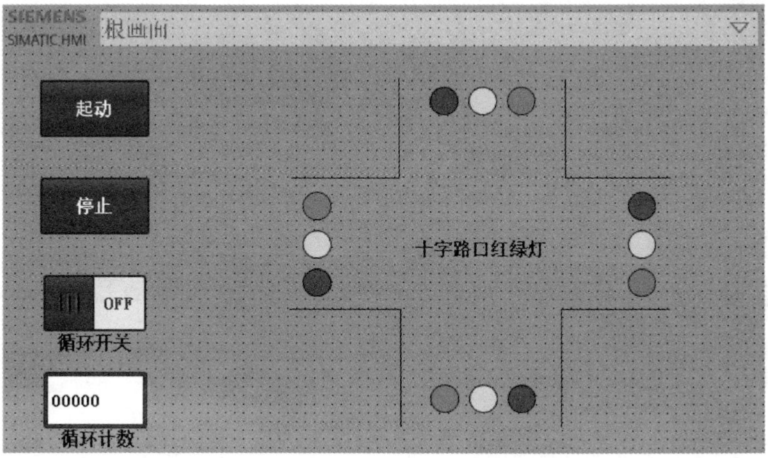

图6–47　触摸屏画面设计（十字路口交通灯）

2. 起动按钮属性

设置起动按钮“按下”“释放”事件属性，如图6–48所示。

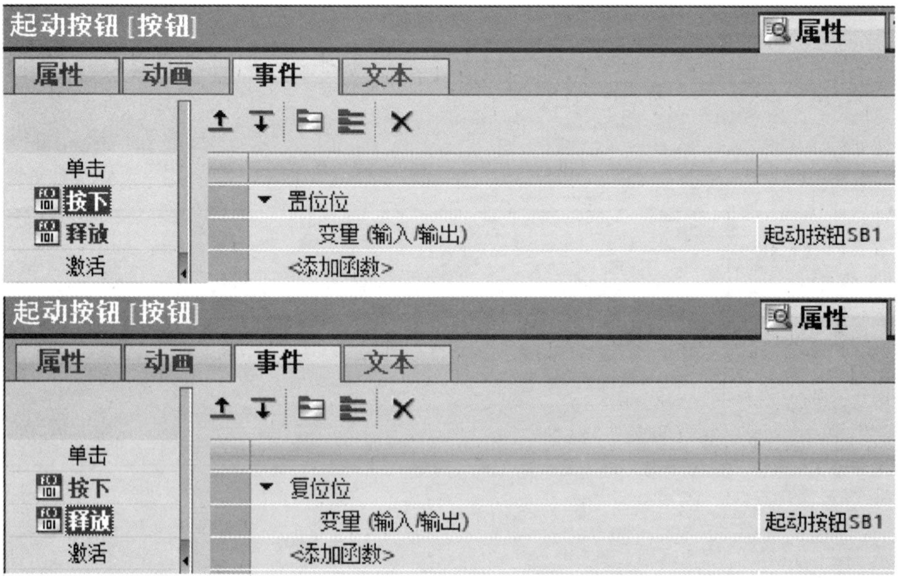

图6–48　起动按钮属性设计（十字路口交通灯）

3. 停止按钮属性

设置停止按钮“按下”“释放”事件属性，如图6–49所示。

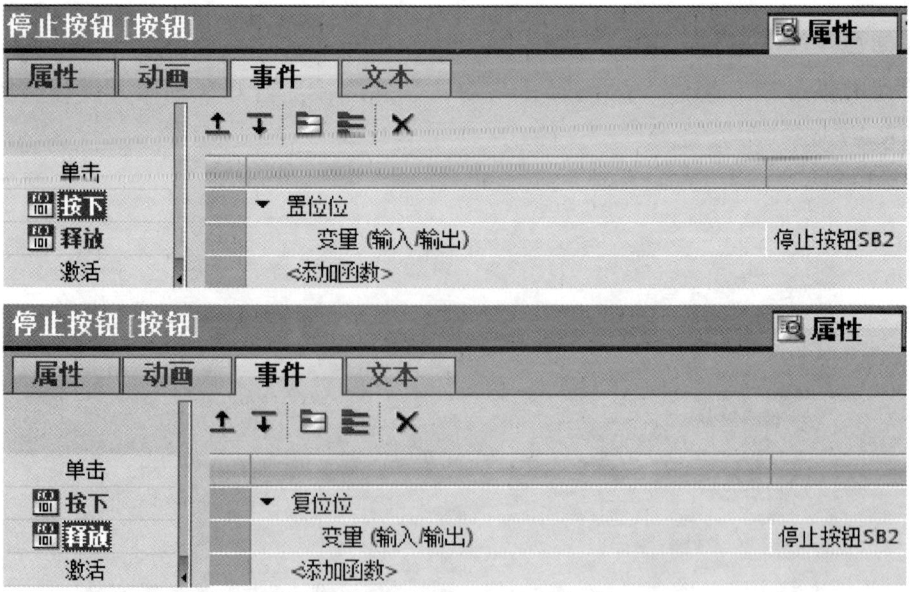

图6–49　停止按钮属性设计（十字路口交通灯）

4. 循环开关属性

设置循环开关“打开”“关闭”事件属性，如图6–50所示。

图6–50　循环开关属性设计（十字路口交通灯）

5. HMI变量采集周期

打开HMI变量表，修改HMI变量采集周期为100ms，避免出现动画滞后现象，如图6–51所示。

HMI 变量

名称 ▲	数据类型	连接	PLC 名称	PLC 变量	采集周期
Tag_ScreenNumber	UInt	<内部变量>		<未定义>	1 s
东西红灯	Bool	HMI_连接_1	PLC_1	东西红灯	100 ms
东西黄灯	Bool	HMI_连接_1	PLC_1	东西黄灯	100 ms
东西绿灯	Bool	HMI_连接_1	PLC_1	东西绿灯	100 ms
南北红灯	Bool	HMI_连接_1	PLC_1	南北红灯	100 ms
南北黄灯	Bool	HMI_连接_1	PLC_1	南北黄灯	100 ms
南北绿灯	Bool	HMI_连接_1	PLC_1	南北绿灯	100 ms
起动按钮SB1	Bool	HMI_连接_1	PLC_1	起动按钮SB1	100 ms
停止按钮SB2	Bool	HMI_连接_1	PLC_1	停止按钮SB2	100 ms
循环计数值	UInt	HMI_连接_1	PLC_1	循环计数值	100 ms
循环开关SA1	Bool	HMI_连接_1	PLC_1	循环开关SA1	100 ms

图6–51　HMI变量采集周期（十字路口交通灯）

6. 下载、运行

分别下载PLC程序、HMI工程至对应的硬件，并运行，观察交通灯在触摸屏上的显示效果，如图6–52所示。

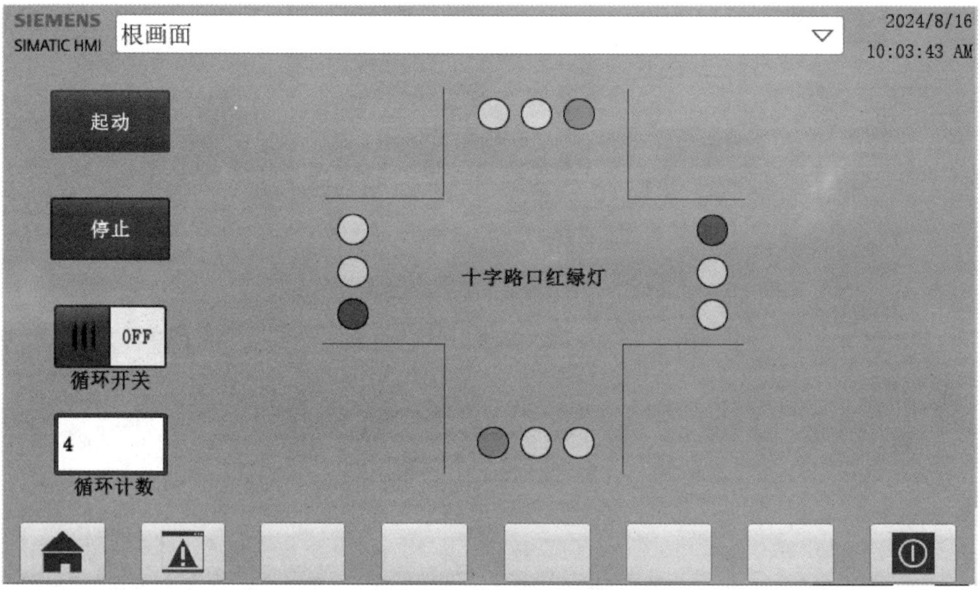

图 6–52　运行效果图（十字路口交通灯）

交通灯 KTP700

任务6.3 昆仑通态TPC触摸屏

【任务描述】

昆仑通态是国产触摸屏品牌，因其强大的功能、稳定的表现，得到众多设备客户的好评，占有较高的市场份额。学习昆仑通态触摸屏的组态设计，对学习PLC的从业人员具有一定的实际应用意义。本任务选用的触摸屏的硬件型号是昆仑通态TPC7062Ti，为一款7寸大小的触摸屏，其实物如图6–53所示。

图6–53 TPC7062Ti触摸屏实物

本任务分为4部分，第1部分介绍TPC7062Ti触摸屏软件MCGS中的基本操作。第2部分介绍如何进行触摸屏动画组态，包括按钮、编辑框、图形等符号组态。第3部分介绍使用TPC7062Ti触摸屏时，对1200型PLC的起保停程序的入门控制。第4部分介绍在TPC7062Ti触摸屏实现十字路口交通灯仿真的实验。

【任务目标】

1. 知识目标

- 了解昆仑通态触摸屏的动画设计。
- 掌握昆仑通态触摸屏控制组件的设计方法。

2. 技能目标

- 能够根据实际需求，选择合适型号的触摸屏。
- 能够在Portal软件中完成触摸屏硬件组态。

【任务实施】

6.3.1 MCGS软件操作

与昆仑通态触摸屏配套的开发软件是MCGS组态环境软件，本任务采用的软件版本号是MCGS嵌入版7.7，用户可以自行从网络上下载并安装。安装成功后，在桌面上双击软件“MCGSE组态环境”。

1. 新建工程

双击桌面上的“MCGSE组态环境”，即图6–54所示位置1处。在软件界面中单击“新建”按钮，即图6–54所示位置2处。在弹出的“新建工程设置”对话框中选择硬件触摸屏型号，即图6–54所示位置3处。

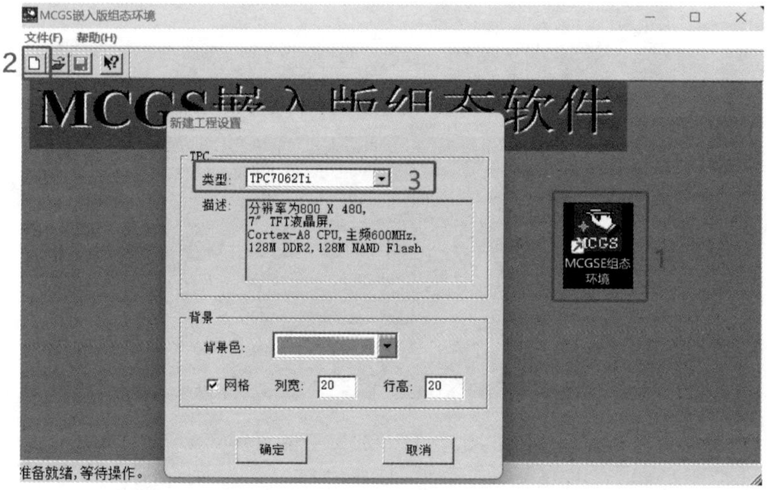

图6–54 “MCGSE组态环境”新建工程

完成新建工程后，主窗口中会出现工作台。MCGSE工作台分为主控窗口、设备窗口、用户窗口、实时数据库等，如图6–55所示。

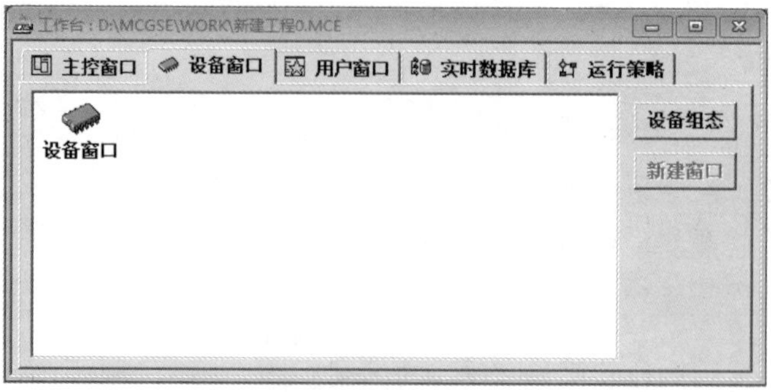

图6–55 完成新建工程后的MCGS工作台

2. 添加1200型PLC设备

在工作台的“设备窗口”，可以组态触摸屏通信对象，如1200型PLC。因1200型PLC通过网口通信，添加PLC制备前需要先添加TCP/IP父设备，再添加指定的1200型PLC。

（1）删除“设备工具箱”默认设备。

在工作台的“设备窗口”中，双击“设备窗口”按钮或“设备组态”，弹出“设备组态：设备窗口”对话框，如图6–56所示。

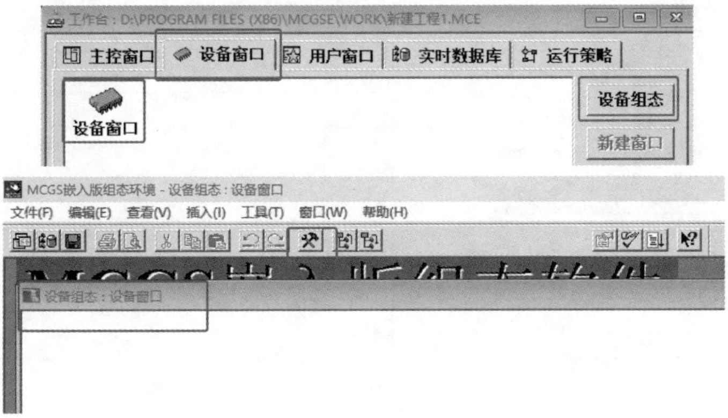

图6–56 “设备组态：设备窗口”对话框

在“设备组态：设备窗口”对话框中，单击工具栏中的“工具箱”按钮，如图6–57所示，弹出“设备工具箱”对话框。

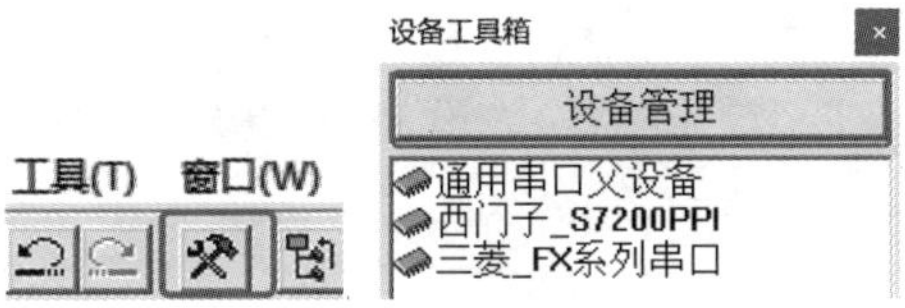

图6–57 “设备工具箱”对话框

在弹出的“设备工具箱”对话框中，单击“设备管理”，弹出的“设备管理”对话框内部有与触摸屏通信的PLC设备。默认的设备是串口设备，全部删除，如图6–58所示。

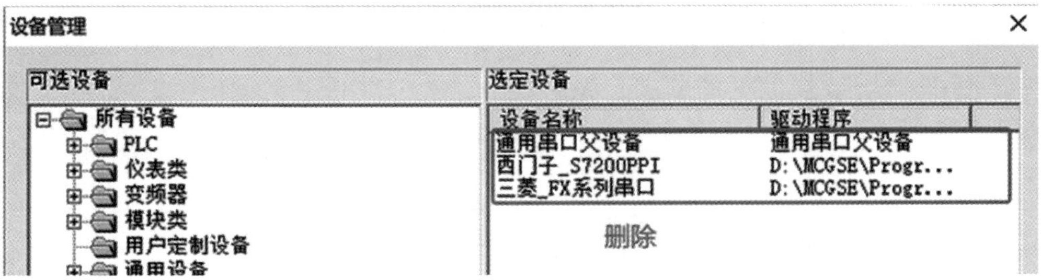

图6–58 “设备管理”对话框（删除串口设备）

（2）添加“设备工具箱”设备。

删除默认的串口设备后，在“设备管理”窗口双击“通用TCP/IP父设备”，添加“通用TCP/IP父设备”。在“PLC”中找到“Siemens_1200”并双击，添加“Siemens_1200”设备。在“设备管理”对话框右侧出现“通用TCP/IP父设备”“Siemens_1200”后，单击“确认”，完成设备添加，如图6-59所示。

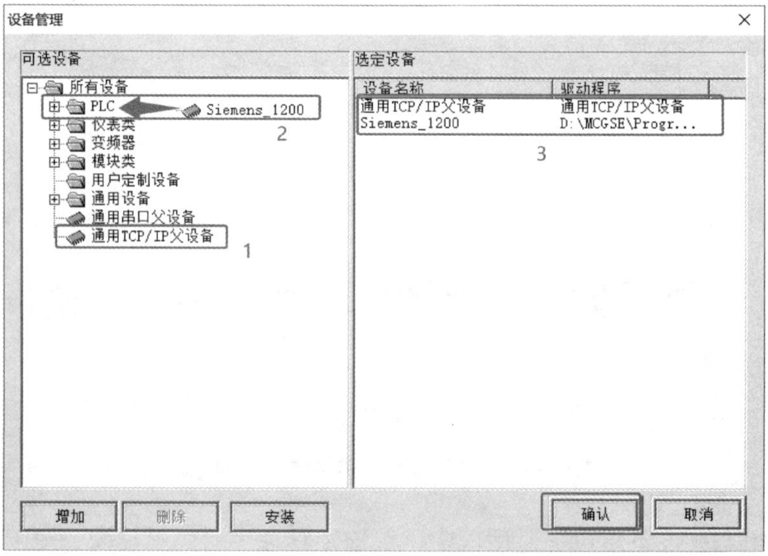

图6-59　在“设备管理”对话框完成设备添加

（3）添加“设备组态：设备窗口”设备。

完成添加“设备工具箱”设备后，“设备工具箱”中会出现“通用TCP/IP父设备”“Siemens_1200”两个设备，如图6-60所示。

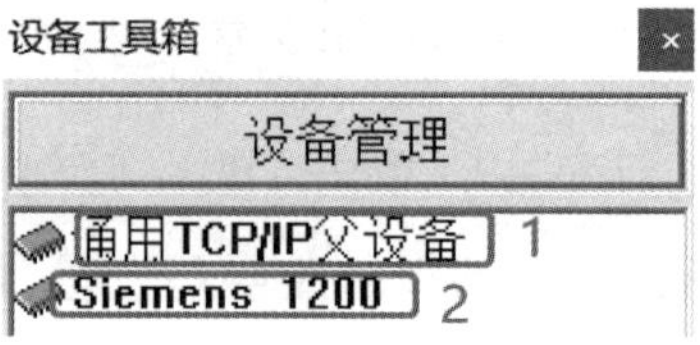

图6-60　“设备工具箱”中出现两个设备

按照图6-60所示1、2处的顺序，先后双击“通用TCP/IP父设备”“Siemens_1200”，完成“设备组态：设备窗口”的设备添加，如图6-61所示。

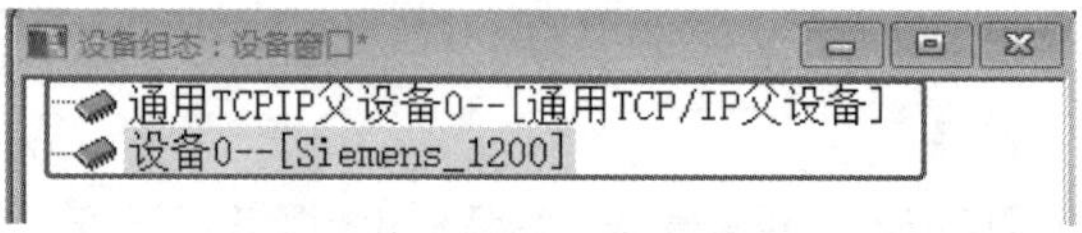

图6-61　添加“设备组态：设备窗口”设备

3. 设置IP地址

（1）设置触摸屏IP地址。

使用24V直流电源给TPC7062Ti触摸屏供电，开机起动后，当屏幕上出现“正在起动”进度条时，单击屏幕，进入配置界面，如图6-62所示。

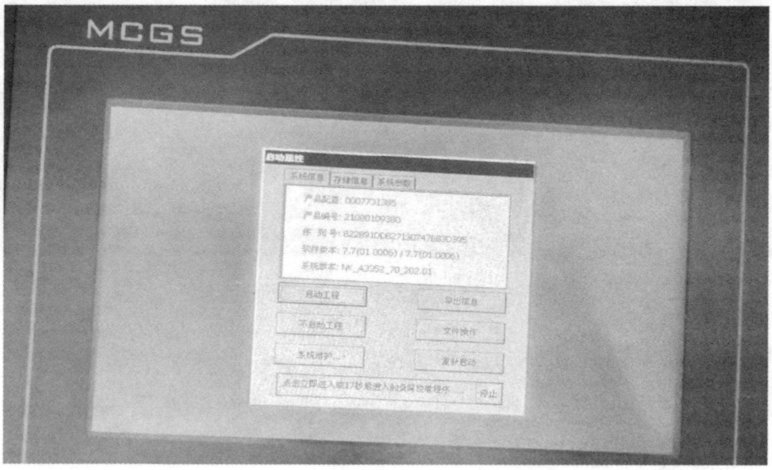

图6-62　TPC7062Ti触摸屏配置界面

在配置界面单击“系统参数设置”，进入“TPC系统设置”界面。单击“网络”选项卡，可以设置触摸屏的IP地址，默认IP是“200.200.200.190”，如图6-63所示。

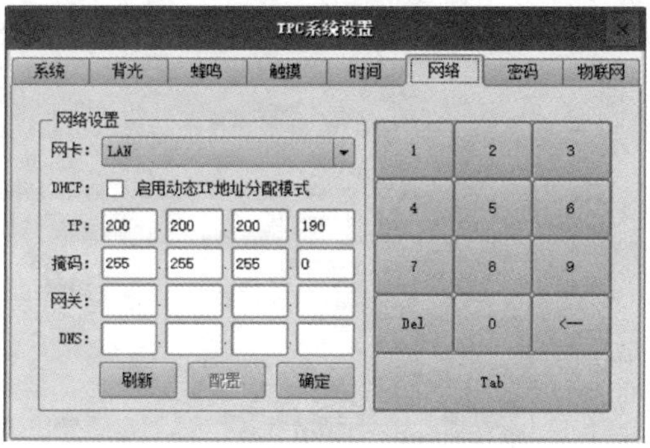

图6-63　触摸屏的IP地址设置界面

在使用网络通信时，触摸屏、PLC需要处于同一网段，前3段地址相同，第4段地址相异。可选择与PLC的默认IP地址匹配，将IP地址设置为192.168.0.190。

（2）设置PLC的IP地址。

在博途软件的“项目树”中，对已添加的PLC右击，单击“属性”，进入属性对话框。在属性对话框中单击“PROFINET接口”→“以太网地址”→“IP协议”，可以设置PLC的IP地址，默认IP地址是192.168.0.1，如图6-64所示。

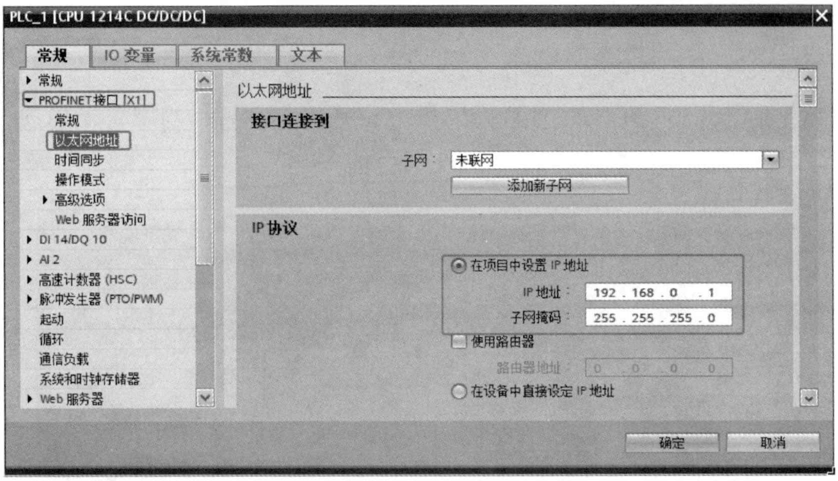

图6–64　设置PLC的IP地址

（3）设置计算机以太网的IP地址。

在计算机的“控制面板”→“网络和Internet”→“网络连接”→“更改适配器设置”中可对“以太网”进行IP地址设置，如图6–65所示，可将计算机以太网的IP地址设置为“192.168.0.2”。

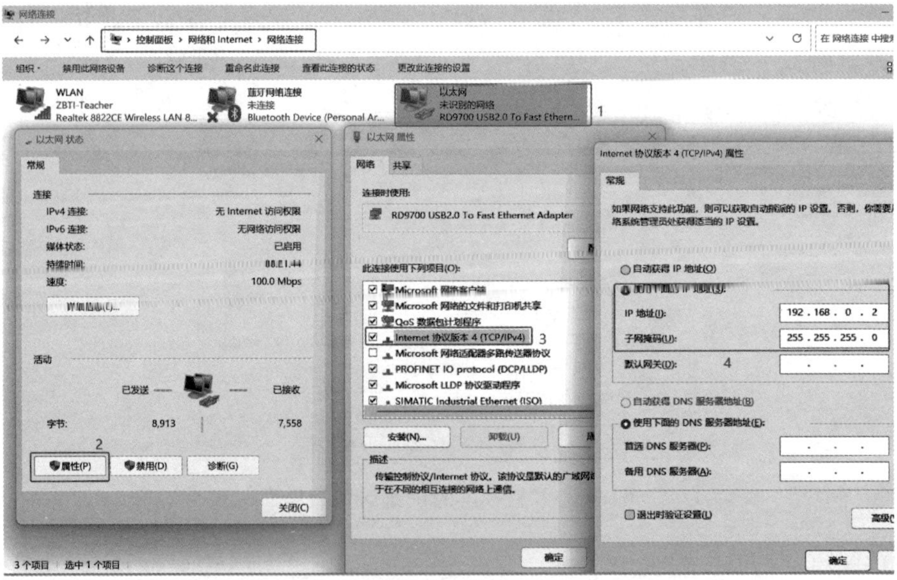

图6–65　设置计算机以太网的IP地址

4. 工程下载

（1）配置设备属性。

下载工程前，需要进入工作台，确认设备属性。特别是在修改过默认IP的情况下，需要确认PLC与触摸屏的IP地址无误，才能让设备正常通信。

在“工作台”界面单击“设备窗口”，单击“设备窗口”按钮或“设备组态”，进入“设备组态：设备窗口”对话框。双击已经添加的设备“Siemens_1200”，弹出“设备编辑窗口”对话框，如图6–66所示。

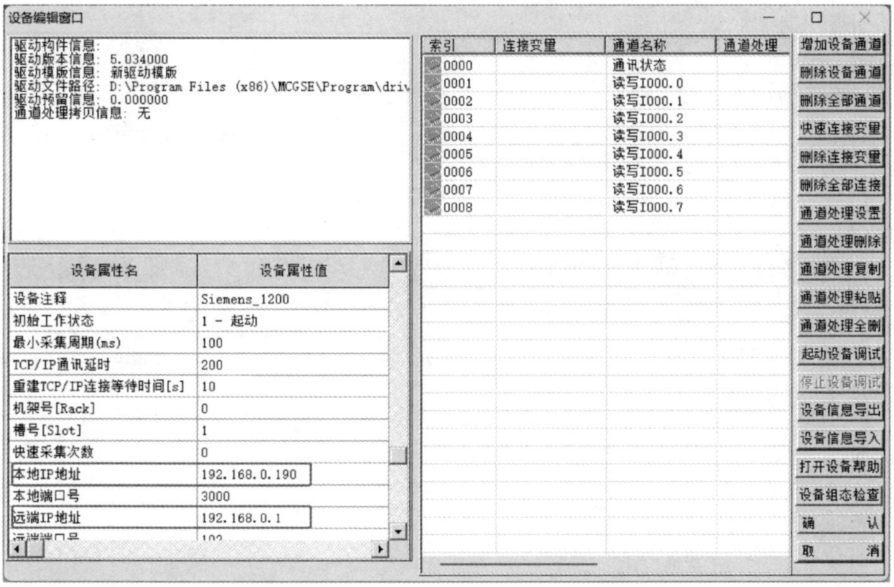

图6–66 “设备编辑窗口”对话框

在该窗口中，将本地IP地址设置为触摸屏地址，例如192.168.0.190。将远端IP地址设置为PLC地址，例如192.168.0.1，确保两个设备处于同一局域网。

（2）下载工程。

单击工具栏下载按钮，弹出“下载配置”对话框，如图6–67所示。

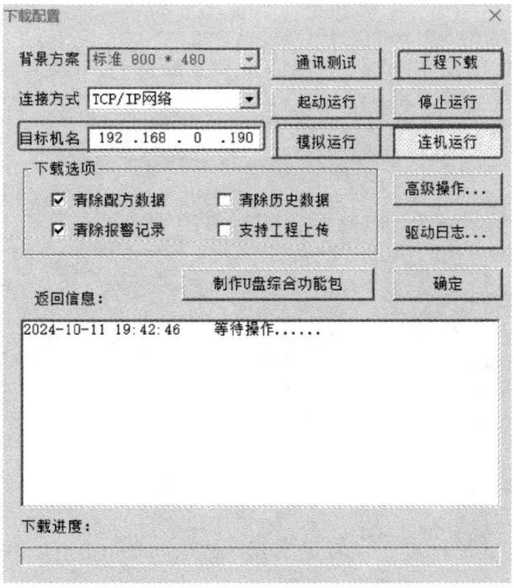

图6–67 “下载配置”对话框

在“下载配置”对话框中，“目标机名”填写触摸屏的IP地址，例如已设置的192.168.0.190。单击“连机运行”，表示将工程下载至触摸屏实物。最后单击“工程下载”和“确定”，可以将工程下载至指定的触摸屏。

6.3.2 画面编辑

触摸屏通过画面与PLC实现数据交互，达到控制、监视PLC的目的。在工作台的“用户窗口”选项卡，单击“新建窗口”，新添以“窗口+数字”格式命名的窗口，如图6-68所示。

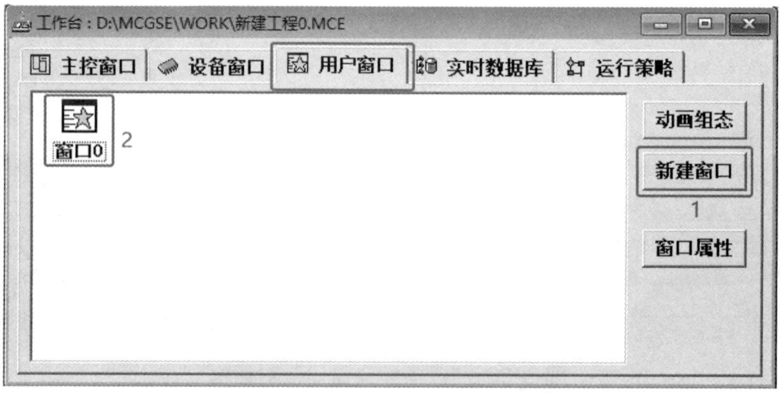

图6-68 新添以“窗口+数字”格式命名的窗口

双击窗口名称，打开“动画组态窗口0”画面，进入画面编辑状态。如果单击工具栏中的“工具箱”按钮，画面中会出现工具箱，提供画面编辑的工具，如图6-69所示。

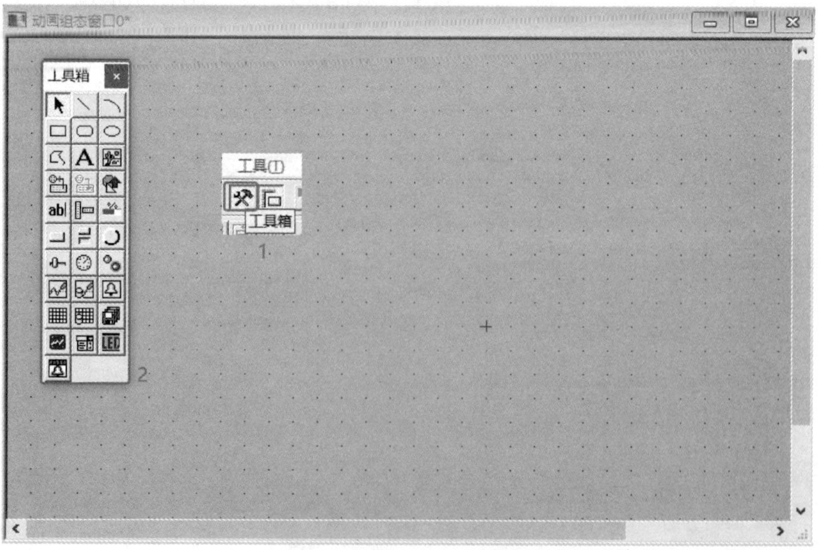

图6-69 画面编辑的工具

1. 按钮

在工具箱中单击“标准”按钮，即可用鼠标在画面中绘制按钮，如图6–70所示。

图6–70　绘制按钮

（1）设置按钮功能。双击画面中的按钮，进入“标准按钮构件属性设置”对话框，可以设置按钮的功能。

在“标准按钮构件属性设置”对话框中，选择“操作属性”→“抬起功能”，选中“数据对象值操作”，在下拉菜单中选择“按1松0”，即可选择按钮的功能是置位、复位PLC的位变量。通过右边的问号按钮，可以关联指定的PLC变量，如图6–71所示。

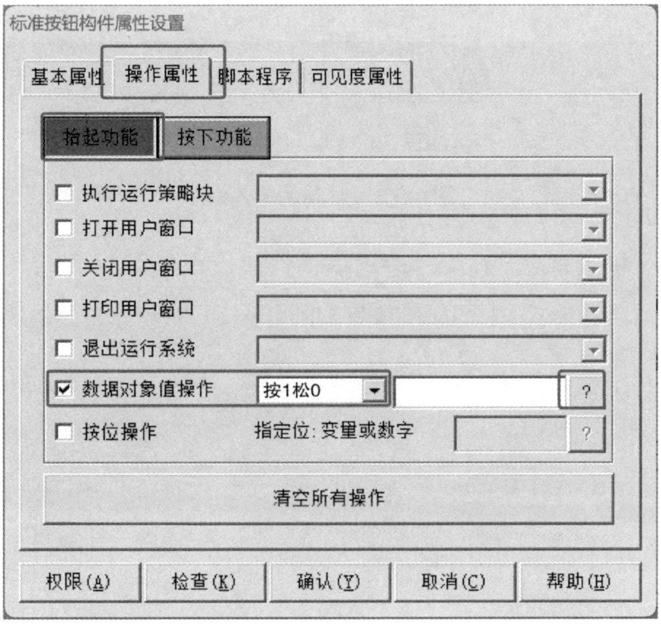

图6–71　“标准按钮构件属性设置”对话框

（2）关联PLC变量。完成“按1松0”功能设置后，单击右侧的问号按钮，弹出“变量选择”对话框。

在“变量选择”对话框中，将“变量选择方式”设置为“根据采集信息生成”，“选择采集设备”选择1200型PLC。在右侧的实线框内，“通道类型”可以选择PLC存储器的I、Q、M区。“通道地址”可以选择I、Q、M区的字节地址。“数据类型”可以选择PLC变量的位地址。例如关联PLC的M0.1变量，“通道类型”选择“M内部继电器”、“通道地址”选择“0”、“数据类型”选择“通道的第01位”，如图6–72所示。

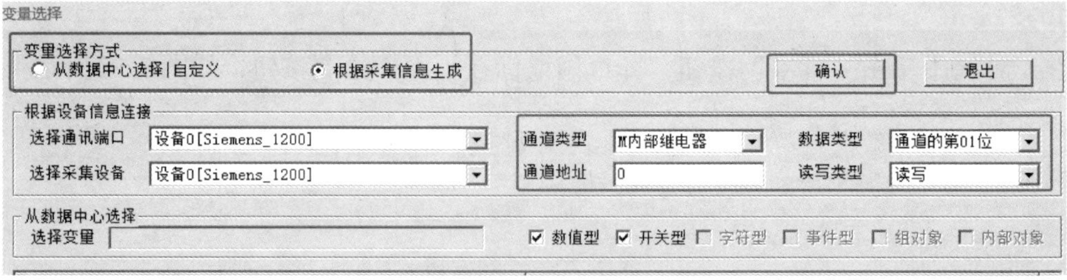

图6-72　关联PLC变量

2. 输入框

在工具箱中单击“输入框”按钮，可以在画面中绘制输入框，关联PLC变量后，可以使用触摸屏键盘对PLC变量值进行输入，以及监视PLC变量的实时值，绘制的输入框如图6-73所示。

图6-73　绘制的输入框

双击画面中的“输入框”，进入“输入框构件属性设置”对话框，单击“操作属性”，在“对应数据对象的名称”空白框的右侧单击问号按钮，弹出“变量选择”对话框，如图6-74所示。

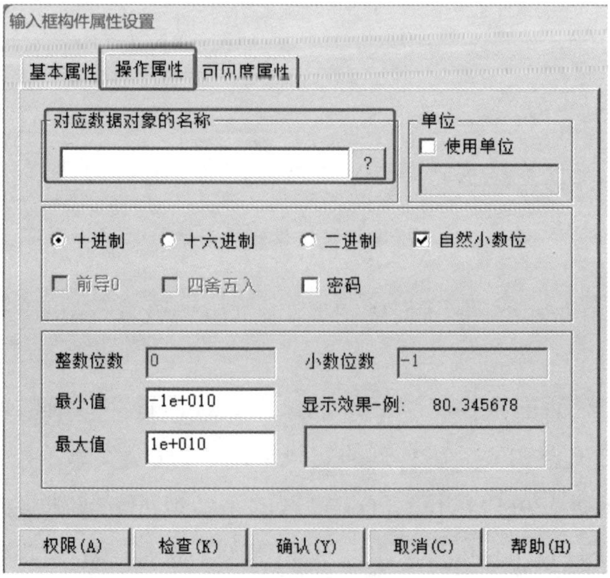

图6-74　“输入框构件属性设置”对话框

在“变量选择”对话框中，“变量选择方式”选择“根据采集信息生成”。“通道类型”可以选择PLC存储器的I、Q、M区。“通道地址”可以选择变量的字节地址。“数据类型”可以选择变量的位地址或单位长度。例如输入框关联PLC的MW10地址，“通道类型”选择“M内部继电器”、“通道地址”选择“10”、“数据类型”选择“16位 无符号二进制”，如图6–75所示。

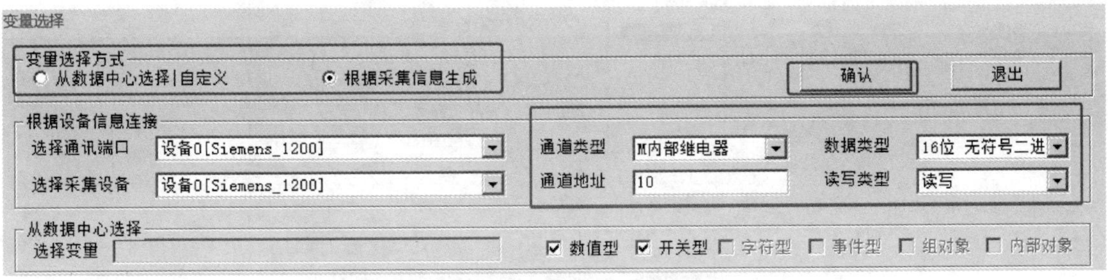

图6–75 “变量选择”对话框的参数设置

3.“动画”按钮

使用“动画”按钮可以实现具有多档开关效果的控件，并能根据指定变量的不同值，对应实现自身不同的外观显示。单击工具箱中的“动画”按钮，即可在画面中绘制“动画”按钮控件，如图6–76所示。

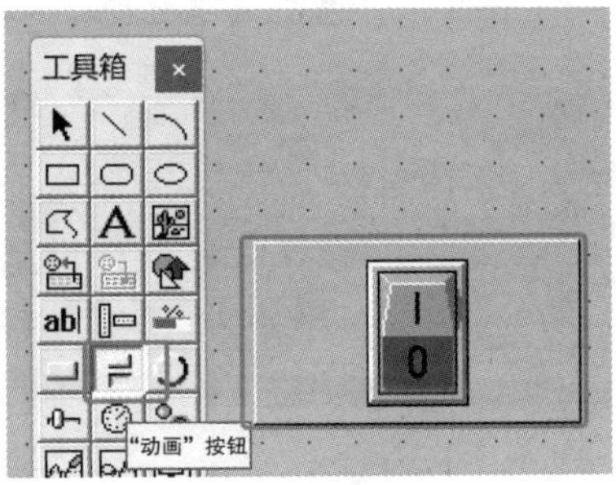

图6–76 绘制“动画”按钮控件

双击“动画”按钮，可以进入“动画按钮构件属性设置”对话框，设置相应的按钮功能。

按钮外观设置。在“基本属性”选择卡中，默认设置有2个分段点0和1，对应按钮有2种外观。选择分段点0、1，对应的“外形”“文字”均会出现在“效果预览”框中，如图6–77所示。

变量属性设置。在“变量属性”选择卡中，可以设置“动画”按钮的“显示变量”“设置变量”。“显示变量”功能，可以根据PLC对应的变量值，决定PLC显示0、1两 种外观。“设置变量”功能，可以根据所选功能，对PLC对应的变量进行相应的赋值。可选择的“功能”包括“置1”“置0”“取反”“按1松0”“按0松1”等。单击问号按钮，可弹出“变量选择”对话框，关联PLC变量。变量属性设置如图6-78所示。

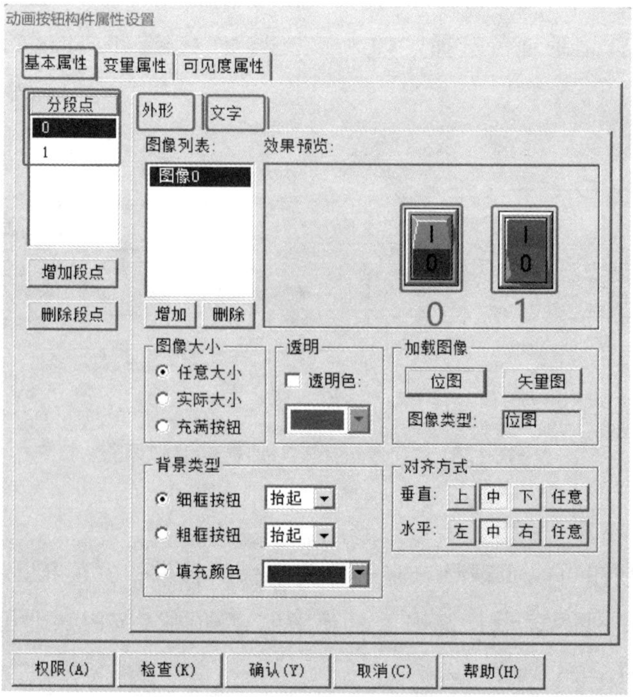

图6-77　按钮外观设置

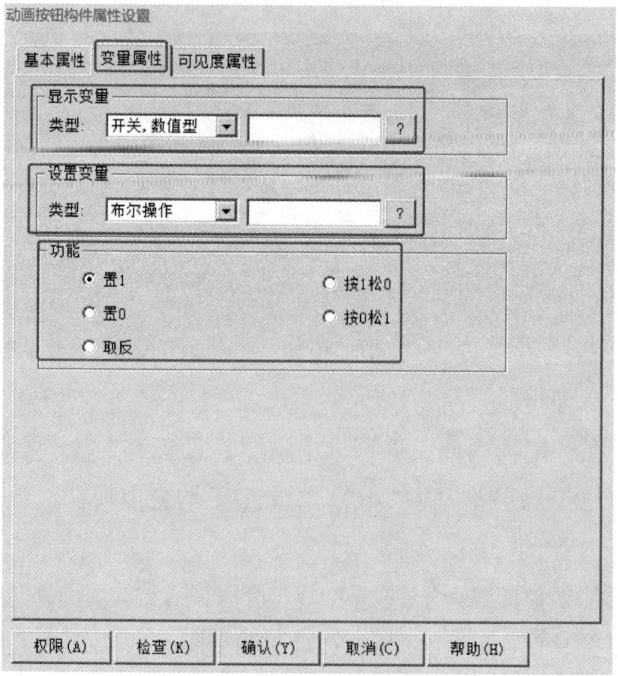

图6-78　变量属性设置

如果“动画”按钮对PLC变量M0.0进行“取反”设置，按1次M0.0值取反为1，再按1次M0.0值取反为0，如此重复。“动画”按钮根据M0.0值为0或1，有对应的两种外观，如图6–79所示。

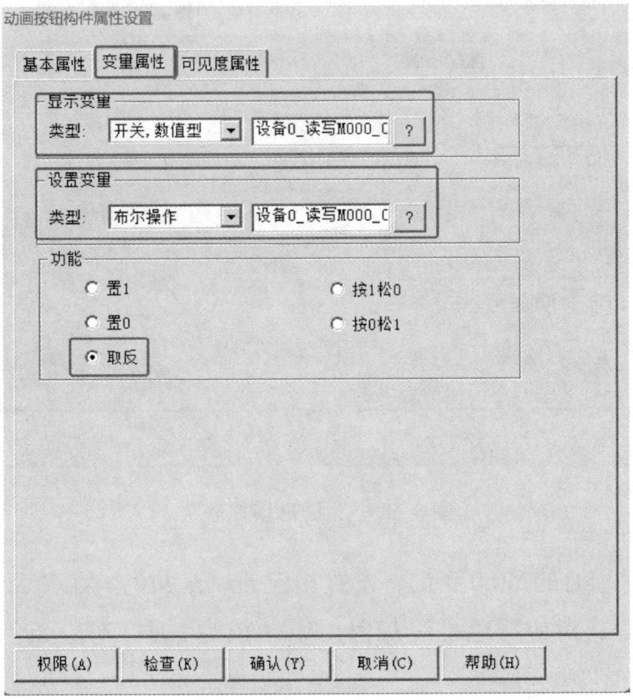

图6–79　变量取反设置

4. 图形动画

在工具箱中，使用“图形”按钮可以在画面中绘制各种不同类型的图形。如果图形关联PLC变量，可以设置相应的动画。绘制图形如图6–80所示。

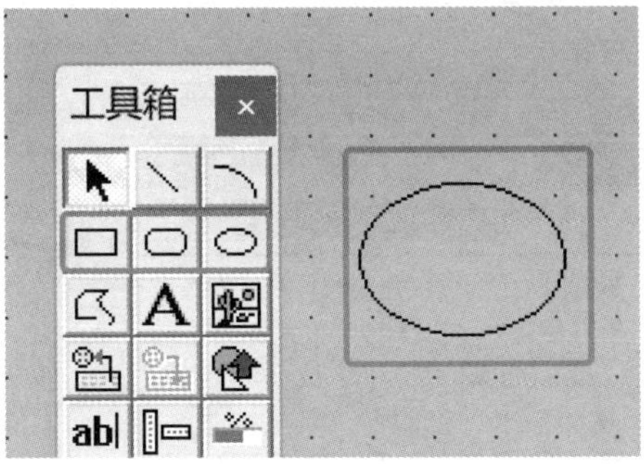

图6–80　绘制图形

双击图形，弹出“动画组态属性设置”对话框，可以对图形的功能、颜色进行相应的设置，选中“填充颜色”，如图6–81所示。

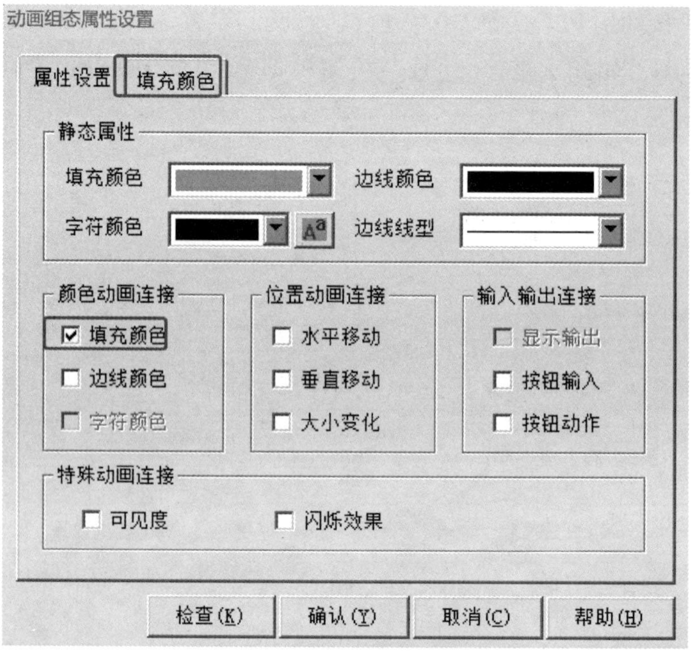

图6-81　为图形填充颜色

例如，图形关联PLC的M0.0变量，设置相应的填充颜色。在“表达式”中关联M0.0，并设置M0.0值为0时，对应颜色是浅灰色；M0.0值为1时，对应颜色是红色，如图6-82所示。

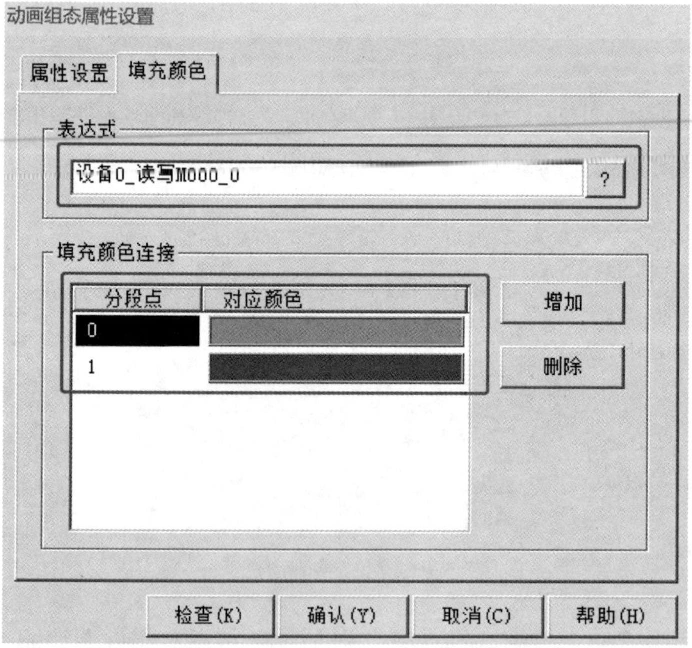

图6-82　关联变量、设置动画的填充颜色

6.3.3 起保停程序触摸控制

1. 画面设计

通过工具箱编辑画面，添加两个“标准”按钮，在“标准按钮构件属性设置”对话框中修改文本为“起动按钮”“停止按钮”，添加椭圆图形，如图6–83所示。

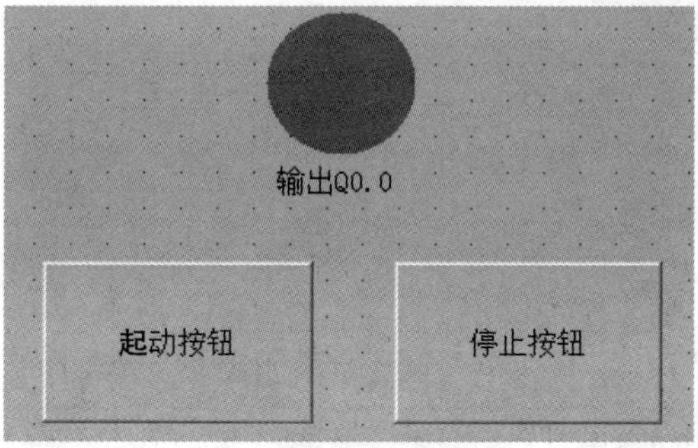

图6–83 起保停程序触摸控制画面设计

2. 控件设计

（1）图形动画设计。

在“动画组态属性设置”对话框中，选中“填充颜色”。在“填充颜色”选项卡的“表达式”关联PLC输出Q0.0变量，然后设置“填充颜色连接”。

设置分段点0的“对应颜色”为浅灰色；分段点1的“对应颜色”为红色。PLC程序运行中，当Q0.0的值为0或1时，该图形会显示对应的颜色，设置界面如图6–84所示。

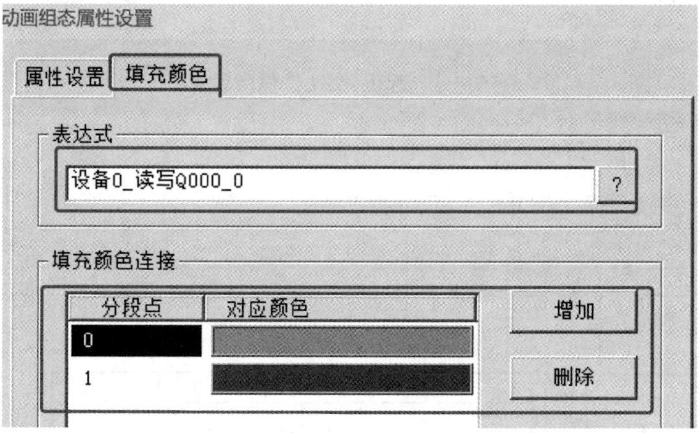

图6–84 图形填充颜色设置（起保停程序触摸控制）

（2）按钮属性设计。

画面中的2个按钮，需在“标准按钮构件属性设置”对话框的“基本属性”选项卡中，分别设置文本为“起动按钮”“停止按钮”，在“操作属性”选项卡中，“抬起功能”均设置为“按1松0”。分别单击问号按钮，关联变量为1200型PLC的M0.0、M0.1，按钮属性设置如图6–85所示。

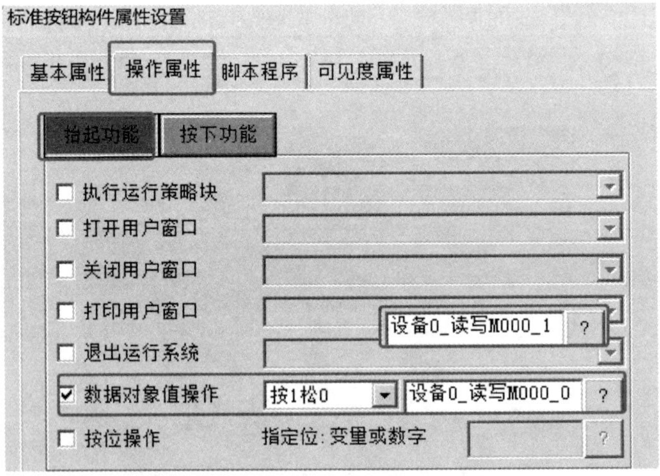

图6–85　按钮属性设置（起保停程序触摸控制）

3. PLC程序设计

起保停PLC程序设计如图6–86所示。

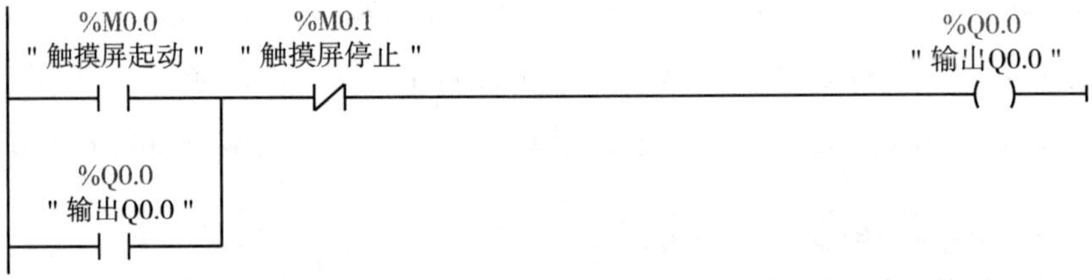

图6–86　起保停PLC程序设计

4. 硬件连线

PLC与触摸屏的硬件连线如图6–87所示。

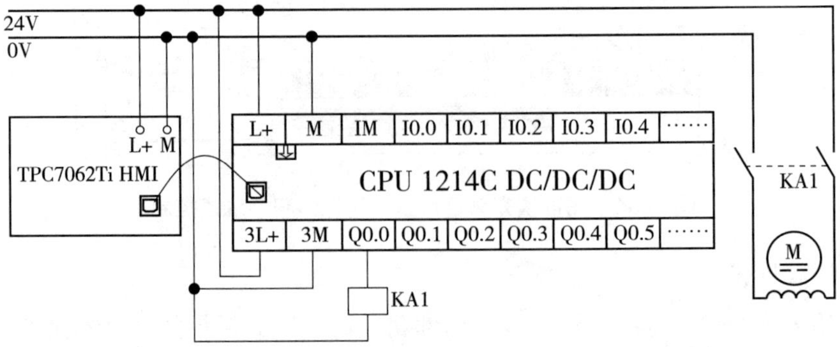

图6–87　PLC与触摸屏的硬件连线（起保停程序触摸控制）

5. 工程下载

单击“触摸屏下载”按钮，“目标机名”填写触摸屏实物的IP地址。单击“连机运行”，然后单击“工程下载”和“确定”，完成工程下载，如图6-88所示。

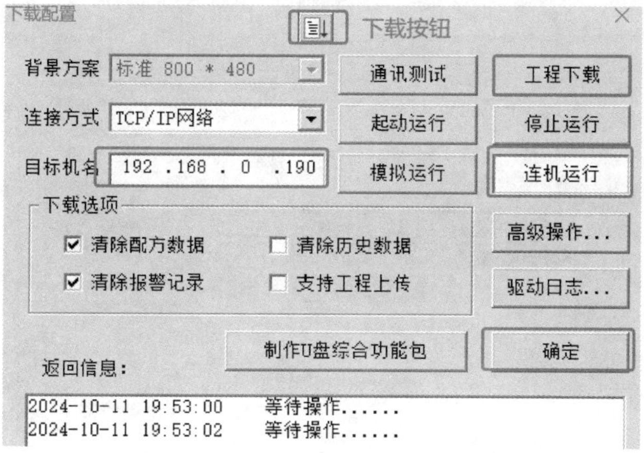

图6-88 工程下载（起保停程序触摸控制）

6.3.4 十字路口交通灯运行

1. 触摸屏画面设计

触摸屏画面设计如图6-89所示。

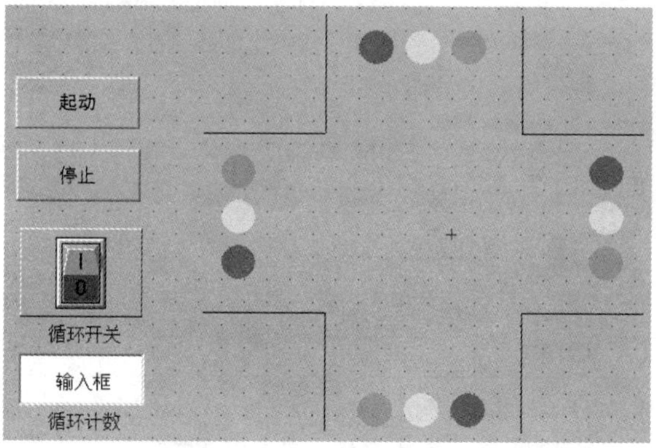

图6-89 触摸屏画面设计（十字路口交通灯运行）

2. 触摸屏图形控件设计

画面中东西红灯、东西黄灯、东西绿灯、南北红灯、南北黄灯、南北绿灯的图形，需分别在“动画组态属性设置”对话框的“属性设置”选项卡中设置外观颜色，并选中“填充颜色”，在“填充颜色”选项卡中，关联PLC的Q0.0、Q0.1、Q0.2、Q0.3、Q0.4、Q0.5变量，并设置“填充颜色连接”，分段点0的“对应颜色”均为灰色；分段点1的“对应颜色”分别为红、黄、绿、红、黄、绿。以东西黄灯的“填充颜色”选项卡的设置为例，如图6–90所示。

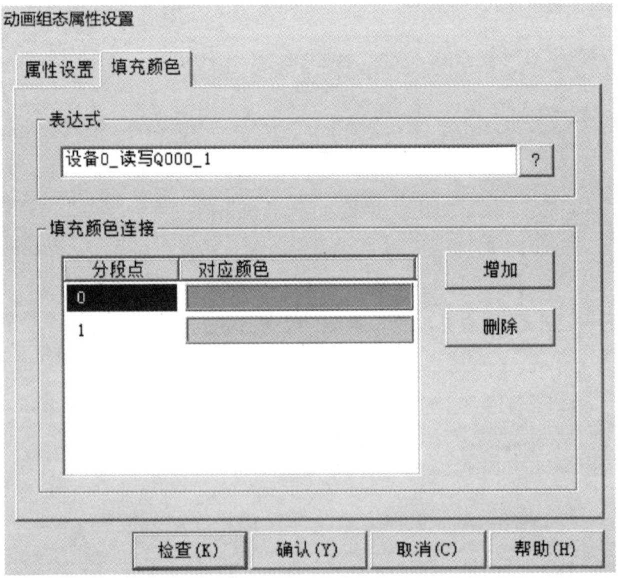

图6–90　填充颜色设置（十字路口交通灯运行）

3. 按钮设计

（1）起动按钮。

将起动按钮的“抬起功能”设置为“按1松0”，变量关联为PLC的M1.0，起动按钮设计如图6–91所示。

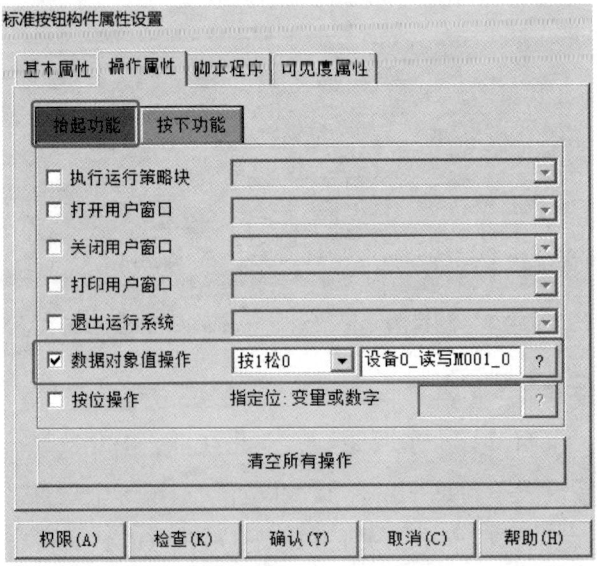

图6–91　起动按钮设计（十字路口交通灯运行）

（2）停止按钮设计。

将停止按钮的“抬起功能”设置为“按1松0”，变量关联为PLC的M1.1，停止按钮设计如图6–92所示。

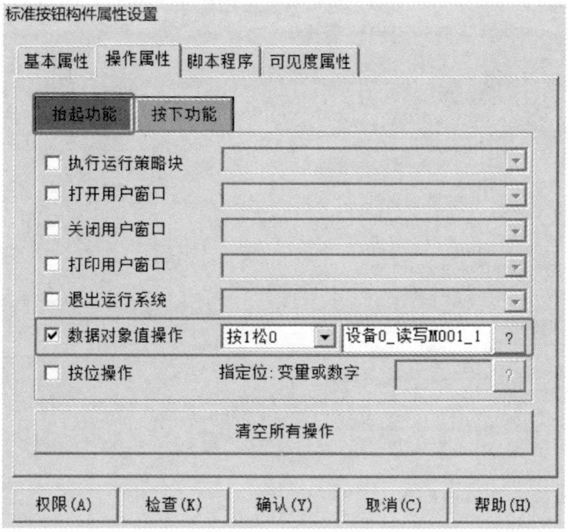

图6–92　停止按钮设计（十字路口交通灯运行）

（3）动画按钮设计。

动画按钮的“变量属性”，“功能”设置为“取反”，变量关联为PLC的M1.2。动画按钮的“显示变量”，变量关联为PLC的M1.2，在“基本属性”中外观动画为默认的0、1两种外观，动画按钮设计如图6–93所示。

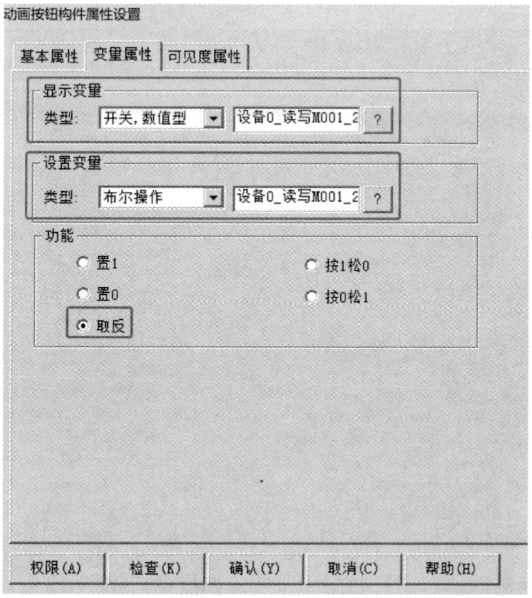

图6–93　动画按钮设计（十字路口交通灯运行）

4. 输入框设计

输入框关联PLC的MW2，输入框设计如图6-94所示。

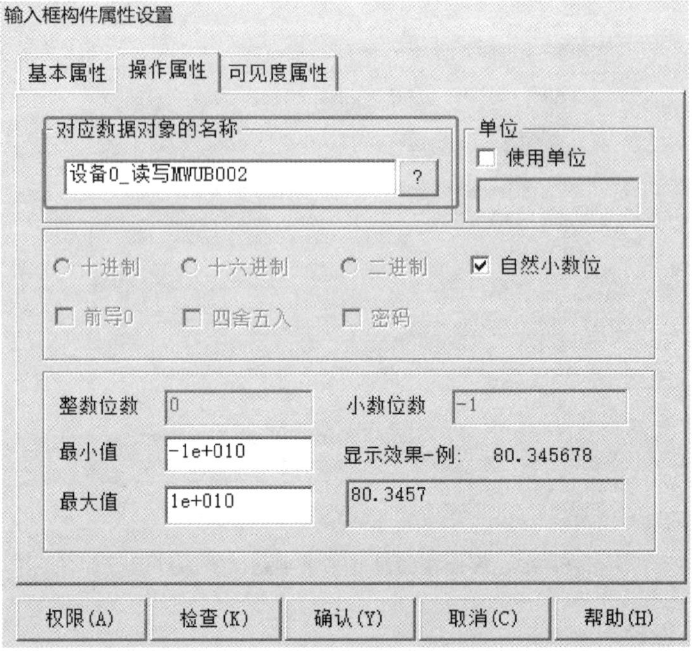

图6-94　输入框设计（十字路口交通灯运行）

5. PLC程序及变量

PLC程序及变量设计同任务6.2保持一致。

6. 触摸屏及PLC运行

触摸屏、PLC同时运行，运行效果如图6-95所示。

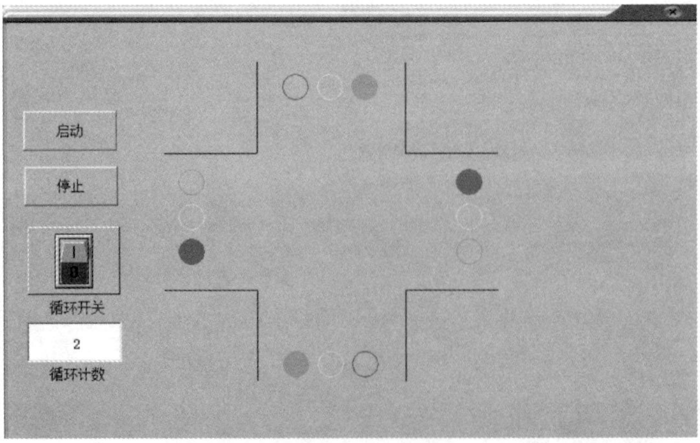

图6-95　昆仑通态触摸屏运行效果（十字路口交通灯运行）

交通灯TPC7062Ti

项目小结

通过本项目学习了触摸屏的使用，当触摸屏与PLC建立数据连接时，可以在触摸屏组态按钮控件，用来操控PLC内部的数据置位、复位。除此之外，触摸屏还可以建立图形符号，图形符号可以关联PLC的位数据，当位数据有不同值时，图形符号可以呈现不同的动画。

通过新建触摸屏的按钮控件、图形动画，结合PLC程序运行，可在触摸屏上实现交通灯运行效果动画。有助于读者掌握PLC顺序控制程序、触摸屏组态的相关应用。

思考与练习

1. KTP700触摸屏“按钮”元素中的“置位位”“复位位”事件，具有什么功能？
2. KTP700触摸屏的基本对象中，设置的外观动画、关联变量有什么作用？
3. MCGS软件中，在什么位置设置PLC的IP地址？

项目7

PLC运动控制与高速计数

【情境导入】

1200系列PLC能提供精确的运动控制与计数功能。1200系列PLC具备高速计数器功能，配合编码器发出的高速脉冲，可对电动机的角位移和转速进行准确测量、定位。

1200系列晶体管型PLC，CPU型号的末端是“DC”（“CPU121X XX/XX/DC”）。这种PLC可以通过特定的输出口发送高频率的脉冲，控制步进电动机精确运行。

在电气设备中，PLC的运动控制与计数功能被广泛应用。如传送带、转盘等设备，均可使用步进电动机、编码器，通过PLC的运动控制和高速计数功能，对设备进行精确控制及计数测量。

【内容图谱】

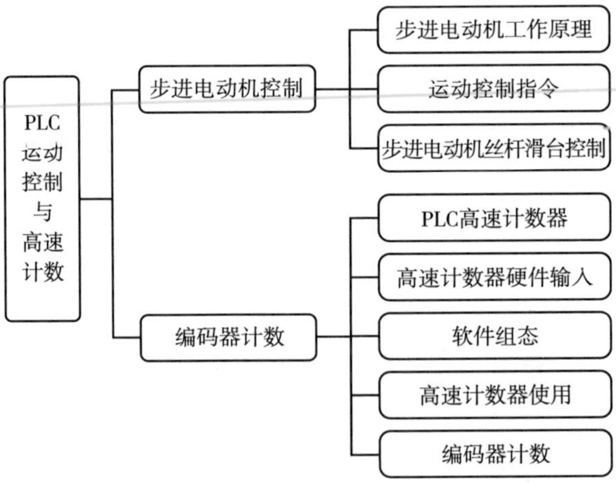

【重点、难点】

1. 重点内容

（1）步进电动机的工作原理、步进驱动器的接线方法。

（2）PLC运动控制指令、软件组态。

（3）高速计数器工作模式、软件组态。

2. 难点内容

（1）丝杆滑台定位控制。

（2）用编码器测量丝杆滑台。

【立德树人】

以高速脉冲、编码器的工作任务为学习对象，精确统计每一个微小的脉冲信号。对待本职工作精益求精，养成一丝不苟的工作精神，在岗位上不放过任何一个马虎点。学习我国传统文化中“祸患常积于忽微”的道理，放过一个小脉冲，可能造成电气设备的大错误、安全防护的大疏漏。以课程内容为载体，提高职业素养。

任务7.1 步进电动机控制

【任务描述】

步进电动机是一种将电脉冲信号转换成角位移的电动机，与直流电动机相比，步进电动机具有精确的位置控制、速度控制能力。步进电动机在运行的时候依赖控制器发出的一个个脉冲信号来驱动，当接收到脉冲信号时，步进电动机以固定的角度一步一步运行。步进电动机凭借其精确的位置控制、速度控制能力，以及结构简单、性价比高等优点，被广泛应用于制造业的设备中。

【任务目标】

1. 知识目标

- 掌握步进电动机的工作原理、接线方法。
- 掌握运动控制指令的使用方法。

2. 技能目标

- 能给步进电动机、驱动器、PLC进行接线。
- 能正确设置驱动器细分参数。

【任务实施】

步进电动机的控制相较于直流电动机的控制，更加复杂。在硬件上，步进电动机需要使用驱动器并正确接线，配合特定PLC的特定端口；在软件上，步进电动机需要使用专用的运动控制指令，并在软件中组态相对应的参数。

7.1.1 步进电动机工作原理

步进电动机是一种将电脉冲信号转换成角位移的电动机，具备精确的位置控制、速度控制能力。步进电动机的工作特点是在驱动器控制下，有电脉冲时，电动机转动；没有电脉冲时，电动机停止。步进电动机与电脉冲的关系：电脉冲数量越多，步进电动机转动的角位移越大；电脉冲频率越高，步进电动机转动的速度越快。步进电动机实物如图 7–1 所示。

图 7–1　步进电动机实物图

步进电动机的内部结构由转子、定子组成，如图 7–2 所示，外围是固定的定子，中间是可以转动的转子。转子、定子凸起来的部分是凸齿，在通电磁场的作用下，转子凸齿、定子凸齿处于对齐状态。凸齿数越多，电动机的运行精度越高，图 7–2 左图中的电动机有 2 个转子凸齿、4 个定子凸齿；图 7–2 右图中的电动机有 50 个转子凸齿、48 个定子凸齿，这是常见的步进电动机凸齿数。

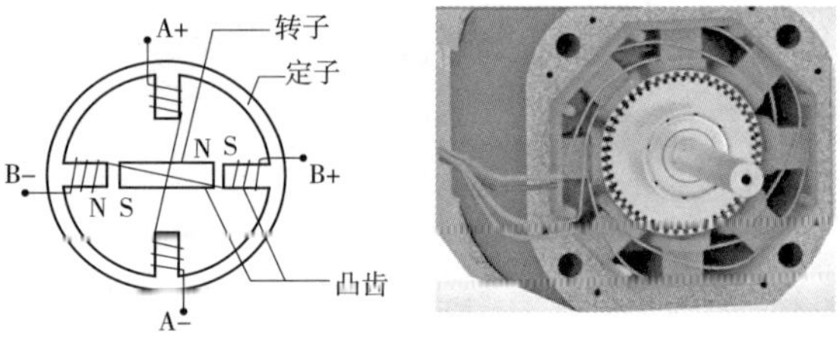

图 7–2　步进电动机转子、定子图

1. 相数

步进电动机的相数是指电动机内部的线圈组数，图 7–3 所示的步进电动机，分别是 2 相、3 相步进电动机。

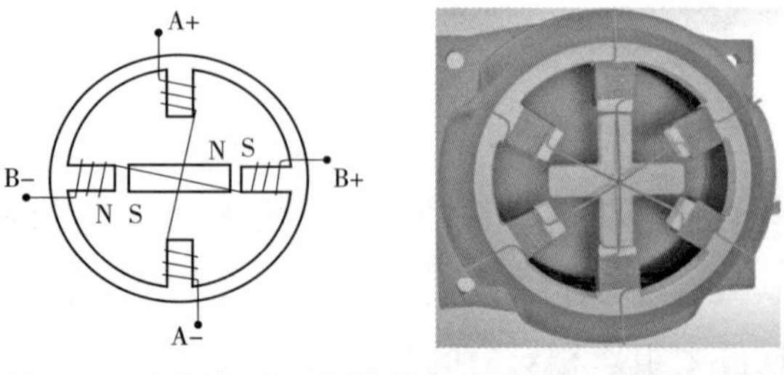

图 7–3　步进电动机的相数（左为 2 相、右为 3 相）

同一组线圈的进和出接线端，称为同一相，图 7–3 中 2 相电动机的线圈可分别记为 A 相、B 相，A+、A– 为同一相接线端，B+、B– 为同一相接线端。

图 7–3 中 3 相电动机的线圈可记为 A 相、B 相、C 相。A+、A– 为同一相接线端，B+、B– 为同一相接线端，C+、C– 为同一相接线端。

使用步进电动机，首先需要区分电动机的哪些接线端处于同一相。使用万用表测量步进电动机的相线，两两之间导通且有阻值即为同一相，例如 A+ 和 A–、B+ 和 B–、C+ 和 C– 为同一相，相互之间导通且有阻值。

步进电动机的相数越多，电动机的运行精度越高，其控制复杂程度也越高。在有步进电动机驱动器的情况下，电动机的相数对提高电动机的运行精度没有实际意义，一般选用相数相对较少的步进电动机，如 2 相、3 相步进电动机，控制方式较为简单。

2. 步距角

步距角是指步进电动机每接收 1 次电脉冲，转子前进一步的角度。步距角的大小与电动机内部的结构有关，齿数、相数越多，步距角越小，电动机的运行精度越高。

图 7–4 所示的 3 相步进电动机，有 4 个转子凸齿和 6 个定子凸齿。电流分别从步进电动机的 A+、B+、C+ 方向流入，转子转动的过程如图 7–4 所示，经计算可知，步距角为 30°。

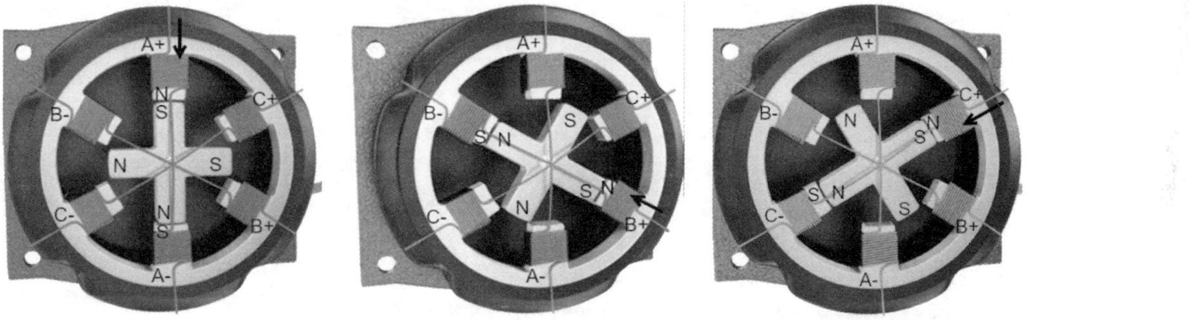

图 7–4　步距角示意图

通过增加电动机的凸齿数，可以减小步距角，提升电动机的运行精度，这是常规做法。市场上常见的步进电动机通过增加凸齿数，将步距角控制在 1.8° 左右，具备较好的运动性能。

3. 2 相 4 线步进电动机

市场上的步进电动机，规格多为简单的 2 相 4 线制，2 相 4 线步进电动机具有 A、B 两相，接线端有 A+、A–、B+、B– 四个端口。2 相 4 线步进电动机的机座尺寸分为 35 式、42 式、57 式、86 式等，机座尺寸越大，电动机的扭矩越大。

电动机的 A+、A–、B+、B– 四根线以颜色区分，一般会标注在电动机的外壳上。如果电动机的外壳上没有标注，AB 相、正负极也不需要严格识别，用万用表测出哪两根线是同一相即可。如果调换同一相的正负位置或AB相位置，会改变电动机的方向但不影响运行。如果接线错误，电动机卡顿不前，须立即断电、调换线序，否则容易损坏电动机。

以42式2相4线步进电动机为例，电动机内部定子有48个凸齿、转子有50个凸齿，步距角为1.8°。在没有驱动器细分时，200个电脉冲驱动电动机旋转1圈，2相4线步进电动机如图7–5所示。

图7–5　2相4线步进电动机图

4. PLC选型

步进电动机的控制对脉冲要求较高，一般需要高频率、数量大的脉冲。如果是继电器型输出，CPU 121X　XX/XX/RLY型PLC达不到要求，且容易损坏PLC的输出端口。对步进电动机的控制，需要选用晶体管型PLC，例如CPU 121X　XX/XX/DC型PLC。

晶体管型PLC输出的高频脉冲，电流较小，步进电动机工作时电流较大。因此PLC输出的高频脉冲不能直接驱动步进电动机，否则会损坏PLC的输出端口。

一般情况下CPU 121X　XX/XX/DC晶体管型PLC，会再借助专用的驱动器辅助控制步进电动机运行。

5. 步进电动机驱动器

由PLC选型的内容可知，PLC输出端口不支持直接驱动步进电动机，需要使用步进电动机驱动器辅助控制。

步进电动机驱动器还有一个重要的功能是脉冲细分。常见的2相4线步进电动机的步距角是1.8°，属于步进电动机中常见规格的步距角，即1个脉冲对应1.8°的角位移，在大多数场合达不到精度要求。而且电动机以1.8°的步距角运行时，震动较强，不够稳定。

步进电动机驱动器的脉冲细分功能，可以将PLC发送的1个脉冲信号，细分为N个脉冲输出，即将电动机原有的1.8°步距角，缩小N倍。脉冲细分功能可以提高步进电动机的运行精度、改善电动机运行的稳定性。步进电动机驱动器实物如图7–6所示，驱动器正面是脉冲细分表和电流输出表，驱动器顶部位置的6个拨码开关中，S1、S2、S3设置脉冲细分，S4、S5、S6设置输出电流，以适应不同功率的步进电动机。

驱动器的侧面接口中，GND、VCC是驱动器电源接口；A+、A−、B+、B−是2相4线步进电动机接口；PUL+、PUL−是脉冲输入接口；DIR+、DIR−是方向信号接口。

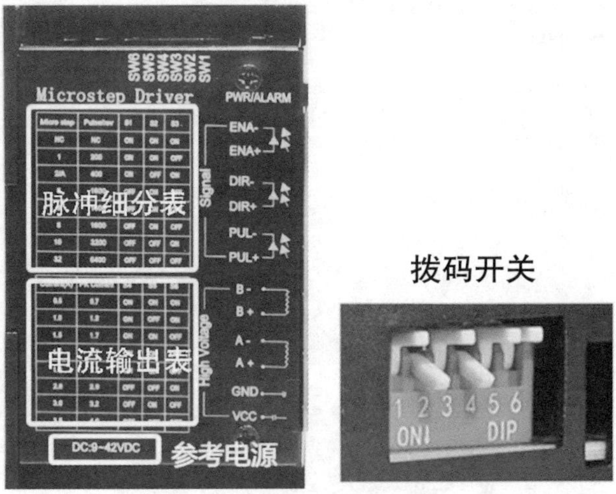

图7-6　步进电动机驱动器实物图

6. PLC与驱动器、步进电动机的接线

西门子1200系列PLC输出的是+24 V电压，所以驱动器采用共阴极接法，用阳极来接收PLC信号，具体接线如图7-7所示。

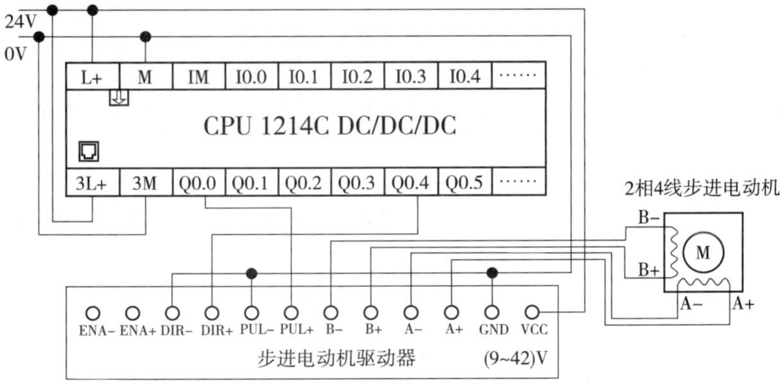

图7-7　驱动器与PLC接线图

PUL+连接PLC的Q0.0~Q0.3中的一个端口，接收PLC脉冲信号，例如Q0.0。DIR+连接PLC的任意一个普通的输出端口，用来控制方向，例如Q0.4。ENA可以不接线。

7.1.2　运动控制指令

一个步进电动机在PLC控制指令中，可以称为1个轴对象，在PLC完成步进电动机参数配置后，系统会自动生成1个轴对象，控制1个步进电动机，默认名称为“轴_1”“轴_2”等。

在右侧的“指令”中，“工艺”指令中的“MontionControl”栏有与运动控制相关的指令，例如MC_Power、MC_Reset、MC_Home、MC_Halt、MC_MoveAbsolute、MC_MoveRelative、MC_MoveVelocity、MC_MoveJog等。

1. MC_Power轴启用指令

MC_Power轴启用指令，可以启用或禁用轴对象，可以看作是轴对象Axis的指令总开关，如果“轴_x”要运行其他运动控制指令，必须使其在MC_Power指令中运行。以步进电动机“轴_1”配置为例，MC_Power指令如图7-8所示。

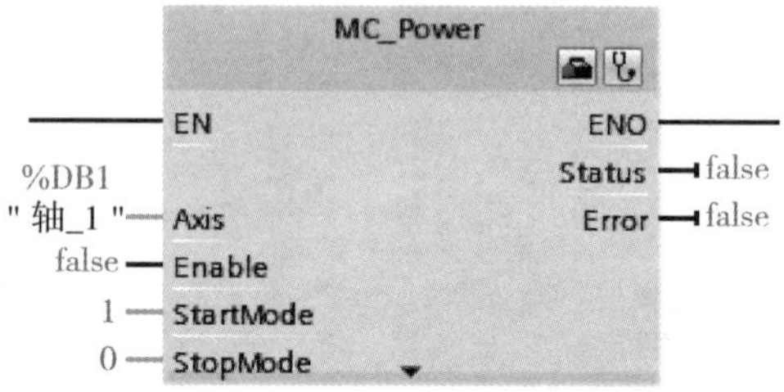

图7-8　MC_Power指令

（1）EN表示使能端，接通母线指令才可运行。

（2）Axis表示选择轴对象，例如选择已组态好的轴对象“轴_1”。

（3）Enable表示启用轴，例如Bool型数据，为TRUE时，可以启用Axis指向的轴；为FALSE时，停止Axis指向的轴。

（4）StartMode表示启用位置受控或不受控的轴，可选择使用默认值1。

（5）StopMode表示停止模式，断开Enable后，Axis指向的轴以不同方式停止，可选择使用默认值0。

MC_Power可以看作是轴对象Axis的指令总开关，如果“轴_x”要运行其他运动控制指令，必须使其在MC_Power指令中运行并启用。

2. MC_Reset轴重启指令

MC_Reset轴重启指令，可以确认伴随轴停止出现的运行错误、组态错误等一系列需要确认的错误，MC_Reset指令如图7-9所示。

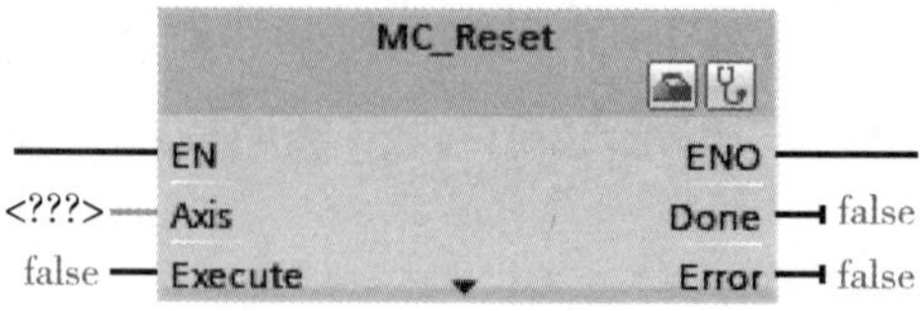

图7-9　MC_Reset指令

（1）EN表示使能端，接通母线指令才可运行。

（2）Axis表示选择轴对象。

（3）Execute表示执行端，Bool型数据，上升沿时，执行轴重启。

MC_Reset指令用于轴错误修复后的轴重启，例如步进电动机在运行过程中，触碰到组态过的限位开关时，则出现轴错误。可以查看“ErrorID”错误代码，待清除了引起错误的原因后，执行该指令，重启轴对象。

3. MC_Home轴归位指令

MC_Home轴归位指令，用于步进电动机回原点，可将轴坐标与实际物理位置匹配，MC_Home指令如图7–10所示。

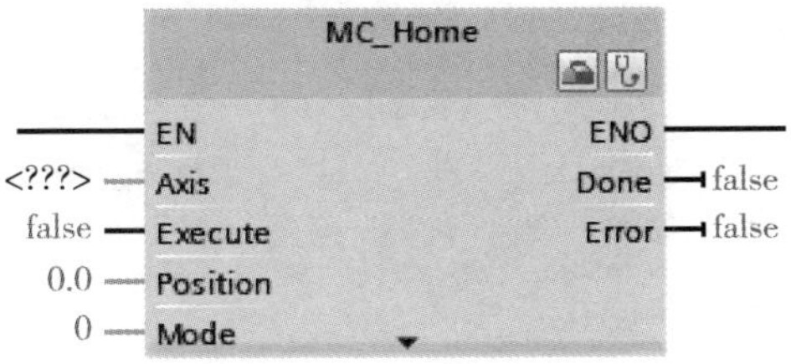

图7–10　MC_Home指令

（1）EN表示使能端，接通母线指令才可运行。

（2）Axis表示选择轴对象。

（3）Execute表示执行端，Bool型数据，上升沿时，执行轴归位。

（4）Position表示绝对位置值，Real型数据。执行完MC_Home指令后，Position即为原点的绝对位置，一般用默认值0.0。如果硬件有误差，实际原点传感器位置与硬件绝对零点坐标有偏差时，可使用Position进行坐标偏移。

（5）Mode表示回原点模式，Int型数据，MC_Home指令有多种回原点模式，可通过填入Mode的整数值设置，本书采用主动回原点模式，Mode填入3。

执行完MC_Home指令，电动机停留处即为轴坐标的原点位置。在执行MC_MoveAbsolute绝对定位指令时，必须先执行MC_Home指令，完成电动机回原点操作，否则绝对定位失败，指令报错。

4. MC_Halt轴停止指令

MC_Halt轴停止指令，可以将Axis指定的轴对象减速停止，MC_Halt指令如图7–11所示。

图7–11　MC_Halt指令

（1）EN表示使能端，接通母线指令才可运行。

（2）Axis表示选择轴对象。

（3）Execute表示执行端，Bool型数据，有上升沿时，执行轴停止。

执行MC_Halt轴停止指令，会将Axis指定的轴对象以软件组态时填写的时间参数进行减速，直至停止。

5. MC_MoveAbsolute轴绝对定位指令

MC_MoveAbsolute轴绝对定位指令，可以将Axis指定的轴对象移动到轴坐标上指定的绝对位置，MC_MoveAbsolute指令如图7-12所示。

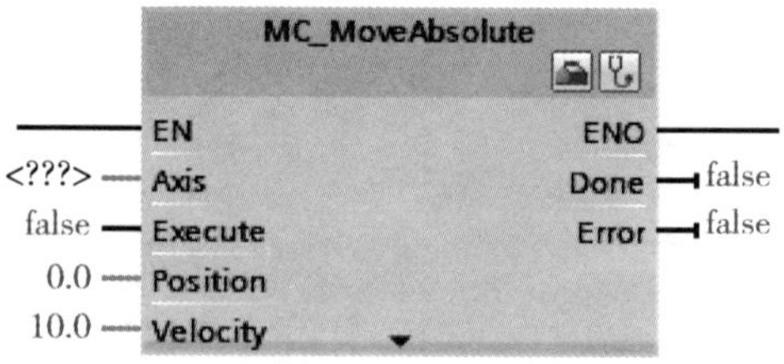

图7-12　MC_MoveAbsolute指令

（1）EN表示使能端，接通母线指令才可运行。

（2）Axis表示选择轴对象。

（3）Execute表示执行端，Bool型数据，有上升沿时，执行绝对定位。

（4）Position表示绝对坐标值，Real型数据，指令执行完成，步进电动机停留在Position位置。

（5）Velocity表示速度值，Real型数据。执行指令，步进电动机会以Velocity中填写的速度运动到Position位置。

执行指令前，必须完整执行1次MC_Home指令，确立步进电动机的原点位置，Execute有上升沿时，步进电动机才能到达Position指向的绝对位置。

6. MC_MoveRelative轴相对定位指令

MC_MoveRelative轴相对定位指令，可以将Axis指定的轴对象，以当前位置作为参考点，移动Distance中填写的距离。MC_MoveRelative指令如图7-13所示。

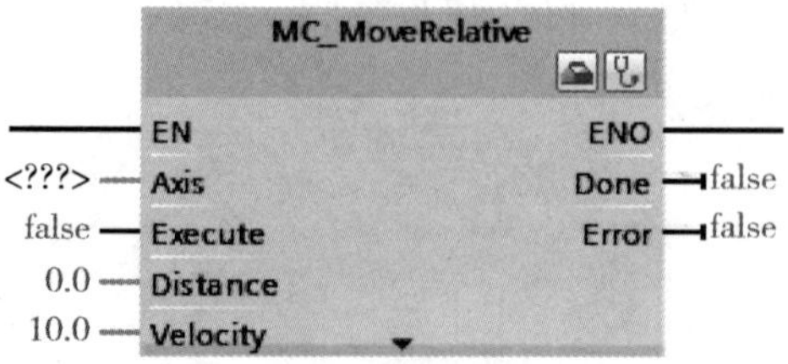

图7-13　MC_MoveRelative指令

（1）EN表示使能端，接通母线指令才可运行。

（2）Axis表示选择轴对象。

（3）Execute表示执行端，Bool型数据，有上升沿时，执行相对定位。

（4）Position表示相对位置，Real型数据，指令执行完成，步进电动机会移动Position中填写的距离。

（5）Velocity表示速度值，Real型数据。执行指令，步进电动机会以Velocity中填写的速度，移动Position中填写的距离。

执行相对运动，不需要步进电动机回原点，只以当前位置作为参考点。

7. MC_MoveJog轴点动指令

MC_MoveJog轴点动指令，可以在点动模式下以指定的速度连续移动轴对象。MC_MoveJog指令如图7-14所示。

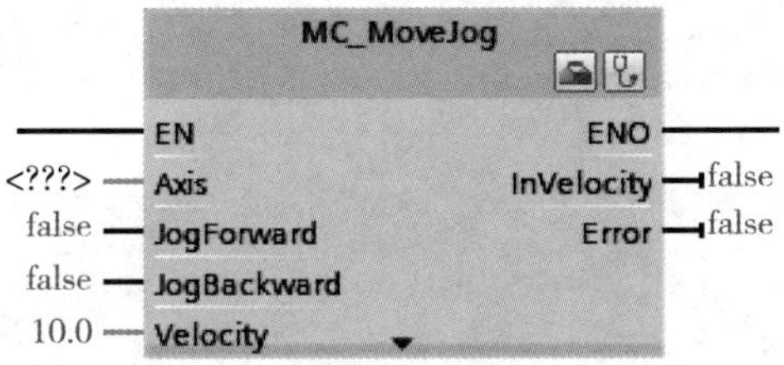

图7-14 MC_MoveJog指令

（1）EN表示使能端，接通母线指令才可运行。

（2）Axis表示选择轴对象。

（3）JogForward，Bool型数据，接通母线时，步进电动机连续正向点动。

（4）BackForward，Bool型数据，接通母线时，步进电动机连续反向点动。

（5）Velocity表示速度值，Real型数据。步进电动机以Velocity中填写的速度正向、反向点动。

7.1.3 步进电动机丝杆滑台控制

丝杆滑台是自动化设备中一种常用的传动部件，其工作原理是通过滚珠丝杆与直线导轨，实现重复的直线运动。本任务中选用的丝杆滑台，丝杆的螺距是4mm，由步进电动机驱动运行。电动机正转1圈，丝杆上的工作台前进4mm；电动机反转1圈，丝杆上的工作台后退4mm。

丝杆滑台有3个PNP型接近开关SQ1、SQ2、SQ3，SQ2是工作台的原点位置，SQ1、SQ3分别是上、下限位开关的位置，丝杆滑台如图7-15所示。

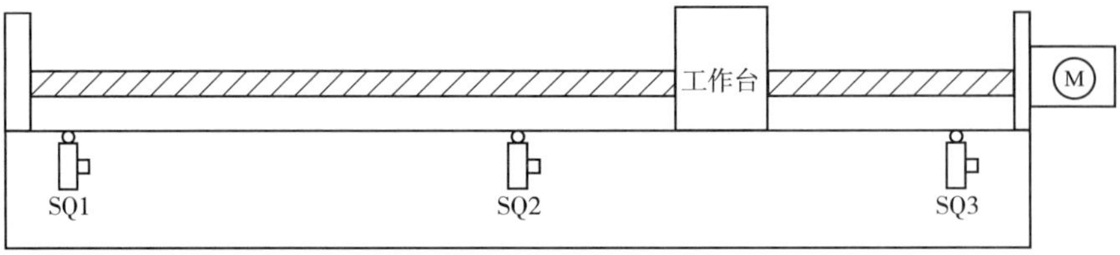

图7-15　丝杆滑台

1. 控制要求

使用PLC运动控制指令，控制丝杆滑台工作。丝杆滑台的工作方式、上下限位、原点位置通过软件组态设置。

PLC的起动、停止、点动、复位、回原点、速度、位置等命令通过触摸屏设定，触摸屏的画面设计如图7-16所示。

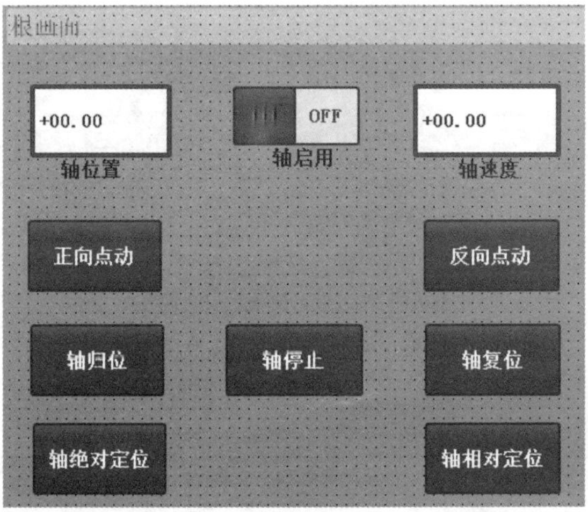

图7-16　触摸屏的画面设计（丝杆滑台）

2. 硬件接线

PLC的Q0.0发送脉冲，连接到驱动器的PUL+，PLC的Q0.4控制步进电动机的方向，连接到驱动器的DIR+。PUL-、DIR-连接到0V（短接）。驱动器的A+、A-、B+、B-连接到步进电动机的4相电源线。

丝杆滑台的3个接近开关中，SQ2接在PLC的I0.1端，上下限位接近开关SQ1、SQ3分别接在PLC的I0.0、I0.2端。PLC硬件接线图如图7-17所示。

3. 驱动器设置

根据本任务所用的丝杆滑台以及电动机的功率，设置驱动器细分倍数为16，电动机旋转1圈需要的脉冲数为3200，将电流值设置为0.5A。驱动器脉冲、电流细分表如表7-1所示。将驱动器的S1、S2、S3开关拨动到OFF、OFF、ON状态，S4、S5、S6开关拨动到ON、ON、ON状态。

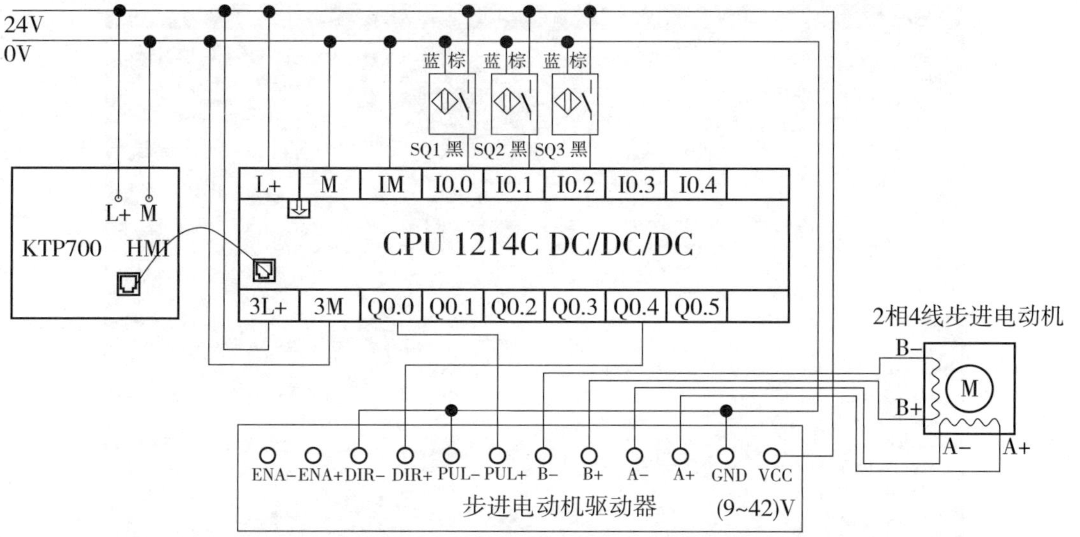

图7-17　PLC硬件接线图（丝杆滑台）

表7-1　驱动器脉冲、电流细分表（丝杆滑台）

细分倍数	单圈脉冲数	S1	S2	S3	电流值（A）	S4	S5	S6
1	200	ON	ON	OFF	0.5	ON	ON	ON
2/A	400	ON	OFF	ON	1.0	ON	OFF	ON
2/B	400	OFF	ON	ON	1.5	ON	ON	OFF
4	800	ON	OFF	OFF	2.0	ON	OFF	OFF
8	1600	OFF	ON	OFF	2.5	OFF	ON	ON
16	3200	OFF	OFF	ON	3.0	OFF	ON	OFF
32	6400	OFF	OFF	OFF	3.5	OFF	OFF	OFF

4. 运动组态

通过运动组态可以设置步进电动机的运动方式、与PLC的连接端口、起停速度等多项必要的参数。组态正确才能确保步进电动机完整运行，否则指令会报错。

（1）新增运动控制。在项目树中，展开已添加的PLC，单击“工艺对象”→“新增对象”，在弹出的对话框中，选择“运动控制”“TO_PositioningAxis”新增轴对象，名称可以使用默认的“轴_1”，然后单击“确定”，如图7-18所示。

单击“确定”后，在弹出的“轴_1”的组态参数界面进行设置。

（2）常规参数。驱动器选择“PTO（Pulse Train Output）”，测量单位选择“mm”，如图7-19所示。

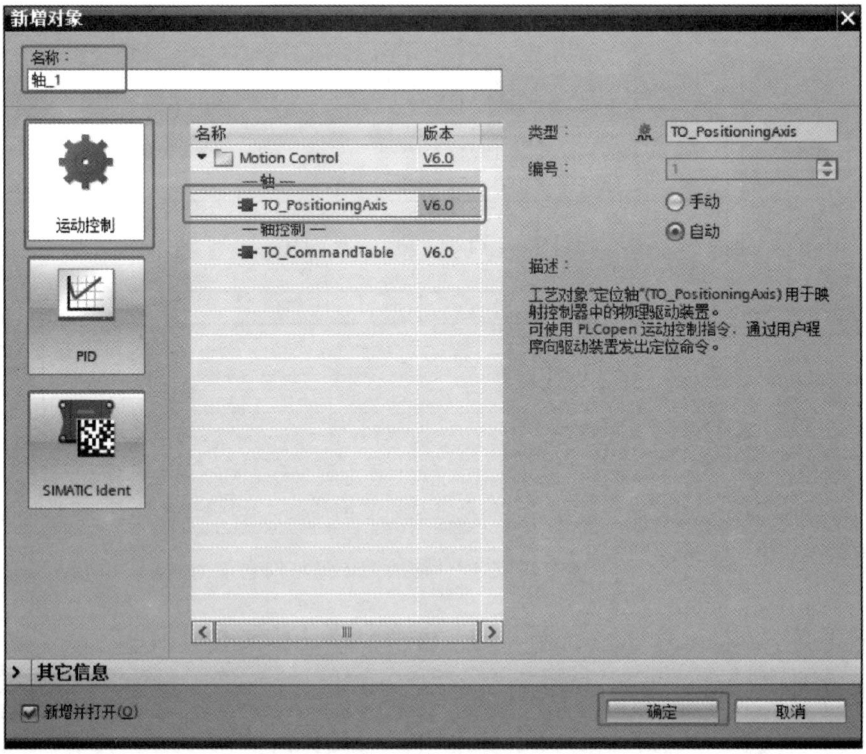

图7–18 “运动组态”→“新增对象”（丝杆滑台）

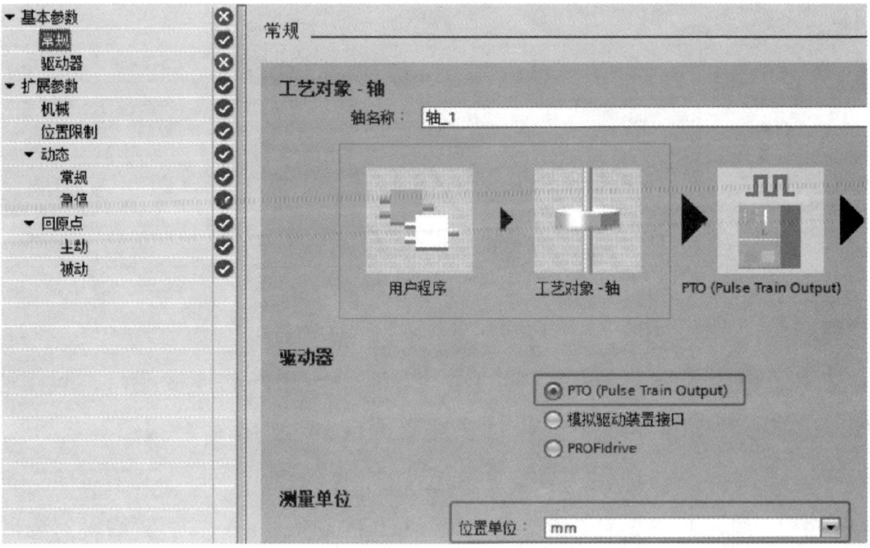

图7–19 设置常规参数（丝杆滑台）

（3）驱动器参数。“脉冲发生器”选择“Pulse_1”，“信号类型”选择“PTO（脉冲A和方向B）”，与驱动器的PUL、DIR控制方式对应。“脉冲输出”选择“Q0.0”，“方向输出”选择“Q0.4”，与PLC和驱动器之间的接线相对应，如图7–20所示。

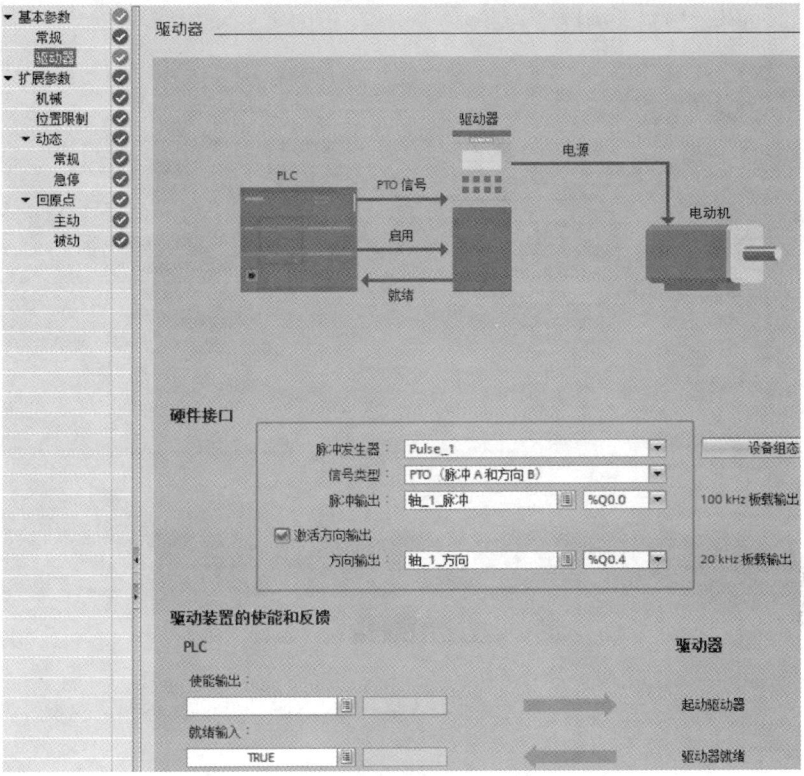

图7-20　设置驱动器参数（丝杆滑台）

（4）机械参数。“电动机每转的脉冲数”，填入“3200”，与驱动器S1、S2、S3设置的单圈脉冲数相对应。“电动机每转的负载位移”，填入“4.0”，与丝杆螺距相对应。“所允许的旋转方向”，选择“双向”，允许双向旋转，如图7-21所示。

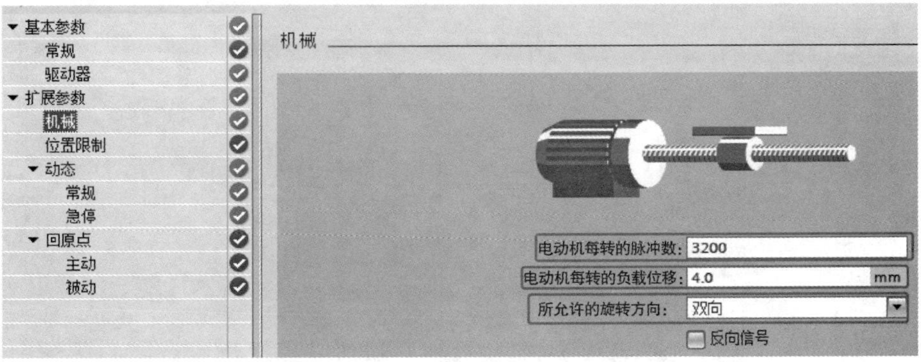

图7-21　设置机械参数（丝杆滑台）

（5）位置限制参数。选中“启用硬限位开关”，在“硬件上限位开关输入”和“硬件下限位开关输入”，分别选中SQ3、SQ1连接PLC的地址I0.2、I0.0。当工作台运动至上下限位时，轴指令自动停止。根据所用的PNP型传感器对外输出24V电压信号的特性，“选择电平”选择“高电平”，如图7–22所示。

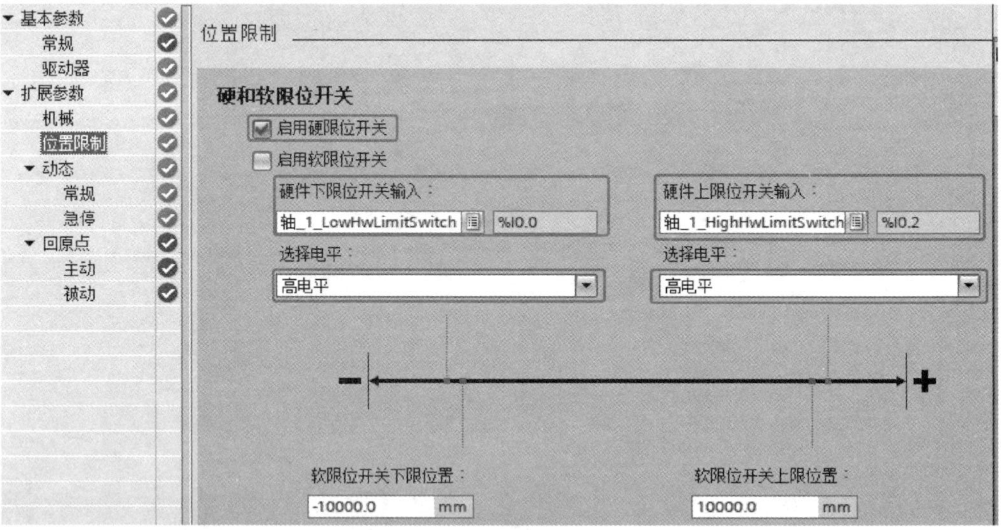

图7–22 设置位置限制参数（丝杆滑台）

（6）动态“常规”、动态“急停”，可以使用默认设置的参数，不做修改，如图7–23、图7–24所示。

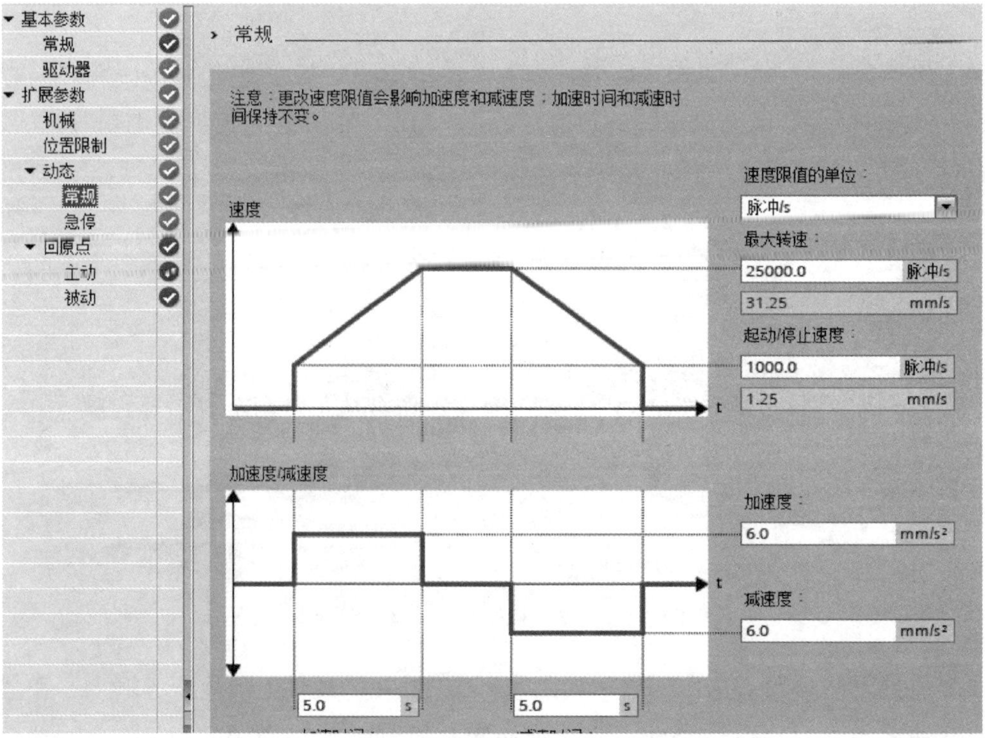

图7–23 设置动态“常规”参数（丝杆滑台）

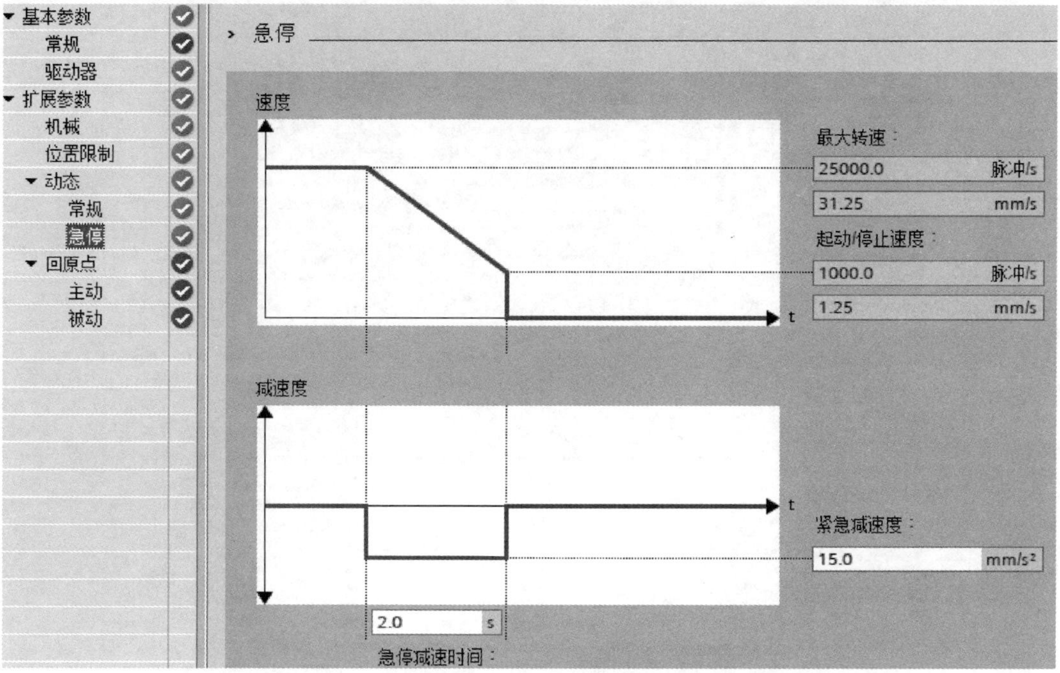

图 7–24　设置动态“急停”参数（丝杆滑台）

（7）主动回原点参数。此处设置步进电动机以什么方式回到丝杆原点位置。“输入原点开关”选择“I0.1”，与SQ2在PLC的接线保持一致。“选择电平”选择“高电平”，与SQ2的PNP特性保持一致。

逼近/回原点方向，表示执行MC_Home指令回原点时，工作台是从正方向还是负方向逼近/回原点，即步进电动机是以正转方式还是反转方式去寻找原点开关，此处选择“正方向”。

参考点开关一侧，表示找到原点开关后，工作台是停留在原点开关SQ2的左边缘还是右边缘。因原点开关的有效范围比较大，为提高精确度，原点的绝对坐标只能选取其边缘位置。

选中“允许硬限位开关处自动反转”，允许工作台从正负两个方向寻找原点开关。当触碰到硬限位时，可以负向继续寻找。

“逼近速度”表示MC_Home指令刚触发时工作台移动的速度，工作台以此速度运行，寻找原点开关，此处填入“10.0”。

“回原点速度”表示工作台找到原点开关后会低速爬行，往返多次，触碰原点开关的边缘位置，此处填入“2.0”，如图7–25所示。

MC_Home指令回原点有多种方式，要以上述方式寻找原点开关，MC_Home指令中的Mode必须填入3，代表“主动回原点”。

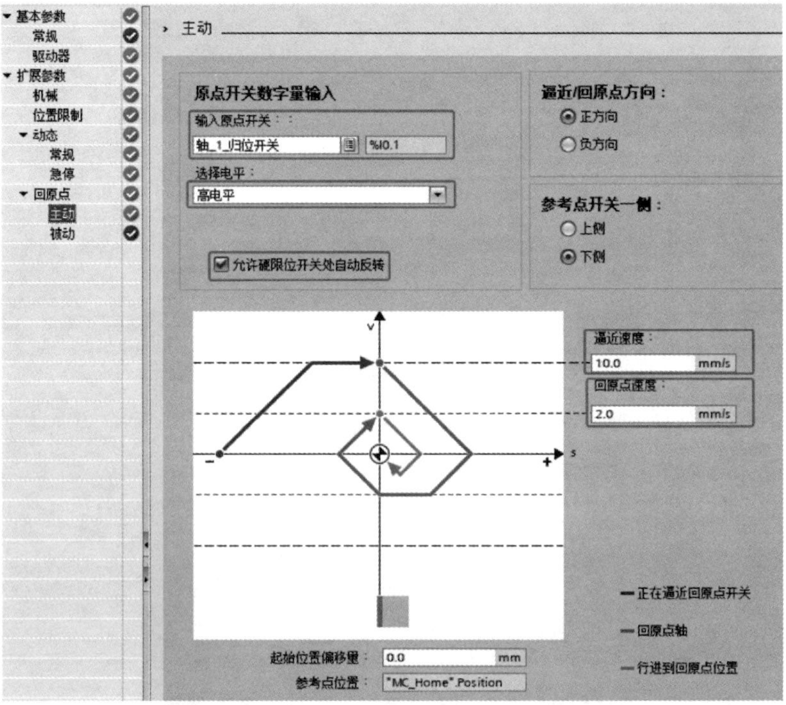

图7-25　设置主动回原点参数（丝杆滑台）

5. PLC变量表和程序设计

（1）PLC变量表设计。

给PLC程序建立相关的变量表，如图7-26所示。其中实线框内的变量是运动组态完成后自动生成的变量。

默认变量表

名称	数据类型	地址
轴_1_脉冲	Bool	%Q0.0
轴_1_方向	Bool	%Q0.4
轴_1_LowHwLimitSwitch	Bool	%I0.0
轴_1_HighHwLimitSwitch	Bool	%I0.2
轴_1_归位开关	Bool	%I0.1
轴启用	Bool	%M0.0
轴重置	Bool	%M0.1
轴归位	Bool	%M0.2
轴停止	Bool	%M0.4
轴绝对定位	Bool	%M0.5
轴位置	Real	%MD10
轴速度	Real	%MD14
轴相对定位	Bool	%M0.6
正向点动	Bool	%M0.7
反向点动	Bool	%M1.0

图7-26　PLC变量表设计（丝杆滑台）

（2）PLC控制程序设计。

丝杆滑台的PLC控制程序设计如图7–27所示。

程序段1：轴启用程序

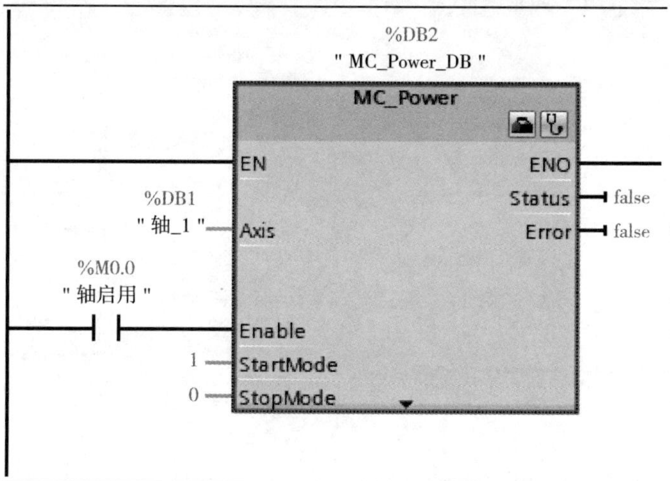

程序段2：轴重置程序

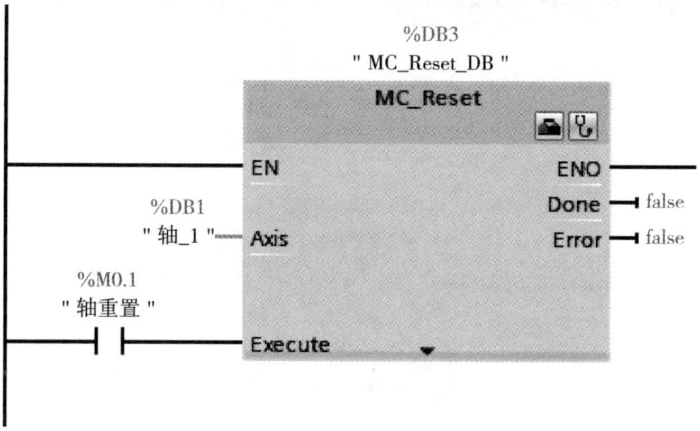

程序段3：轴归位程序，Mode填入3，对应主动回原点设置

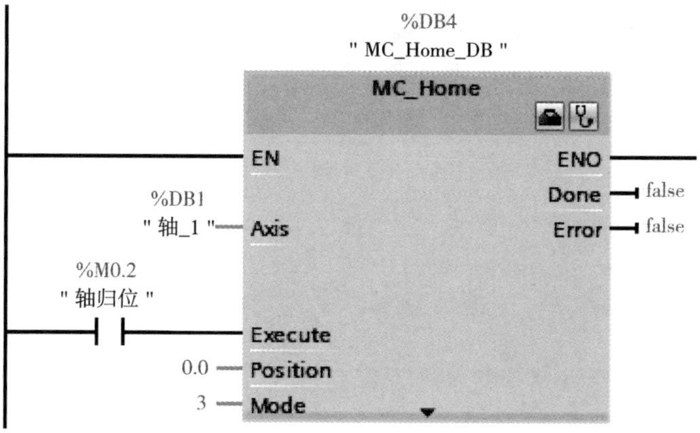

程序段4：轴停止程序

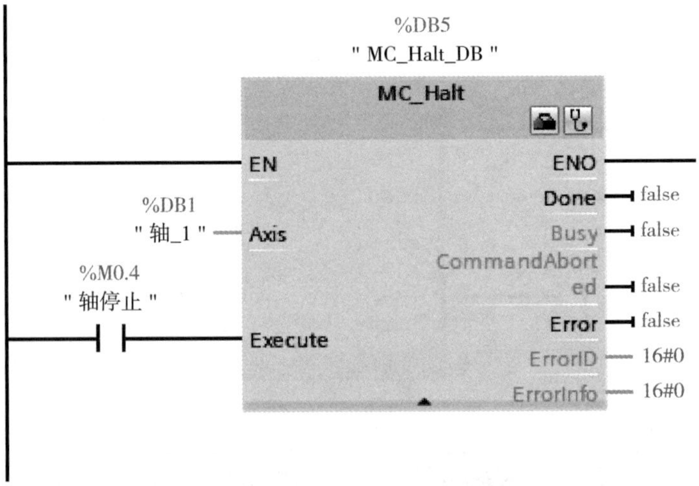

程序段5：轴绝对定位程序

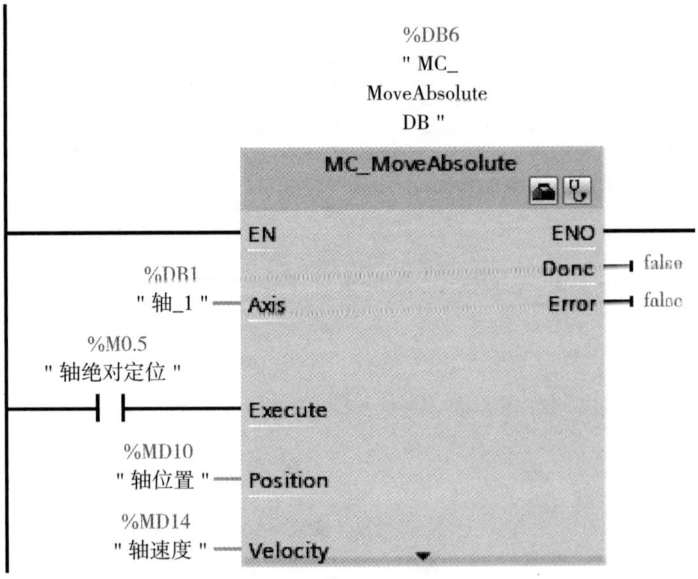

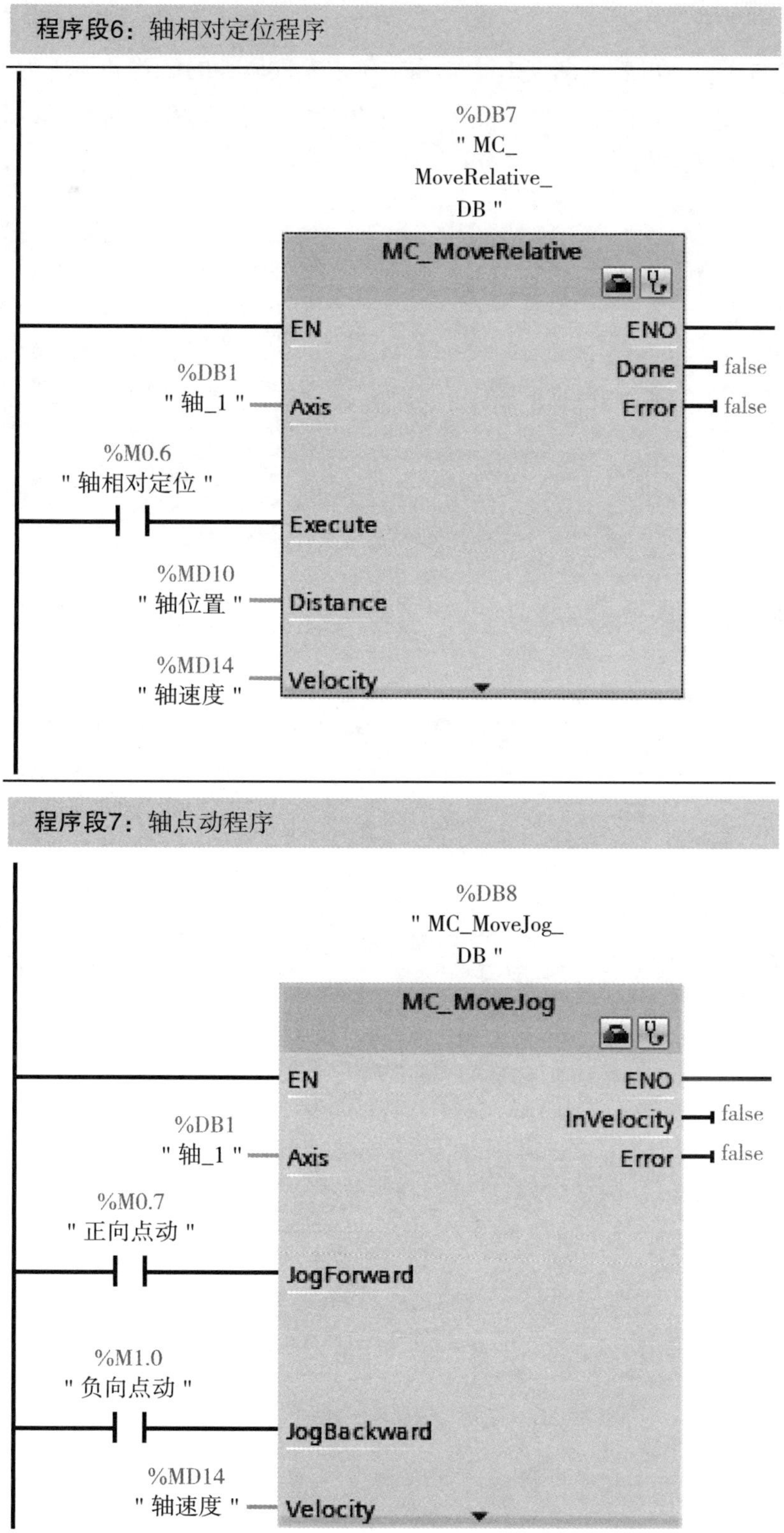

图 7–27　PLC 控制程序设计（丝杆滑台）

（3）触摸屏设置。

触摸屏画面样式，可参考图7–16。画面中各个控件属性的设置如下所示。

I/O域“轴位置”属性：关联PLC变量“轴位置”，可以在触摸屏中输入轴位置值，如图7–28所示。

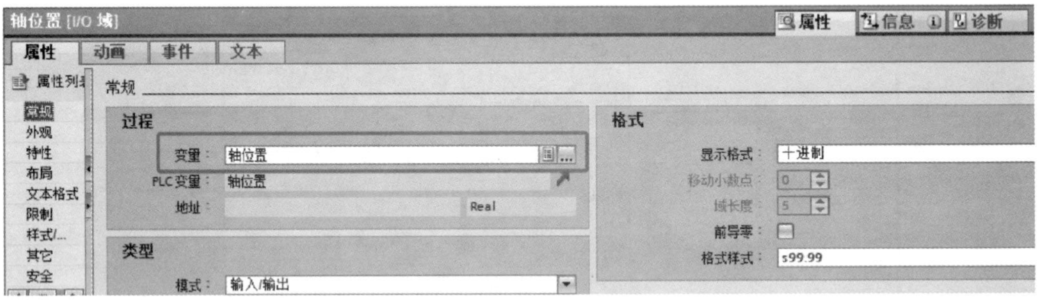

图7–28　I/O域“轴位置”属性（丝杆滑台）

I/O域“轴速度”属性：关联PLC变量“轴速度”，可以在触摸屏中输入轴速度值，如图7–29所示。

图7–29　I/O域“轴速度”属性（丝杆滑台）

开关“轴启用”属性：关联PLC变量“轴启用”，如图7–30所示。

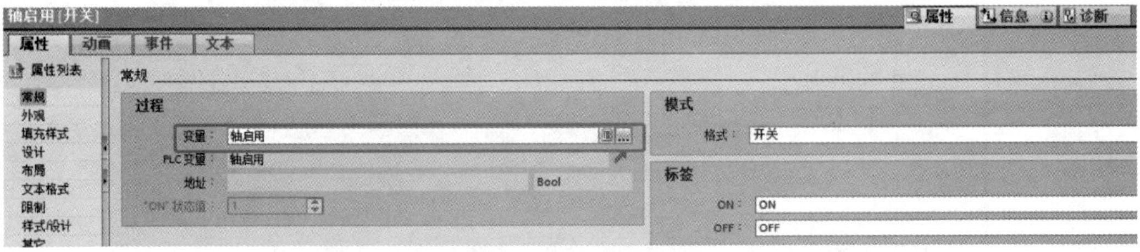

图7–30　开关“轴启用”属性（丝杆滑台）

设置相关事件，打开事件，置位位“轴启用”变量；关闭事件，复位位“轴启用”变量，如图7–31所示。

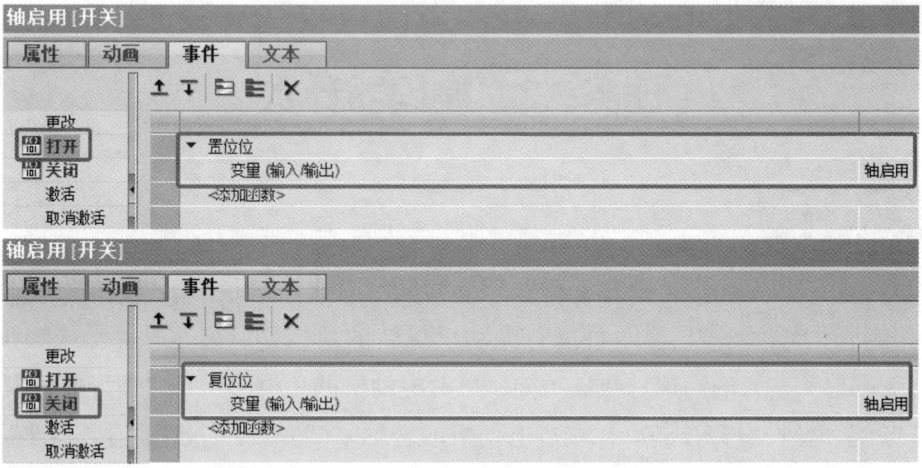

图7-31　开关“轴启用”事件设置（丝杆滑台）

在“正向点动［按钮］”对话框中，添加“按下”事件、“释放”事件。“按下”事件“置位位”PLC“正向点动”变量；“释放”事件“复位位”PLC“正向点动”变量，如图7-32所示。

图7-32　按钮事件设置（丝杆滑台）

其他按钮的事件设置，均添加“按下”事件，“置位位”PLC变量；均添加“释放”事件，“复位位”PLC变量。

控件属性设置完成后，可在触摸屏操控PLC，控制丝杆滑台运行。

步进电动机

任务7.2 编码器计数

【任务描述】

S7-1200系列PLC提供了独立于CPU扫描周期的高速计数器，在PLC指定端口可以对高频脉冲进行计数。编码器是一种能将电动机旋转的角位移以高速脉冲形式输出的传感器。通过编码器和PLC的高速计数器功能，可对电动机的角位移、转速进行准确测量。

本任务配合丝杆滑台控制，在步进电动机的转轴末端安装一个编码器，与步进电动机同轴转动。对编码器发出的脉冲进行PLC计数，可间接测量丝杆滑台的位移、速度。

【任务目标】

1. 知识目标

- 掌握PLC高速计数器的工作模式。
- 掌握PLC编码器的计数方法。

2. 技能目标

- 能熟练使用高速计数器。
- 能在PLC对高速计数器进行组态设置。
- 能用编码器进行A/B正交计数。

【任务实施】

7.2.1 PLC高速计数器

S7-1200系列PLC提供了HSC1~HSC6，共6路高速计数器。其中，CPU1217C的高速计数器可对频率为1MHz以内的脉冲进行计数，其他型号的S7-1200CPU可进行计数的脉冲信号的频率在100kHz以内。

HSC1~HSC6高速计数器，在计数的过程中，计数值会保存在输入过程映像区的指定地址，数据类型为DInt双整型数据。程序访问指定地址，即可得到对应高速计数器当前的计数值。HSCx默认I/O地址如表7-2所示。

表7-2　HSCx默认I/O地址

高速计数器编号	默认地址	高速计数器编号	默认地址
HSC1	ID1000	HSC4	ID1012
HSC2	ID1004	HSC5	ID1016
HSC3	ID1008	HSC6	ID1020

高速计数器主要有单相计数（内部方向控制）、单相计数（外部方向控制）、两相位计数、A/B相计数4种工作模式。高速计数器的4种工作模式，可在博途软件内部进行组态设置。

1. 单相计数（内部方向控制）

内部方向控制的单相计数，当启用该模式的高速计数器时，PLC捕捉指定端口的脉冲信号，每一次脉冲信号上升沿，高速计数器的当前值加1。内部方向信号为TRUE时，增计数；内部方向信号为FALSE时，减计数，计数原理如图7-33所示。

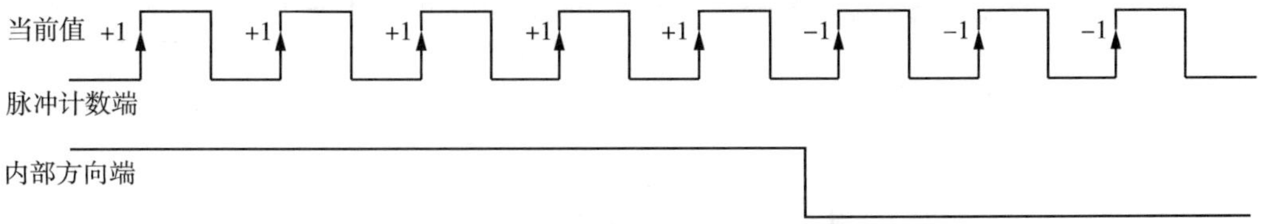

图7-33　单相计数（内部方向控制）的计数原理

2. 单相计数（外部方向控制）

外部方向控制的单相计数，当启用该模式的高速计数器时，PLC捕捉指定端口的脉冲信号，每一次脉冲信号上升沿，高速计数器的当前值加1。外部方向信号为TRUE时，增计数；内部方向信号为FALSE时，减计数，计数原理如图7-34所示。

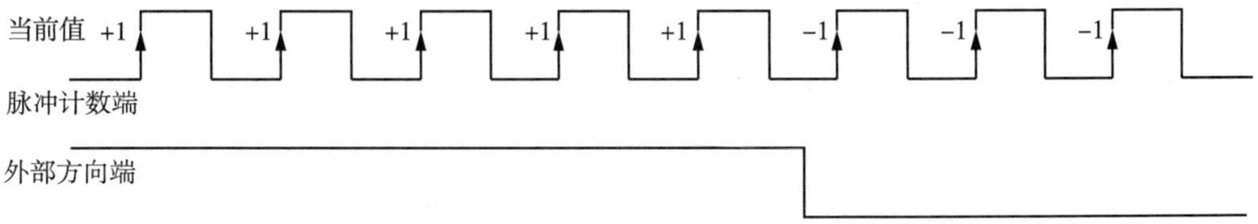

图7-34　单相计数（外部方向控制）的计数原理

3. 两相位计数

两相位计数，当启用该模式的高速计数器时，PLC捕捉2个指定端口的脉冲信号。其中一个端口的每一个脉冲上升沿，高速计数器的当前值加1；另一个端口的每一个脉冲上升沿，高速计数器的当前值减1，计数原理如图7-35所示。

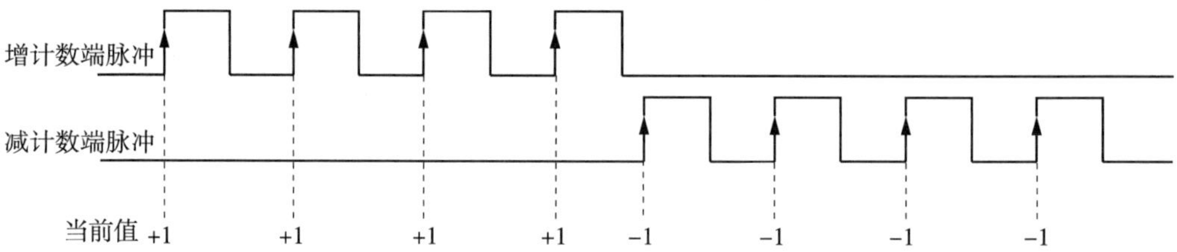

图7–35 两相位计数的计数原理

4. A/B相计数

A/B相计数，当启用该模式的高速计数器时，PLC有2个指定端口接收脉冲信号，一个称为A相、另一个称为B相。A相与B相脉冲信号的时间错开，当A相脉冲超前于B相脉冲时，计数器增计数；当A相脉冲落后于B相脉冲时，计数器减计数。

当A相脉冲超前于B相脉冲时，A相每一个上升沿，高速计数器的当前值加1；当A相脉冲落后于B相脉冲时，A相每一个下降沿，高速计数器的当前值减1，计数原理如图7–36所示。

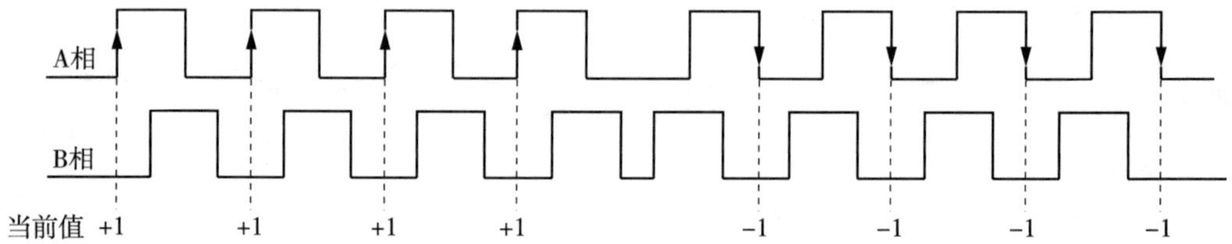

图7–36 A/B相计数的计数原理

7.2.2 高速计数器硬件输入

1200系列PLC最多有6路高速计数器HSCx，PLC启用其中的一路高速计数器后，需要指定单相计数（内部方向控制）、单相计数（外部方向控制）、两相位计数、A/B相计数中的一种工作模式。

启用并指定工作模式后的HSCx，会将PLC硬件上的部分输入端口定义，以满足某些特定用途，如脉冲计数端、方向控制端等。如果用户不做特殊修改，则该端口仅用作高速计数，不可再作他用。PLC上不同高速计数器的默认硬件输入如表7–3所示。

表7–3 PLC上不同高速计数器的默认硬件输入表

HSC/工作模式		输入点		可选输入点
HSC	HSC1	I0.0	I0.1	I0.3
	HSC2	I0.2	I0.3	I0.1
	HSC3	I0.4	I0.5	I0.7
	HSC4	I0.6	I0.7	I0.5

续表

HSC/工作模式		输入点		可选输入点
HSC	HSC5	I1.0	I1.1	I1.2
	HSC6	I1.3	I1.4	I1.4
工作模式	单相计数（内部方向控制）	脉冲计数		复位
	单相计数（外部方向控制）	脉冲计数	（外部方向控制）	复位
	两相位计数	脉冲增计数	脉冲减计数	复位
	A/B 相计数	A 相脉冲	B 相脉冲	Z 相

从表 7–3 中可以看出，启用 HSC1，工作在单相计数（内部方向控制）模式，则 I0.0 被用作脉冲计数端口；启用 HSC1，工作在单相计数（外部方向控制）模式，则 I0.0 被用作脉冲计数端口，I0.1 被用作计数方向端口。

如果启用 HSC3，工作在两相位计数模式，则 I0.4 脉冲信号给 HSC3 增计数，I0.5 脉冲信号给 HSC3 减计数；如果启用 HSC3，工作在 A/B 相计数模式，则 I0.4 端口作为 A 相脉冲，I0.5 端口作为 B 相脉冲。

7.2.3 软件组态

使用高速计数器，需要对 PLC 进行硬件组态，设置相应的参数。在博途软件左侧的“项目树”中，选中已添加好的 PLC，右击，单击“属性”，弹出“PLC_1”对话框，单击“高速计数器”，可以进行 HSC1~HSC6 的相关设置，如图 7–37 所示。

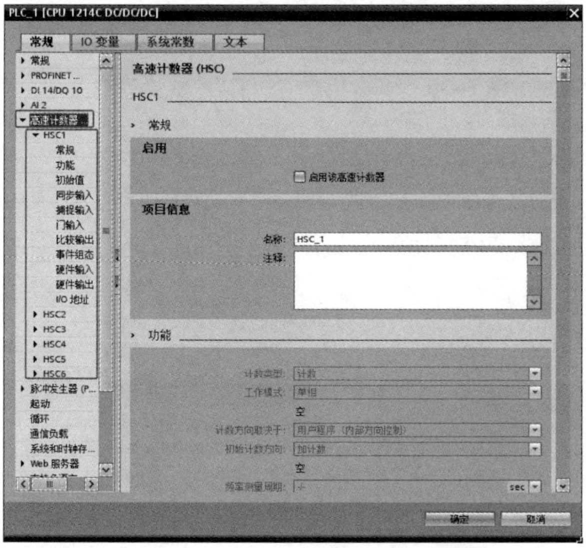

图 7–37　HSC 组态界面（软件组态）

HSC1~HSC6的功能设置，分别有“常规”“功能”“初始值”“同步输入”“捕捉输入”“门输入”“比较输出”“事件组态”“硬件输入”“硬件输出”“I/O地址”等功能项，用户可以根据需要，进入相应的HSCx中完成组态设置。

1. 启用高速计数器

启用高速计数器，例如HSC1，在HSC1的“常规”选中“启用该高速计数器”，如图7–38所示。

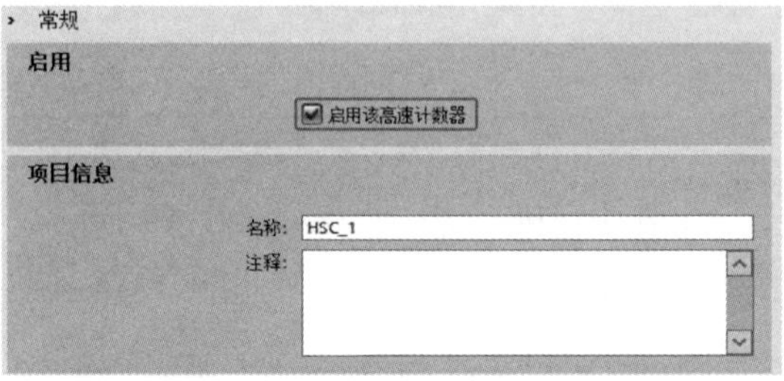

图7–38　HSC组态“启用”（软件组态）

2. 功能

在“功能”中，可以设置HSC的工作模式。例如选择“单相”，计数方向取决于“输入（外部方向控制）”，如图7–39所示。

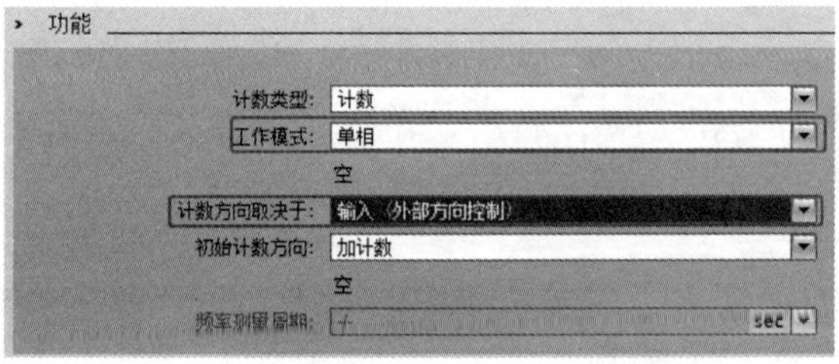

图7–39　HSC组态“功能”（软件组态）

3. 初始值

在“初始值”中，根据需要可以设置HSC的初始计数器值、初始参考值。在PLC运行时直接获得的初始值，默认是0，如图7–40所示。当HSC的初始计数器值等于初始参考值时，可用于“比较输出”“硬件组态”功能。

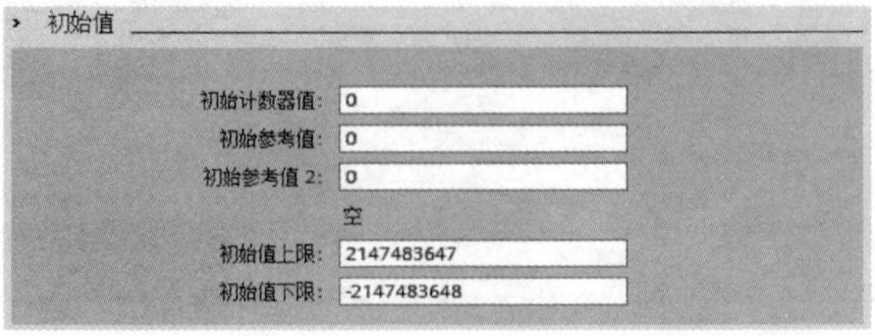

图7–40　HSC组态“初始值”（软件组态）

4. 同步输入

在“同步输入”中，根据需要可以选中“使用外部同步输入”，如图7-41所示。当有对应的外部信号时，对当前HSC进行复位清零。

图7-41　HSC组态“同步输入”(软件组态)

5. 捕捉输入

在“捕捉输入”中，根据需要可以选中“使用外部输入捕获电流计数”，如图7-42所示。当有对应的外部信号时，可以执行锁存动作，把HSC当前值存储在背景数据块中。

图7-42　HSC组态“捕捉输入”(软件组态)

6. 门输入

在“门输入”中，根据需要可以选中“使用外部门输入”，如图7-43所示。选中此功能，HSC起动后，当有指定的外部信号时，HSC才能进行高速计数。

图7-43　HSC组态“门输入”(软件组态)

7. 比较输出

在“比较输出”中，根据需要可以选中“为计数事件生成输出脉冲”，如图7-44所示。当启用时，该功能会将HSC当前值与“初始值”中所设定的“初始参考值”或“初始参考值2”进行比较。若满足“计数事件”中所选择的事件，则会在指定输出端生成一个周期脉冲，计数事件分别如下。

(1)参考计数1或2(加计数)：在增计数时，若HSC当前值=参考值1或2，输出一个周期为10ms、脉宽为50%的脉冲。

(2)参考计数1或2(减计数)：在减计数时，若HSC当前值=参考值1或2，输出一个周期为10ms、脉宽为50%的脉冲。

（3）参考计数1或2（加/减计数）：无论计数方向如何，只要HSC当前值=参考值1或2，输出一个周期为10ms、脉宽为50%的脉冲。

（4）上溢、下溢：HSC当前值超出初始值上限（默认为2147483647）或下限（默认为-2147483648）时，输出一个周期为10ms、脉宽为50%的脉冲。

输出脉冲的地址，可以在“硬件输出”中进行设置。

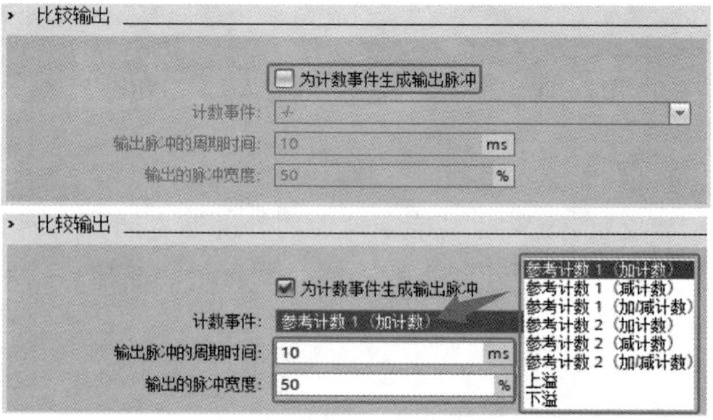

图7-44　HSC组态“比较输出”（软件组态）

8. 事件组态

在“事件组态”中，根据需要可以选中“为计数器值等于参考值这一事件生成中断”“为同步事件生成中断”“为方向变化事件生成中断”，如图7-45所示。若选中的事件在HSC计数过程中发生，则系统将此事件识别为一次中断源，暂停运行当前程序，先运行用户指定的中断程序。

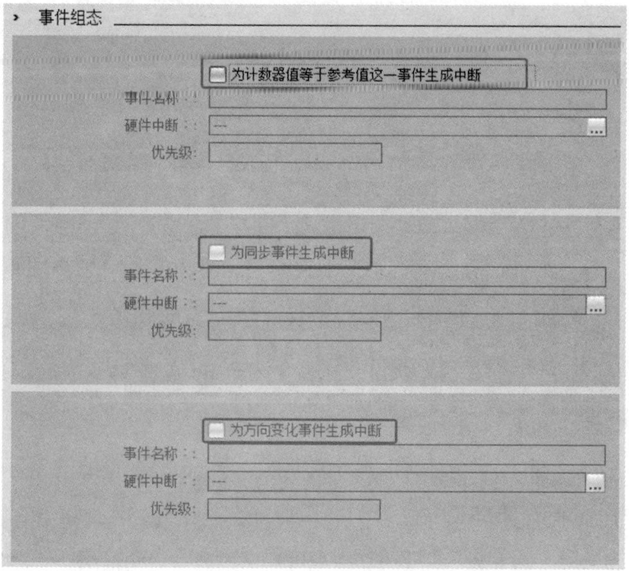

图7-45　HSC组态“事件组态”（软件组态）

9. 硬件输入

在“硬件输入”中，可以设置硬件输入端口地址。例如在“功能”中，设置HSC工作模式为单相，外部方向控制，则默认I0.0捕捉脉冲信号并计数，I0.1控制计数方向为增计数或减计数，若需修改，可选中其他选项。“同步输入”“门输入”“捕捉输入”，如图7–46所示，若在对应的功能栏中选中，则可以指定对应的硬件输入。

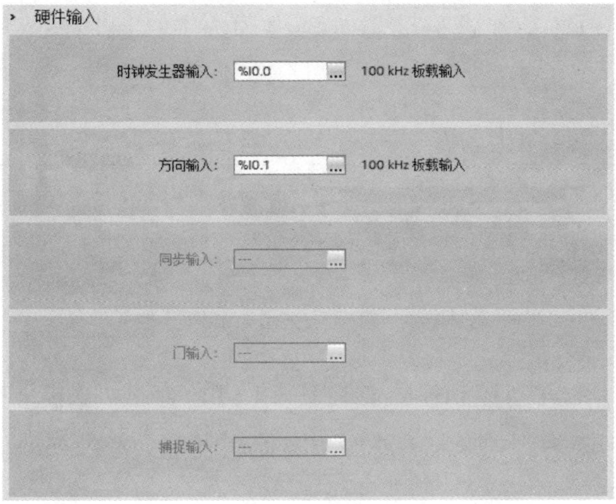

图7–46　HSC组态“硬件输入”（软件组态）

10. 硬件输出

在“比较输出”中，若选中“为计数事件生成输出脉冲”，则可在此处设置输出脉冲地址，如图7–47所示。

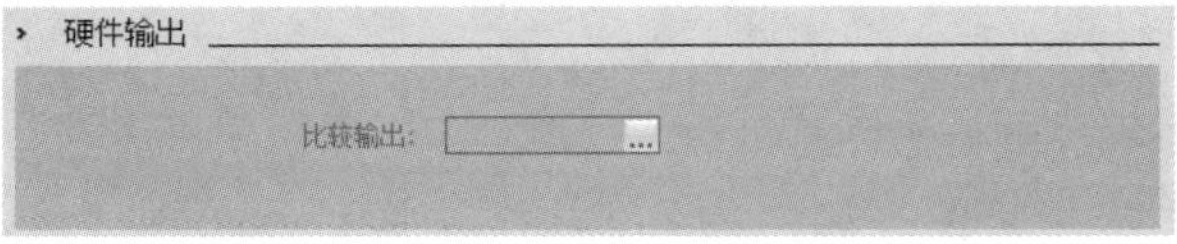

图7–47　HSC组态“硬件输出”（软件组态）

11. I/O地址

HSC在计数的过程中，计数值保存在指定地址，用户访问该地址即可得到计数值。例如HSC1的地址默认为ID1000（IB1000~IB1003），用户也可单独修改，如图7–48所示。

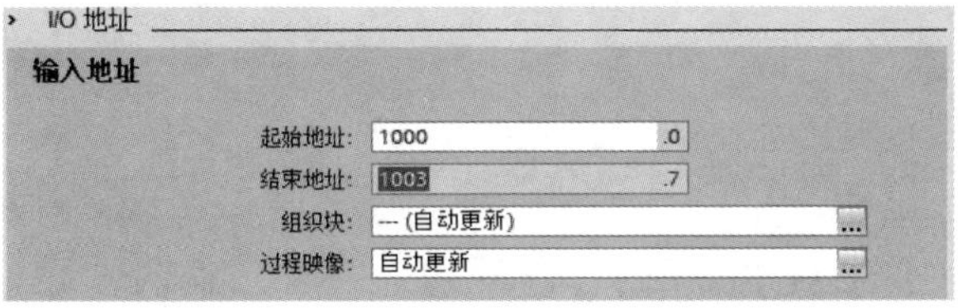

图7–48　HSC组态“I/O地址”（软件组态）

7.2.4　高速计数器使用

1. 使用HSC1进行单相计数

外部方向控制，计数方向为增，具有复位功能。当计数值超过10时，输出端Q0.0接通。

（1）组态。

启用HSC1。在HSC1功能项的“常规”中，选中“启用该高速计数器，如图7-49所示。

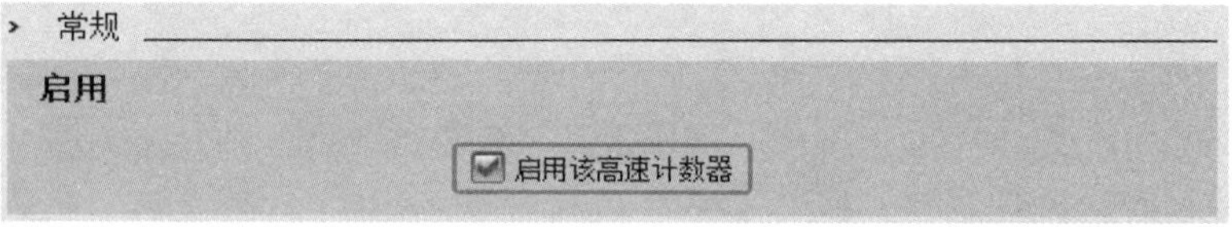

图7-49　启用HSC1（单相计数）

选择单相计数、外部方向控制模式。在HSC1功能项的“功能”中，选择“工作模式”为“单相”，计数方向取决于“输入（外部方向控制）”，如图7-50所示。

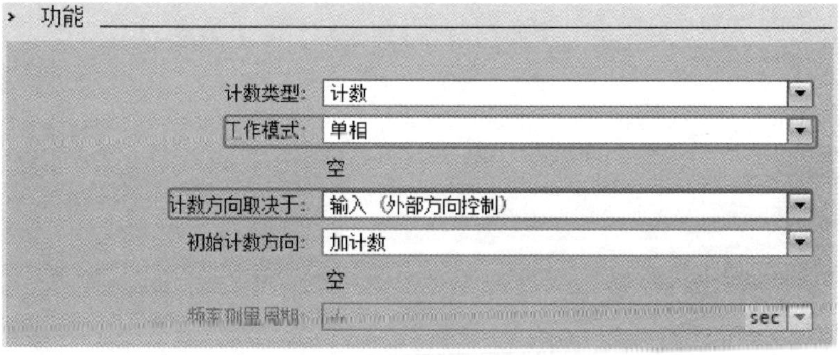

图7-50　选择工作模式（单相计数）

添加复位功能。在HSC1功能项的“同步输入”中，选中“使用外部同步输入”，“同步输入的信号电平”选择“高电平有效”，如图7-51所示。

图7-51　使用外部同步输入（单相计数）

确认硬件输入。在HSC1功能项的“硬件输入”中，确认脉冲、方向、复位的硬件地址，按照该地址给PLC接线，如图7-52所示。

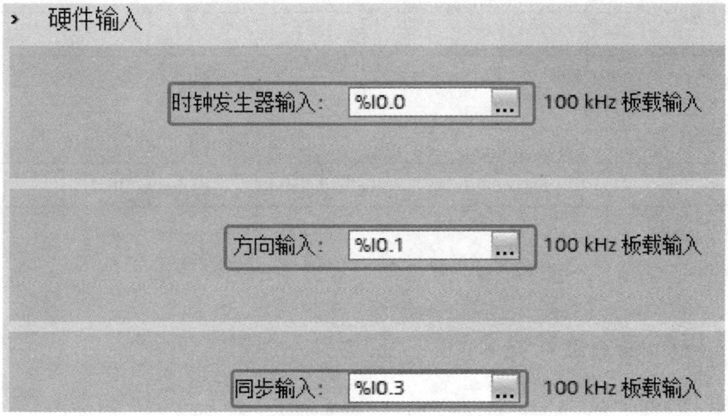

图 7-52　确认硬件输入（单相计数）

确认 HSC1 的 I/O 地址。使用默认地址，HSC1 当前值保存在 ID1000 中，如图 7-53 所示。

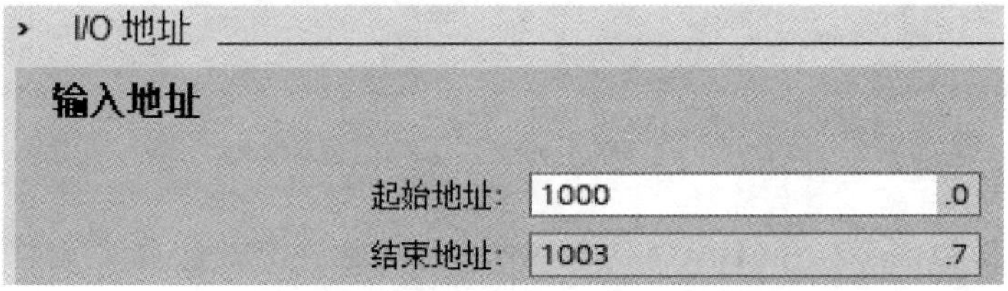

图 7-53　确认 HSC1 的 I/O 地址（单相计数）

（2）PLC 程序控制。

使用基本指令中的大于等于比较指令 CMP>=（类型选择为 DInt），将 HSC1 的计数地址 ID1000 与 10 进行比较，如果满足比较条件，则比较指令闭合，驱动线圈 Q0.0，如图 7-54 所示。

图 7-54　PLC 程序（单相计数）

（3）接线运行。

将 PLC 按照 HSC1 硬件输入的地址进行接线，如图 7-55 所示。I0.1 选择常闭按钮 SB2，此时 HSC1 的计数方向为增。当按下按钮 SB1 10 次时，ID1000 的值等于 10，比较指令条件满足，Q0.0 线圈接通，有输出。若需要复位计数器，按下按钮 SB3，I0.3 得到信号，HSC1 复位清零。

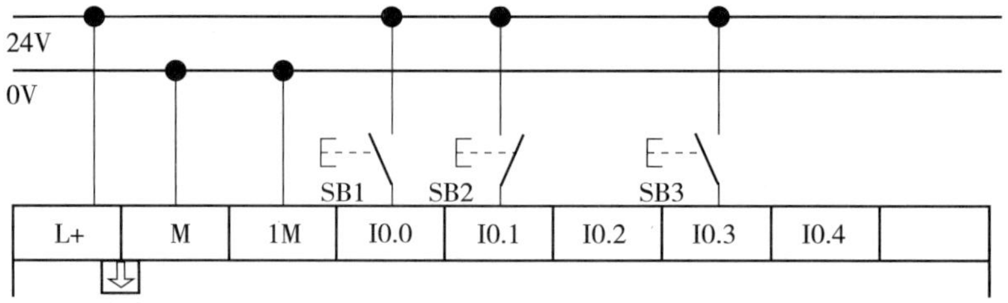

图7-55 PLC硬件接线（单相计数）

2. 使用HSC1进行两相位计数

使用HSC1进行两相位计数，具有复位功能。当计数值超过10时，输出端Q0.0接通。

（1）组态。

启用HSC1。在HSC1功能项的“常规”中，选中“启用该高速计数器，如图7-56所示。

图7-56 启用HSC1（两相位计数）

选择两相位计数模式。在HSC1功能项的“功能”中，选择“工作模式”为“两相位”，如图7-57所示。

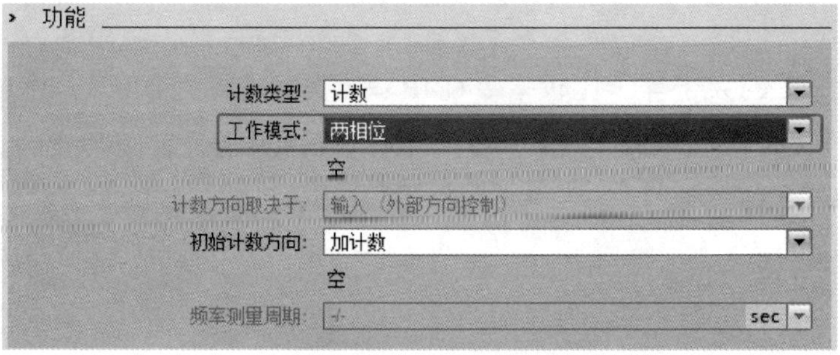

图7-57 选择工作模式（两相位计数）

添加复位功能。在HSC1功能项的“同步输入”中，选中“使用外部同步输入”，“同步输入的信号电平”选择“高电平有效”，如图7-58所示。

图7-58 使用外部同步输入（两相位计数）

确认硬件输入。在HSC1功能项的“硬件输入”中，确认脉冲、方向、复位的硬件地址，按照该地址给PLC接线，如图7–59所示。

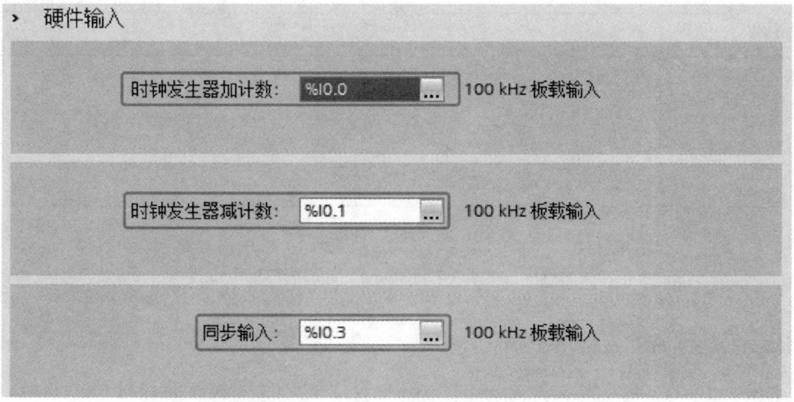

图7–59　确认硬件输入（两相位计数）

确认HSC1的I/O地址。使用默认地址，HSC1当前值保存在ID1000中，如图7–60所示。

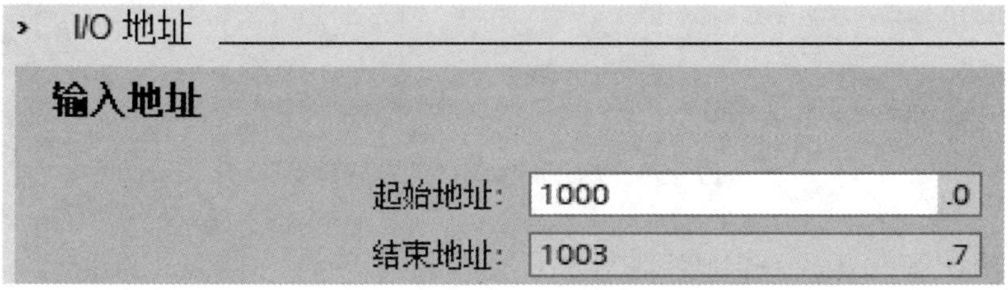

图7–60　确认HSC1的I/O地址（两相位计数）

（2）PLC程序控制。

使用基本指令中的大于等于比较指令CMP>=（类型选择为DInt），将HSC1的计数地址ID1000与10进行比较，如果满足比较条件，则比较指令闭合，驱动线圈Q0.0，如图7–61所示。

图7–61　PLC程序（两相位计数）

（3）接线运行。

将PLC按照HSC1硬件输入的地址进行接线，如图7–62所示。按下按钮SB1时ID1000的值加1，按下按钮SB2时ID1000的值减1。当ID1000的值大于或等于10时，比较指令条件满足，Q0.0线圈接通，有输出。若需要复位计数器，按下按钮SB3，I0.3得到信号，HSC1复位清零。

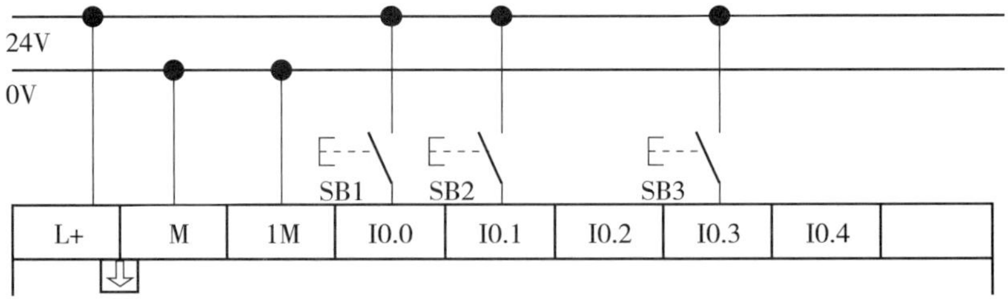

图7–62　PLC硬件接线（两相位计数）

3. 使用HSC1进行A/B相计数。

使用HSC1进行A/B相计数，当计数值超过10时，输出端Q0.0接通。

（1）组态。

启用HSC1。在HSC1功能项的“常规”中，选中“启用该高速计数器，如图7–63所示。

图7–63　启用HSC1（A/B相计数）

选择A/B相计数模式。在HSC1功能项的“功能”中，选择“工作模式”为“A/B计数器”，如图7–64所示。

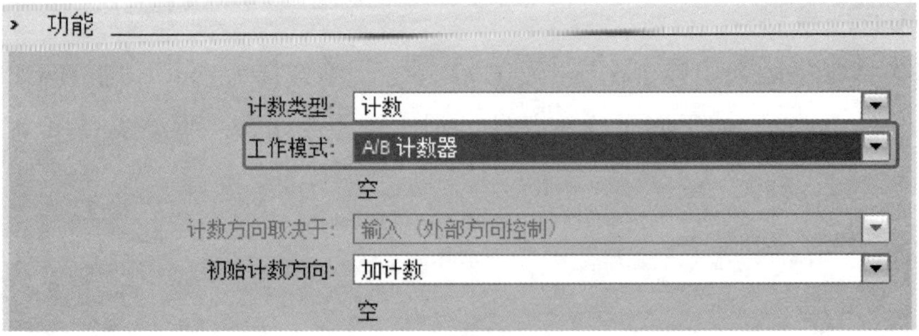

图7–64　选择工作模式（A/B相计数）

确认硬件输入。在HSC1功能项的“硬件输入”中，确认脉冲、方向的硬件地址，如图7–65所示，按照该地址给PLC接线。

确认HSC1的I/O地址。使用默认地址，HSC1当前值保存在ID1000中，如图7–66所示。

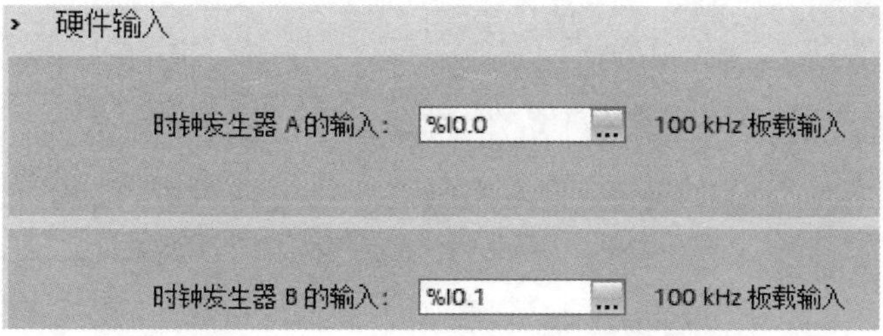

图7–65　确认硬件输入（A/B相计数）

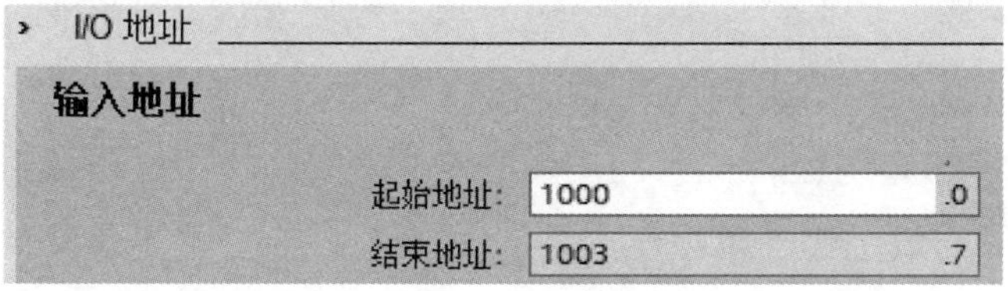

图7–66　确认HSC1的I/O地址（A/B相计数）

（2）PLC程序控制。

使用基本指令中的大于等于比较指令CMP>=（类型选择为DInt），将HSC1的计数地址ID1000与10进行比较，如果满足比较条件，则比较指令闭合，驱动线圈Q0.0，如图7–67所示。

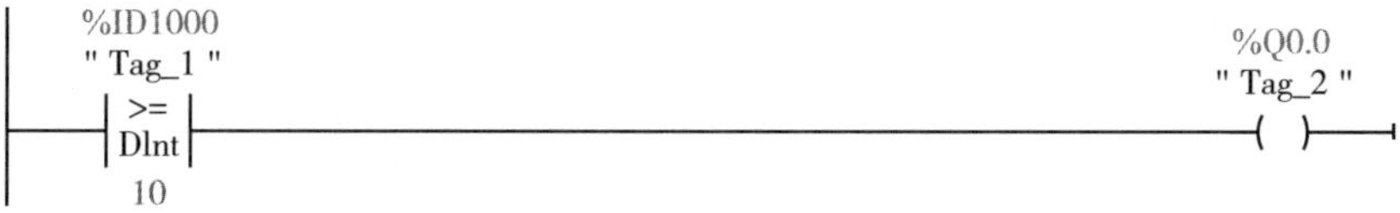

图7–67　PLC程序（A/B相计数）

（3）接线运行。

将PLC按照HSC1硬件输入的地址进行接线，如图7–68所示。先按下按钮SB1、后按下按钮SB2时，ID1000的值加1；先按下按钮SB2、后按下按钮SB1时，ID1000的值减1。

当ID1000的值大于或等于10时，比较指令接通，Q0.0线圈接通，有输出。若需要复位计数器，按下按钮SB3，I0.3得到信号，HSC1复位清零。

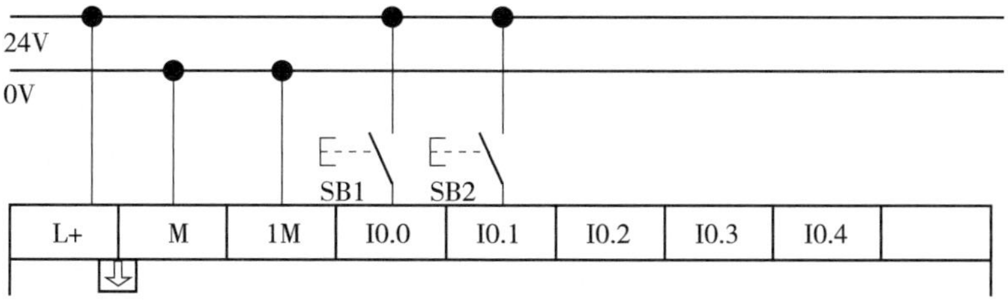

图7–68　PLC硬件接线（A/B相计数）

7.2.5 编码器计数

编码器是一种能测量电动机角位移的传感器，广泛用于机械设备。编码器根据原理分为绝对值编码器和增量式编码器。绝对值编码器能将电动机旋转的绝对位置，以一一对应的二进制代码输出；增量式编码器能将电动机旋转的相对位置变化，以不同形式和数量的电脉冲输出。本任务以增量式编码器为例。

1. 增量式编码器原理

增量式编码器外观、内部结构如图 7–69 所示。编码器内部有转轴、光源、码盘、光敏传感器。光源射出光线，码盘上均匀开孔，当码盘跟随转轴一起转动时，可以使光线间隔透过。间隔透过码盘的光线被转化为周期性的电脉冲信号输出。根据脉冲的个数和频率，能准确计算出编码器的角位移、角速度。

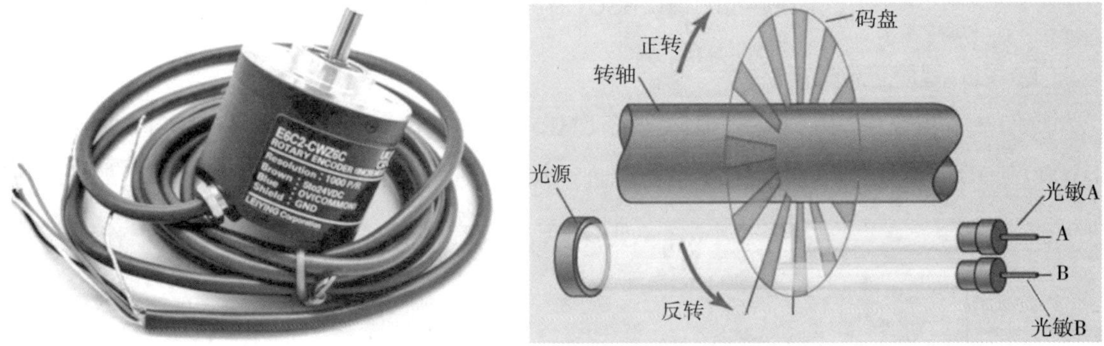

图 7–69 增量式编码器外观及内部结构

一般的增量式编码器有 2 个位置错开的光敏传感器，分别发出 A 相脉冲、B 相脉冲，编码器每旋转 圈，A 相、B 相发出相同个数的脉冲，但存在 1/4 个周期的时间差。如果编码器止转，A 相超前 B 相；如果编码器反转，B 相超前 A 相。编码器通常还会设置一个 Z 相脉冲，在编码器旋转 1 圈至固定的位置时，Z 相会发送一个脉冲，可以用作编码器零点校准。

增量式编码器如果与电动机转轴接在同一个轴上，则能根据 A、B 相脉冲的个数与频率，较为精确地测量电动机的角位移和角速度。根据 A、B 相位差，可以判断电动机的正反转。

2. 编码器接线

某品牌 HN3806–AB–600F 型编码器，分辨率为 600，电动机每转 1 圈，A、B 相发送 600 个脉冲。红线是电源 +、黑线是电源 –、白线是 A 相、绿线是 B 相，电源范围是 5~24V，使用说明如图 7–70 所示。

该编码器发送 AB 相脉冲，PLC 采用 A/B 相方式计数，采用 HSC1 高速计数器的 A/B 相计数工作模式，硬件接线如图 7–71 所示。

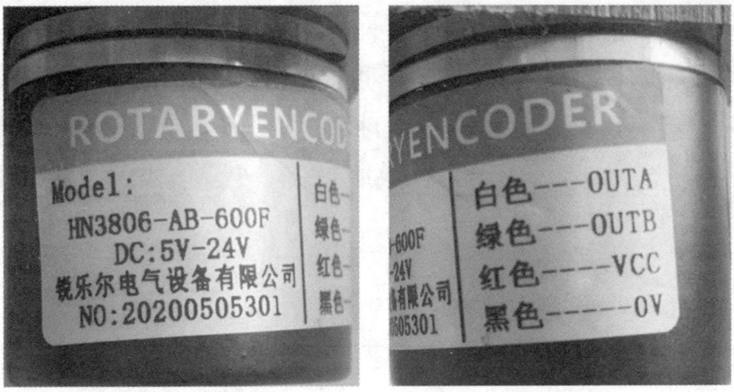

图7-70　HN3806-AB-600F型编码器使用说明

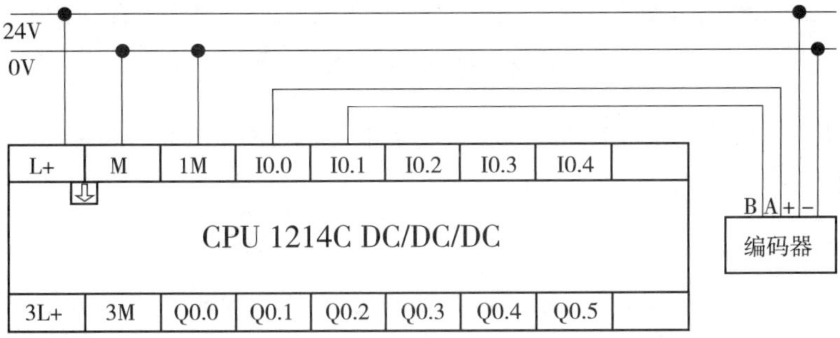

图7-71　HN3806-AB-600F型编码器硬件接线

3. 修改数字滤波时间

编码器A相、B相的脉冲频率非常高，图7-69所示编码器转动1圈能发送600个脉冲，在默认的输入端滤波时间内，会将大部分脉冲信号过滤，造成计数错误。使用编码器计数，需要修改接线端口的滤波时间。本任务中需要将对应的I0.0、I0.1滤波时间进行修改。

在左侧的“项目树”中，选中已添加的PLC，右击，单击“属性”。在对话框的“常规”中，单击“DI 14/DQ 10”，单击“数字量输入”中对应的通道0、通道1。通道0、1，即I0.0、I0.1，默认的输入滤波器的时间为6.4毫秒（6.4millisec），修改为更短的时间，如10微秒（10microsec），如图7-72所示。

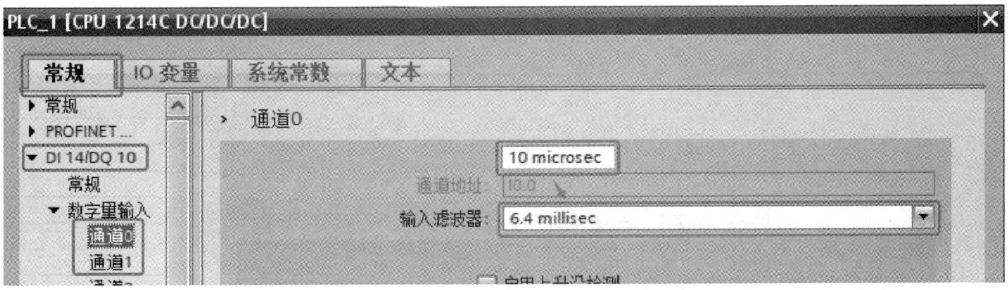

图7-72　PLC属性－修改数字滤波时间

4. 测量程序编写

以测量步进电动机的位移、转速为例。如图7–73所示，丝杆滑台的螺距为4mm，编码器和步进电动机同轴安装。步进电动机旋转1圈，丝杆前进或后退4mm，编码器发送600个脉冲。PLC用HSC1来接收信号，ID1000计数加1减1，代表工作台正/负移动$\frac{4}{600}$mm距离。

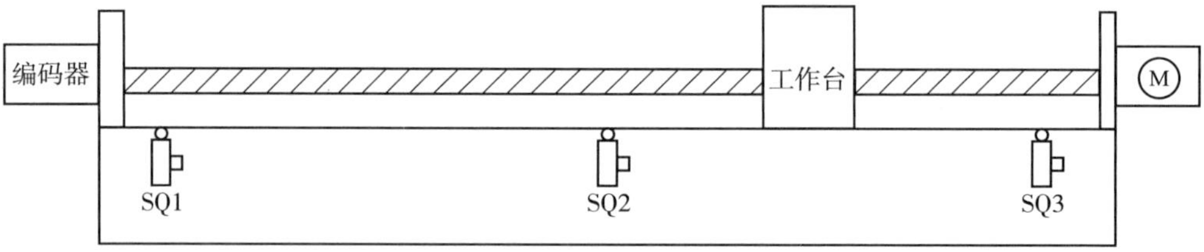

图7–73　丝杆滑台装配编码器

将高速计数器组态为HSC1，并选择A/B相计数工作模式。程序读取HSC1对应地址ID1000的值。

（1）工作台位移测量程序。

读取HSC1地址ID1000的值，按照1个脉冲对应4/600mm的比例关系换算，即可得到位移距离。PLC变量表设计如图7–74所示。

编码器计数	默认变量表	DInt	%ID1000
HSC计数	默认变量表	DInt	%MD20
位移量	默认变量表	Real	%MD24
分辨率	默认变量表	Real	%MD28

图7–74　PLC变量表设计（工作台位移测量）

PLC程序设计如图7–75所示。

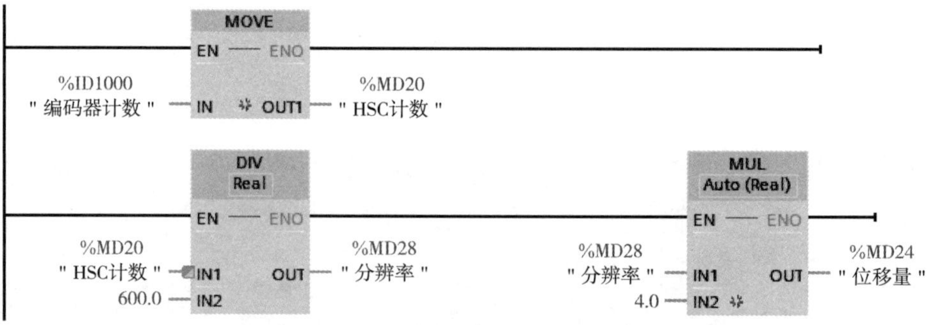

图7–75　PLC程序设计（工作台位移测量）

（2）工作台速度测量程序。

在项目树已添加的PLC中，单击“程序块”→“添加新块”，添加一个循环时间为

50ms 的循环中断（Cyclic interrupt）程序，该程序每隔 50ms 自动执行 1 次，如图 7–76 所示。

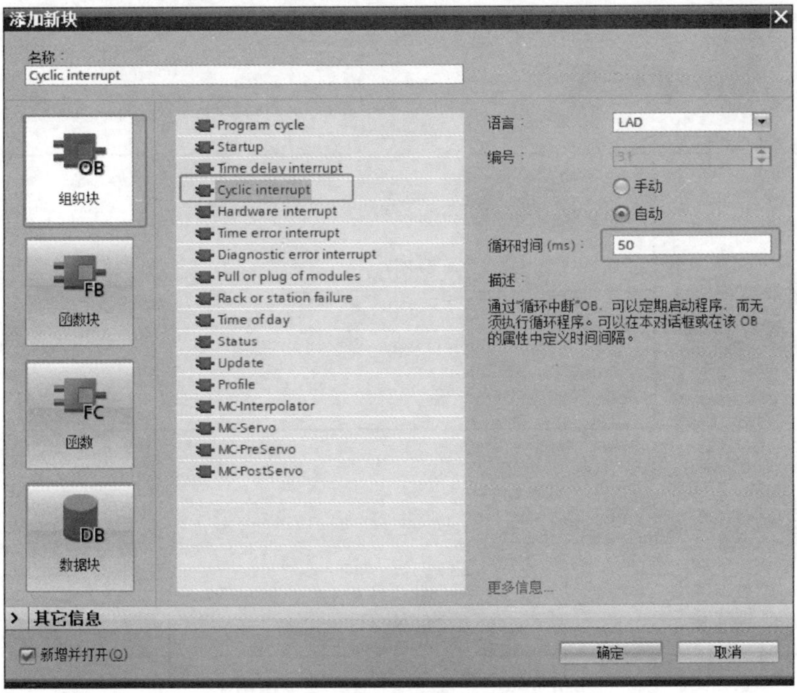

图 7–76　新建循环中断程序块

Cyclic interrupt 程序每隔 50ms 自动执行 1 次，程序不停地读取 ID1000 的值，并记上 1 次、2 次标签，用前后两次 ID1000 的差值除以时间，即为速度。

给 Cyclic interrup 程序第几次运行，设置一个“取值标签”变量 MB10，MB10 值可取 1 或 2。若 MB10 值为 1，保存 ID1000 到 MD100，同时 MB10 值修改为 2，然后执行 RET 跳出指令，跳出 Cyclic interrup 程序，不执行程序段 2。

第 2 次进入 Cyclic interrup 程序时，MB10 值为 2，不执行程序段 1。保存 ID1000 的值到 MD104。同时计算（MD104–MD100）÷ 500 × 10 的值。其中，÷ 500 表示将脉冲转化为距离，单位为 mm；× 10 表示将两次程序时间 100ms 转换成 1 秒内位移，即为速度值，单位为 mm/s。

PLC 变量表设计如图 7–77 所示。

编码器计数	DInt	%ID1000
取值标签	Byte	%MB10
第2次计数	DInt	%MD104
第1次计数	DInt	%MD100
2次计数差	DInt	%MD108
2次计数位移	Real	%MD112
一秒内位移	Real	%MD116

图 7–77　PLC 变量表设计（工作台速度测量）

PLC程序设计如图7-78所示。

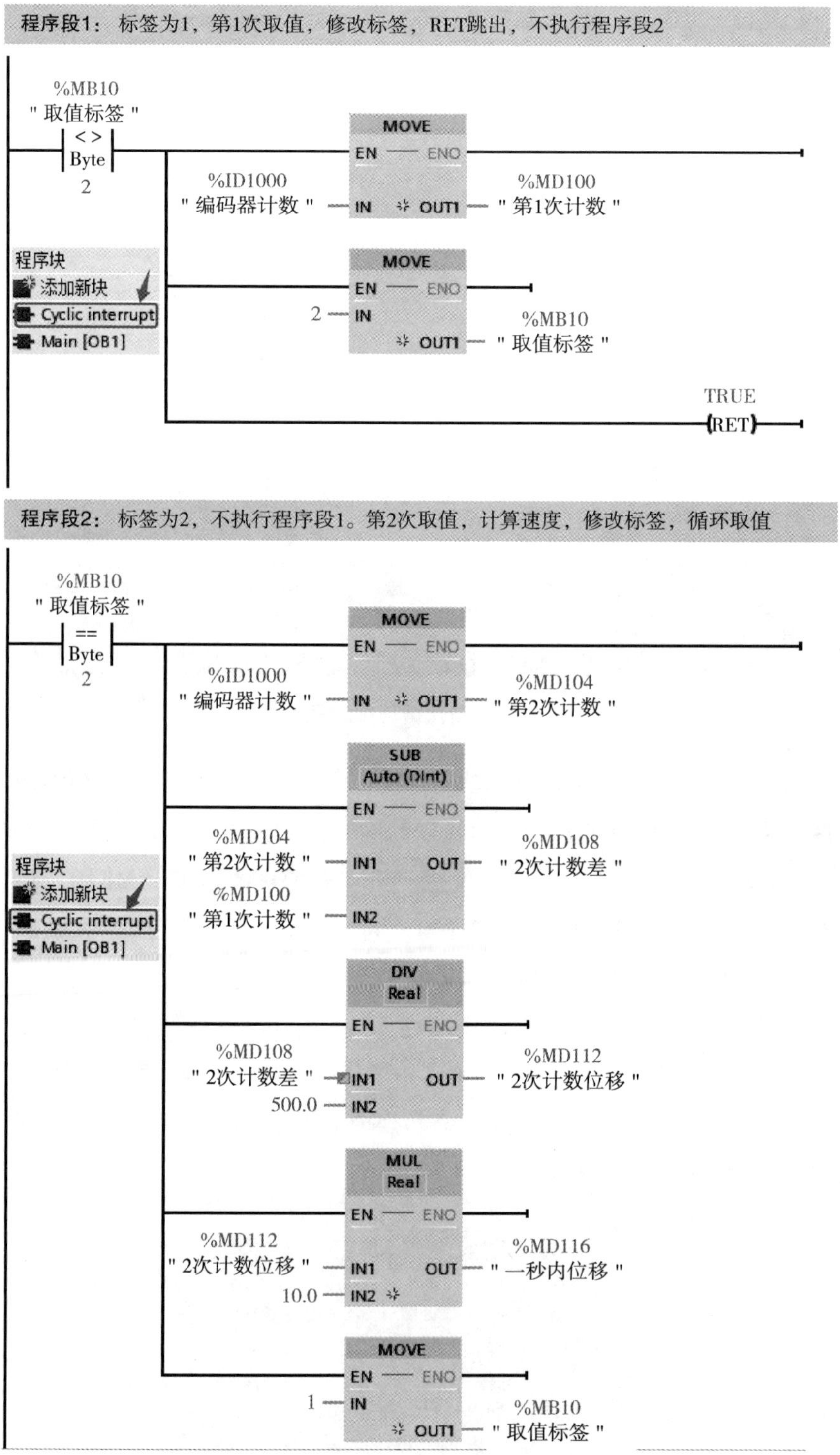

图7-78 PLC程序设计（工作台速度测量）

5. 人机界面监控

上述程序可以加载在步进电动机程序中，并在触摸屏界面添加控件，实时监控丝杆滑台的当前位移、当前速度。触摸屏界面设计如图7–79所示。

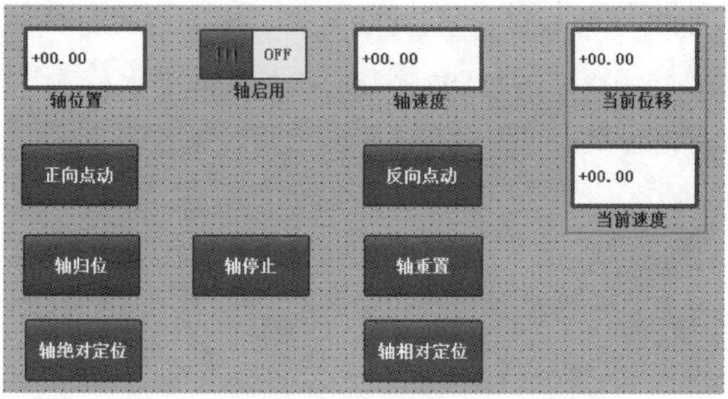

图7–79 触摸屏界面设计（人机界面监控）

在“当前位移”处的I/O域，关联PLC变量MD24“位移量”，类型设置为“输出”只读型，即可实时显示编码器当前位移，如图7–80所示。

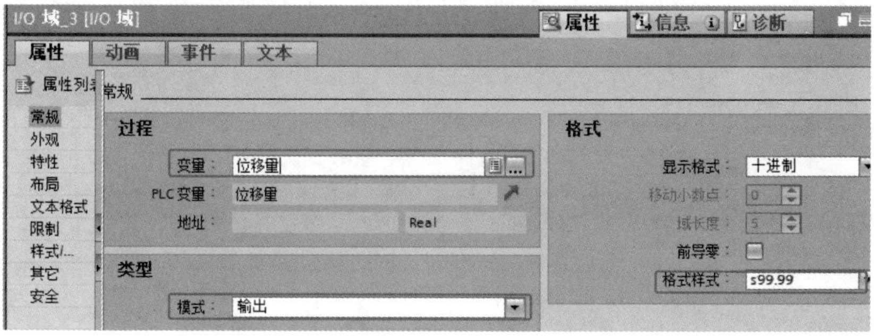

图7–80 位移I/O域属性设置（人机界面监控）

在“当前速度”处的I/O域，关联PLC变量MD116“1秒内位移”，类型设置为“输出”只读型，即可实时显示编码器当前速度，如图7–81所示。

图7–81 速度I/O域属性设置（人机界面监控）

项目小结

通过本项目学习了PLC的运动控制和高速计数功能，以及步进电动机、编码器的工作原理。通过步进电动机的驱动方式，对PLC的运动控制和运动指令有了较全面的了解，读者可以使用其中的知识，对2相4线步进电动机进行准确调速、定位控制。通过学习编码器的工作原理，对PLC的高速计数有了较全面的了解，可以在对编码器正确接线后，使用高速计数知识，对高速旋转产品进行准确测量。

思考与练习

1. 步进电动机与直流电动机相比，有哪些优点？
2. 哪种类型的PLC可以发送高速脉冲控制步进电动机？
3. MC_MoveAbsolute指令能实现什么方式的运动控制，使用该指令有什么前提？
4. MC_MoveJog指令的功能是什么？
5. 1200系列PLC内置了几个高速计数器？

项目8

变频器控制

【情境导入】

在电气控制设备中，三相异步电动机是使用频率很高的设备，如何对三相异步电动机进行转速控制非常重要。变频器因具备稳定、便捷的频率控制功能，在电气控制电路中被用作三相异步电动机的调速控制。

西门子V20变频器功能齐全、性价比高，市场占有率高，具有一定的代表性。本项目选取V20变频器的面板控制、端子控制、模拟量控制、通信控制作为学习对象，并列举实例。通过PLC与触摸屏，以多种手段控制频率输出。

【内容图谱】

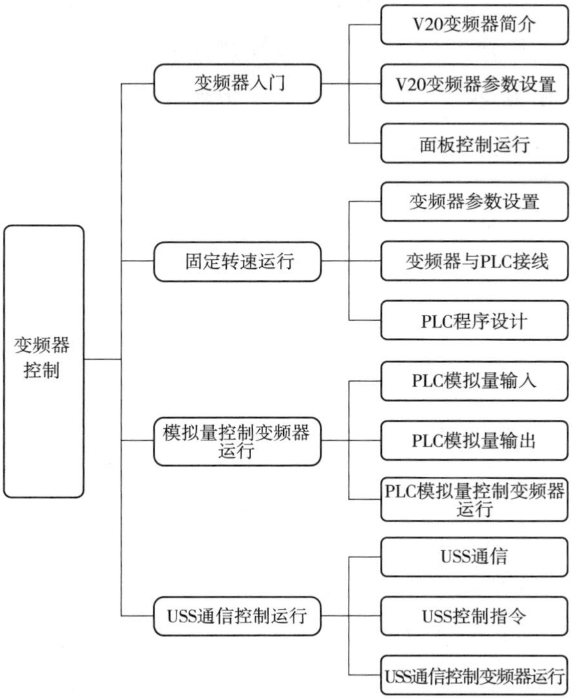

【重点、难点】

1. 重点内容

（1）变频器接线、参数设置。

（2）变频器频率源、命令源给定方式。

（3）变频器运行监控。

2. 难点内容

（1）变频器通信控制。

（2）变频器与PLC的信号对接。

【立德树人】

以变频器产品为载体，展现科技强国的重要性，介绍我国在变频器技术领域的突飞猛进，增强读者的爱国情怀，树立为国家富强贡献自己的力量的决心。

任务8.1 变频器入门

【任务描述】

本任务介绍变频器的基本操作，通过使用变频器的主电路端口、用户控制端口，以及变频器的参数设置界面和操作面板，使读者对变频器有初步的认识。在面板控制运行任务中，需连接变频器与三相电动机，通过变频器面板操作，手动控制电动机在变频器控制下的调速运行，加深对变频器的功能的理解。

【任务目标】

1. 知识目标

- 掌握变频器的接线方法。
- 熟悉V20变频器的参数界面，掌握参数设置的方法。
- 熟悉V20变频器的面板操控。

2. 技能目标

- 能熟练地给变频器接线。
- 能熟练地设置变频器参数，能熟练地切换变频器的参数界面。
- 能通过面板控制电动机的调速运行。

【任务实施】

8.1.1 V20变频器简介

三相异步电动机是制造业中常用的设备，三相异步电动机在额定电压下工作时，以额定转速转动，完成拖动工作。在实际应用场合中，三相异步电动机的应用场景复杂，在很多情况下需要对其转速进行调节。三相笼型异步电动机的转速公式为$n=60f(1-s)/p$

其中p为极对数，s为转差率，f为三相电源频率。极对数、转差率、频率三个参数均可改变电动机转速，因极对数、转差率不能直接控制，所以对三相电动机调速最直接的方法就是改变电源频率f。目前变频器技术非常成熟，能以稳定的方式控制电源频率的输出。

变频器的核心电路是由整流电路、逆变电路组成的。整流电路的功能是将交流电源进行整流，经直流环节平波后变为直流电。逆变电路将直流电源转换成频率和电压都可以任意调节的交流电源。

变频器的常见品牌有西门子、三菱、台达、汇川等。本任务以西门子V20变频器为学习对象。

1. V20变频器主电路端口

V20变频器的顶部和底部是主电路端口，顶部的L1、L2/N是220V交流电输入电源的端口，底部的U、V、W是连接三相电动机的端口。V20变频器实物图及主电路连接端口，如图8-1所示。

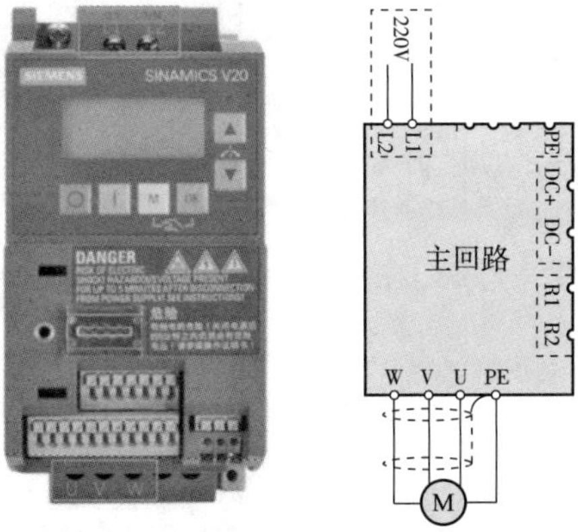

图8-1 V20变频器实物图及主电路连接端口

2. V20变频器用户端口

变频器正面的灰色插拔式接线端口为用户端口，具有数字量输入、数字量输出、模拟量输入、模拟量输出、直流电源等功能。V20变频器用户端口的位置及功能如图8-2所示。

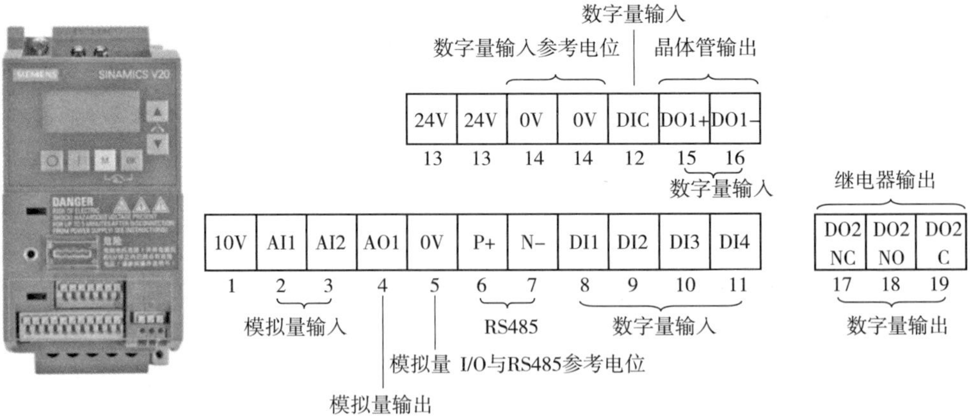

图8-2　V20变频器用户端口的位置及功能

用户端口分为数字量输入DI、模拟量输入AI、数字量输出DO、模拟量输出AO、通信口RS485等。DI一般用于命令、固定频率输入，AI一般用于区间范围频率输入。数字量输出DO、模拟量输出AO用于变频器的状态监视。

DI接线分为内部接线、外部接线。内部接线由变频器自身的电源控制运行，外部接线可使用PLC输出端控制运行。

DI接线分为NPN、PNP两种接法，若与西门子系列PLC相连，则选用外部PNP接法。V20变频器用户端口接线图如图8-3所示。

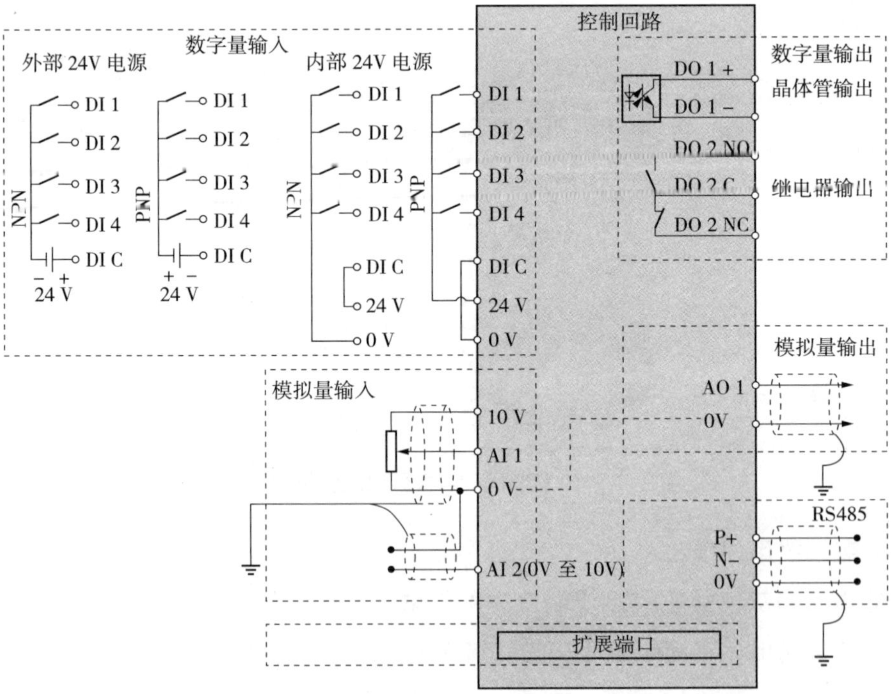

图8-3　V20变频器用户端口接线图

3. V20变频器操作面板

变频器正面上方是变频器操作面板（BOP），有6个操作按钮，分别是停止运行按钮、起动按钮、多功能按钮M、确认按钮OK、向上和向下选择按钮。V20变频器按钮的功能如表8–1所示。

表8–1　V20变频器按钮功能表

O	停止变频器	
	单机	“手动”模式下的OFF1停车方式 例外情况：此按钮在变频器处于“自动”运行模式且由外部端子或RS485上的USS/MODBUS控制（P0700 = 2或P0700 = 5）时无效
	双击（<2s）或长按（>3s）	OFF2停车方式：电动机不采用任何斜坡下降时间，按惯性自由停车
I	在“手动”/“点动”/“自动”模式下起动变频器 例外情况：此按钮在变频器处于“自动”运行模式且由外部端子或RS485上的USS/MODBUS控制（P0700 = 2或P0700 = 5）时无效	
M	多功能按钮	
	短按（<2s）	· 进入参数设置菜单或者转至菜单的下一个显示画面 · 就当前所选项开始按位编辑 · 返回故障代码显示画面 · 在按位编辑模式下连按两次即撤销变更，并返回
	长按（>2s）	· 返回状态显示画面 · 进入参数设置菜单
OK	短按（<2s）	· 在状态显示数值间切换 · 进入数值编辑模式或切换至下一位 · 清除故障 · 返回故障代码显示画面
	长按（>2s）	· 快速编辑参数号或参数值 · 访问故障信息数据
M + OK	按下该组合按钮在“手动”模式（显示手形图标）/“点动”模式（显示闪烁的手形图标）/“自动”模式（无图标）间切换。说明：只有当电动机停止运行时才能启用“点动”模式	
▲	· 浏览菜单时向上选择，增大数值或设定值 · 长按（>2 s）快速增大数值	
▼	· 浏览菜单时向下选择，减小数值或设定值 · 长按（>2 s）快速减小数值	
▲ + ▼	使电动机反转	

4. V20变频器显示面板

V20变频器显示面板的图标如图8-4所示，不同的图标具有对应的含义。

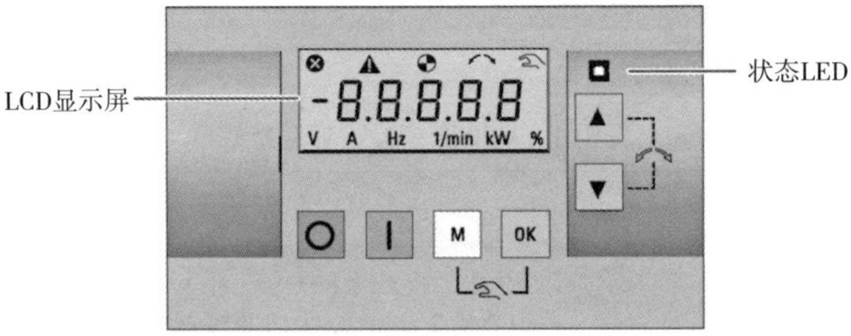

图8-4　V20变频器显示面板的图标

显示面板中的图标的含义如表8-2所示。

表8-2　显示面板中的图标的含义

	变频器存在至少一个未处理故障	
	变频器存在至少一个未处理报警	
		变频器正在运行（电动机频率可能为0rpm）
	（闪烁）	变频器可能被意外上电（例如，霜冻保护模式时）
	电动机反转	
		变频器处于“手动”模式
	（闪烁）	变频器处于“点动”模式

8.1.2　V20变频器参数设置

变频器的参数设置，可以决定变频器的工作方式，以及三相电动机工作的电气特性。V20变频器参数菜单分为显示菜单、设置菜单、参数菜单。在设置菜单界面，状态LED灯会闪烁；在显示菜单、参数菜单界面，状态LED灯会常亮。

1. 参数结构图

在显示菜单长按M按钮2s，可进入设置菜单；短按M按钮，可进入参数菜单。在设置菜单或参数菜单长按M按钮2s，可回到显示菜单。V20变频器参数结构如图8-5所示。

显示菜单可以监控变频器输出参数，通过短按OK按钮，循环显示电压、电流、频率等多个实时参数。

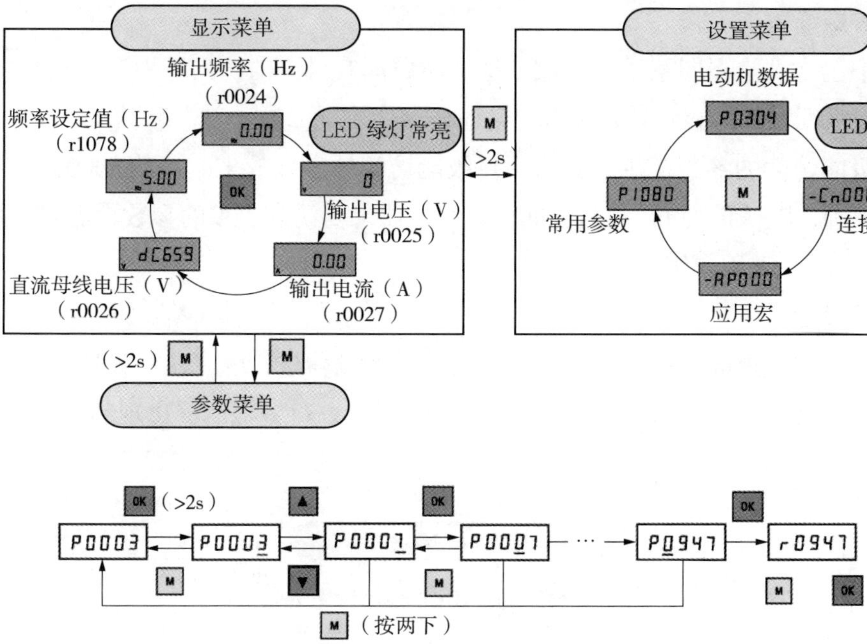

图8–5　V20变频器参数结构图

设置菜单可以设置电动机数据、连接宏、应用宏、常用参数，短按M按钮，可以循环显示这4个参数。通过上下方向按钮、OK按钮，可以设置对应的参数值。设置菜单结构如图8–6所示。

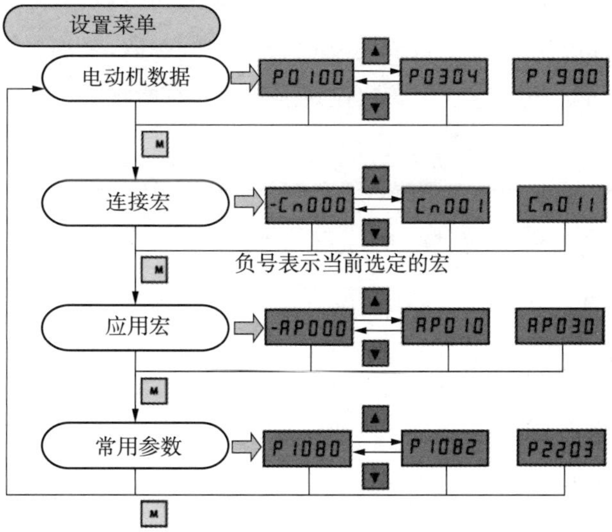

图8–6　设置菜单结构图

在参数菜单中，通过短按上下方向按钮、OK按钮，可以滚动显示参数、设置参数值。也可以长按OK按钮2s，在参数跳动时，通过方向按钮、OK按钮，实现参数的快速定位。

2. 专家级参数设置

参数菜单中包含大量不同编号的参数，每个参数都有对应的访问级别。变频器需要提升至对应的访问级别，才能显示以及设置有对应访问级别的参数。

标准用户级能访问的参数较少，专家用户级能访问的参数较多。参数P0003的功能是设置用户访问级别，默认值为1，表示标准用户级。如果要访问更多的参数，需要将P0003的值设置为3，表示专家用户级。

3. 恢复出厂设置

初次使用变频器或更改变频器的功能时，需要对变频器进行恢复出厂设置，具体方式是进入参数菜单，设置P0010=30、P0970=1。恢复完成后，LCD显示屏出现频率选择界面，如图8-7所示。

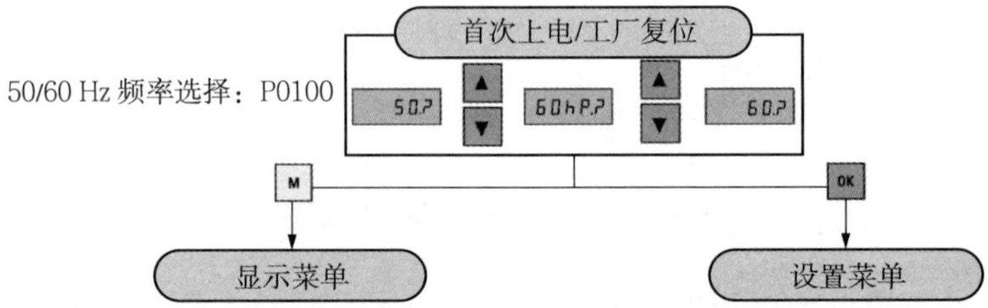

图8-7　恢复出厂设置后的界面

4. 电动机数据设置

在设置菜单中，通过短按M按钮，可以循环选择电动机数据，并进行设置。例如变频器的P0100、P0304、P0305等参数代表电动机特定运行参数，设置该部分数据，应根据电动机上的铭牌信息进行填写，电动机参数设定表如表8-3所示。

表8-3　电动机参数设定表

参数	描述	参数	描述
P0100	50/60Hz频率选择 =0：欧洲［kW］，50 Hz（工厂缺省值） =1：北美洲［hp］，60 Hz =2：北美洲［kW］，60 Hz	P0309	电动机额定效率［%］
P0304	电动机额定电压［V］	P0310	电动机额定频率［Hz］
P0305	电动机额定电流［A］	P0311	电动机额定转速［rpm］
P307	电动机额定功率［kW/hp］	P1900	选择电动机数据识别 =0：禁止 =2：禁止时识别所有参数
P308	电动机额定功率因素［cos &］		

5. 连接宏

变频器将一些常用的工作模式定义为连接宏。每种宏对应一种接线方式、控制方式。选择连接宏后，变频器会自动设置相应的参数，方便用户快速使用。例如，连接宏 Cn001 对应 BOP 控制；连接宏 Cn002 对应端子控制；连接宏 Cn003 对应固定转速控制，等等。连接宏编号及定义如表 8–4 所示。

表 8–4　连接宏编号及定义

连接宏				应用宏	
Cn000	无已选连接宏	Cn006	外部按钮控制	AP000	出厂默认设置
Cn001	BOP 为唯一控制源	Cn007	外部按钮结合模拟量控制	AP010	普通水泵应用
Cn002	端子控制（PNP/NPN）	Cn008	PID 控制与模拟量参考结合	AP020	普通风机应用
Cn003	固定转速控制	Cn009	PID 控制与固定值参考组合	AP021	压缩机应用
Cn004	二进制模式下的固定转速	Cn010	USS 控制	AP030	传送带应用
Cn005	模拟量输入及固定频率	Cn011	MODBUS RTU 控制		

选定连接宏后，宏编号前会有一条短横线，例如 –Cn001，表示当前连接宏是 Cn001。每次更改宏，都需要先恢复出厂设置。选择好连接宏后，该连接宏对应的一些参数会自动更改，例如 P0700 命令源、P1000 频率源等参数。

8.1.3　面板控制运行

将变频器命令源、频率源都设定为来自面板后，变频器可以直接在面板上控制电动机以指定的频率运行。

1. 主电路连接

面板控制运行的主电路连接如图 8–8 所示。

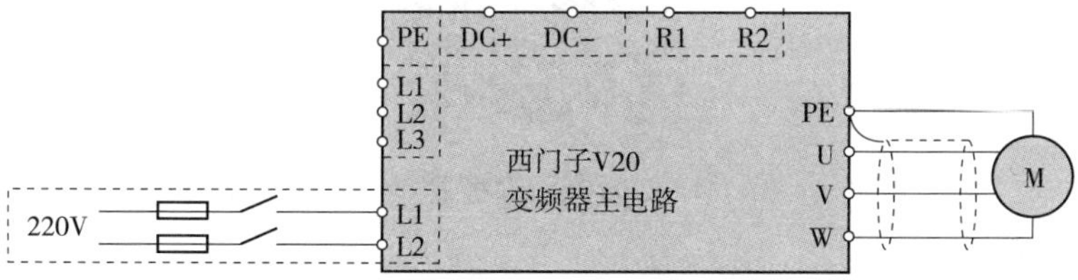

图 8–8　主电路连接（面板控制运行）

2. 设置参数

设置 P0010=30、P0970=1，恢复出厂设置。在设置菜单中（LED 绿灯处于闪烁状态），设置 P0100、P0304、P0305 等电动机数据。输入完成后短按 M 按钮，进入连接宏界面，选择Cn001连接宏，此时Cn001前面会有短横线，即–Cn001。选定Cn001后，变频器的参数设置如表8–5所示。

表8–5　变频器的参数设置（面板控制运行）

参数	描述	出厂默认值	Cn001默认值	备注
P0700	选择命令源	1	1	以端子为命令源
P1000	选择频率源	1	1	以模拟量为频率源

Cn001连接宏的接线参考图如图8–9所示，变频器的用户输入端无需接线。

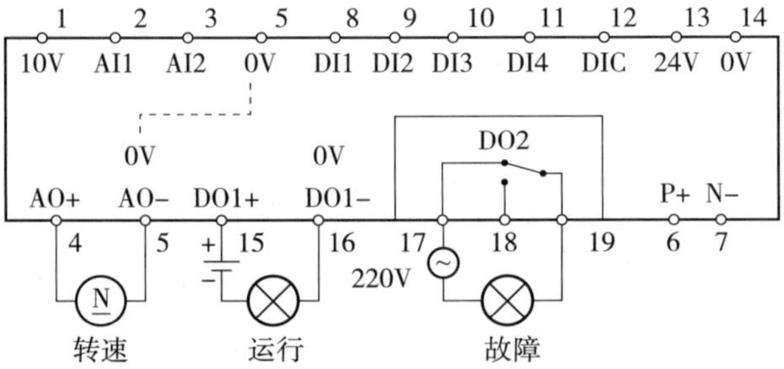

图8–9　Cn001连接宏的接线参考图

此时长按M按钮，回到显示菜单。按下面板上的起动按钮，并配合上下方向按钮，即可让变频器以0~50Hz的任意值输出，电动机在0~50Hz以任意转速转动。按下面板上的停止按钮，即可让变频器输出0Hz，电动机停止。

在显示菜单上，短按OK按钮，可以循环监视变频器的频率、电压、电流等多项输出参数。

变频器面板控制

任务8.2 固定转速运行

【任务描述】

变频器在宏连接为Cn003时，可以通过DI端，输出固定频率。本任务中，用PLC程序控制变频器输出频率，间接控制三相电动机的转速。当旋转开关SA打开时，按下SB1、SB2、SB3按钮，分别实现电动机以5Hz、10Hz、20Hz频率运行；如果叠加按下SB1、SB2、SB3按钮，可以实现电动机以15Hz、25Hz、30Hz、35Hz频率运行。

【任务目标】

1. 知识目标

- 掌握Cn003宏连接。
- 掌握低、中、高固定频率的设定方法。
- 掌握PLC输出与变频器输入信号的对接连线。

2. 技能目标

- 能设定指定的输出频率。
- 能编写PLC程序控制变频器的输出频率。

【任务实施】

8.2.1 变频器参数设置

1. 电动机参数设置

设置P0010=30、P0970=1，恢复出厂设置。在设置菜单中，设置P0100、P0304、P0305等电动机数据。

2. 宏连接

设置完电动机数据后，将宏选择为Cn003固定转速模式，DI2、DI3、DI4三个输入信号，控制变频器输出对应的低速10Hz、中速15Hz、高速25Hz三段频率。变频器的参数设置如表8-6所示。

表8-6　变频器的参数设置（固定转速运行）

参数	描述	出厂默认值	Cn003默认值	参数修改值	备注
P0700	选择命令源	1	2		以端子为命令源
P1000	选择频率源	1	3		固定频率
P0701	DI1的功能	0	1		ON/OFF命令
P0702	DI2的功能	0	15		固定转速位0
P0703	DI3的功能	9	16		固定转速位1
P0704	DI4的功能	15	17		固定转速位2
P1001	固定频率1	10	10	5	低速
P1002	固定频率2	15	15	10	中速
P1003	固定频率3	25	25	20	高速

3. 设置固定频率

若要修改低、中、高频率，需在参数菜单中将P0003的值设置为3，用户级别为专家级。然后再设置P1001、P1002、P1003的频率为5Hz、10Hz、20Hz。

设置完成后，当DI2、DI3、DI4端子有输入信号，会有对应的低、中、高频率输出。若DI2、DI3、DI4有叠加输入，则对应的频率会相加输出。例如DI2、DI3、DI4都有输入信号，变频器输出（低+中+高）频率。

8.2.2　变频器与PLC接线

1. 变频器与PLC接线

Cn003固定转速模式，接线参考图如图8-10所示。

根据接线参考图，可以将变频器与PLC接线，如图8-11所示。

PLC的输出端接入变频器的输入端DI1、DI2、DI3、DI4，同时，变频器的数字输入公共端DIC与PLC的输出公共端3M接在同一个电源负极上。

2. 变频器主电路接线

变频器主电路中，L1、L2接220V交流电源，U、V、W、PE接三相电动机，如图8-12所示。

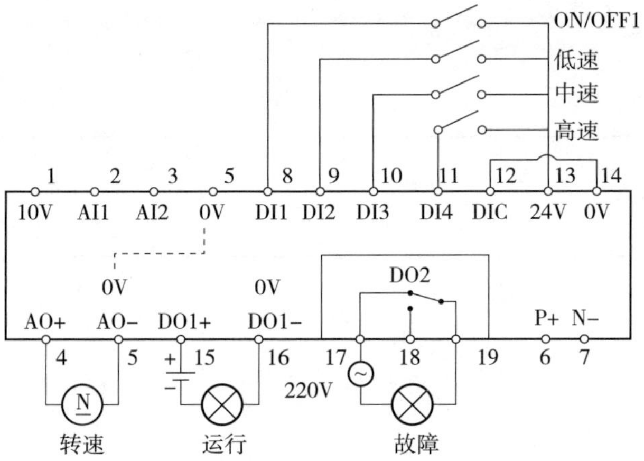

图 8–10　Cn003 接线参考图（固定转速运行）

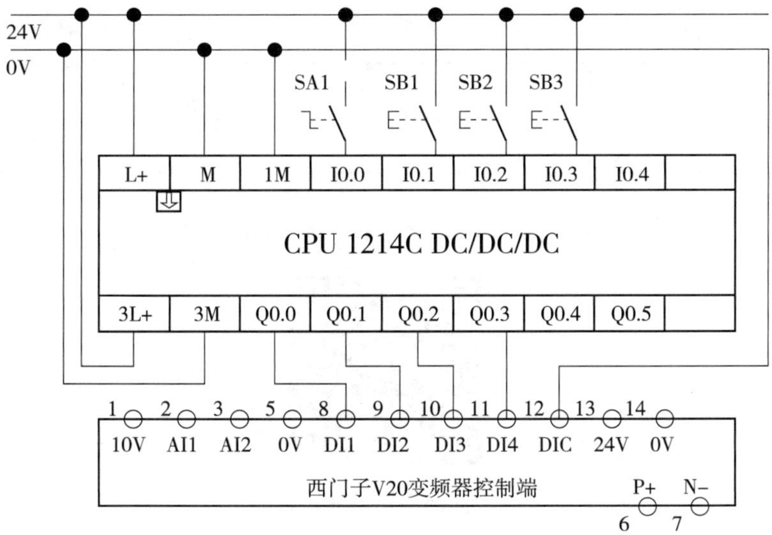

图 8–11　变频器与 PLC 接线（固定转速运行）

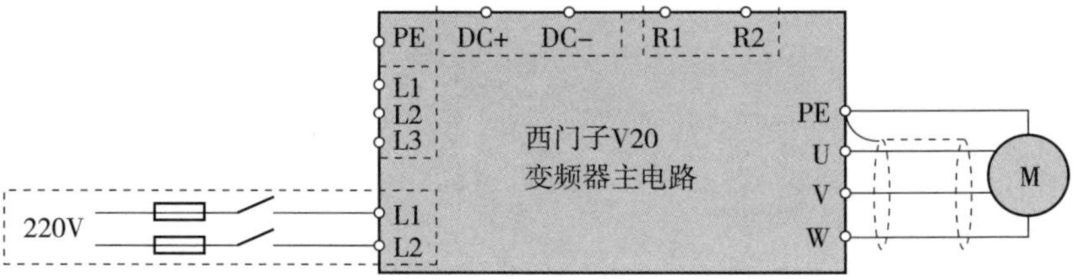

图 8–12　变频器主电路接线（固定转速运行）

8.2.3　PLC 程序设计

PLC 程序设计如图 8–13 所示。

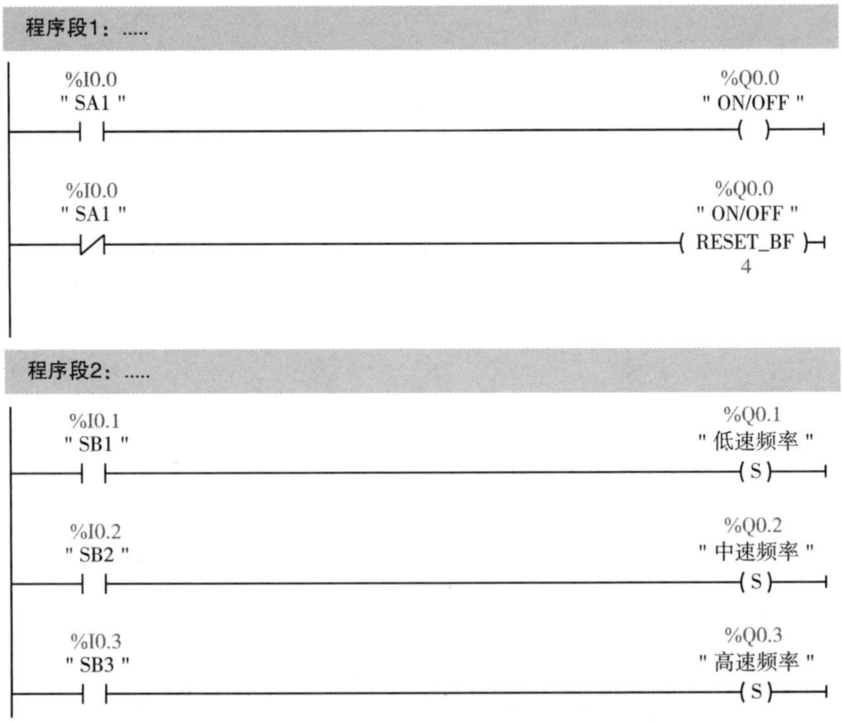

图8-13　PLC 程序设计（固定转速运行）

变频器固定转速控制

任务 8.3 模拟量控制变频器运行

【任务描述】

变频器具有模拟量输入功能，支持外部信号以0~10V电压的形式输入给变频器的AI端口。如果变频器工作在宏连接Cn002模拟量模式，可以将AI端口的0~10V的电压信号，转换成0~50Hz的频率输出。

1200系列PLC具有模拟量输出功能，将输出信号选为电压形式后，模拟量输出通道可以对外输出0~10V的电压。

本节任务通过PLC模拟量输出功能，结合PLC程序，利用模拟量输出通道发送0~10V电压至变频器的AI端口，控制变频器输出0~50Hz的频率，从而达到控制电动机无级调速的目的。

【任务目标】

1. 知识目标

（1）掌握模拟量信号的相关知识。

（2）掌握PLC模拟量输入、输出转换的用法。

（3）掌握变频器宏Cn002的用法。

2. 技能目标

（1）能动手扩展PLC模拟量模块。

（2）能根据模拟量量程与电压值，进行换算。

（3）能编写PLC程序，以模拟量的形式控制电动机无级调速。

【任务实施】

8.3.1 PLC模拟量输入

模拟量是能反映生活中的真实存在的物理量，如电压、电流、温度、速度、压力、液位等。这些物理量有一个共同的特征，即值是连续变化的，不存在离散值。PLC中的模拟量分为模拟量输入AI（Analog Input）、模拟量输出AQ（Analog Output）。

PLC能处理电压、电流两种模拟量。其中模拟量输入端AI，可以接收外部标准范围区间内的电压、电流，进入PLC处理。1200系列PLC自带AI0、AI1两个通道，也可以通过扩展模块、扩展信号板，额外扩展AI通道。

1. A/D转换

PLC模拟量输入AI通道，具有对应的A/D转换模块，可将AI通道输入的电压、电流，按物理值的大小，等比例转换成量程范围内的数字量，供CPU处理。

PLC机身自带AI0、AI1通道，可以输入0~10V的单极性电压。如果通过扩展模块，可以输入±10V、±5V、±2.5V范围的双极性电压，或0~20mA、4~20mA的单极性电流。

A/D模块将接收到的单极性电压或电流，根据物理值的大小，等比例转换成0~27648的数字量；将双极性电压，等比例转换成-27648~27648的数字量。

2. 通道地址

A/D模块转换后的数字量，存放在PLC通道地址中，供CPU处理。以PLC机身自带的AI0为例，在PLC_1“常规”中，“模拟量输入”→“通道0”，可以看到AI0（通道0）的测量类型仅限于电压，范围是0~10V，通道地址是IW64，如图8-14所示。在PLC程序中，访问IW64地址所得到的值，即可对应换算成模拟量通道0的电压值。

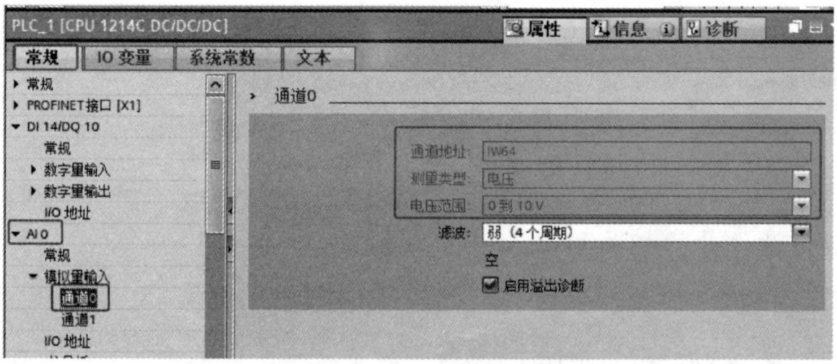

图8-14　AI0通道地址

3. 模拟量输入过程

如果PLC要处理电压、电流以外的模拟量（如速度、压力、液位等）或标准范围区间以外的电压、电流，需要经过传感器等，将这些模拟量转换成标准范围区间内的电压、电流信号。模拟量输入过程如图8-15所示。

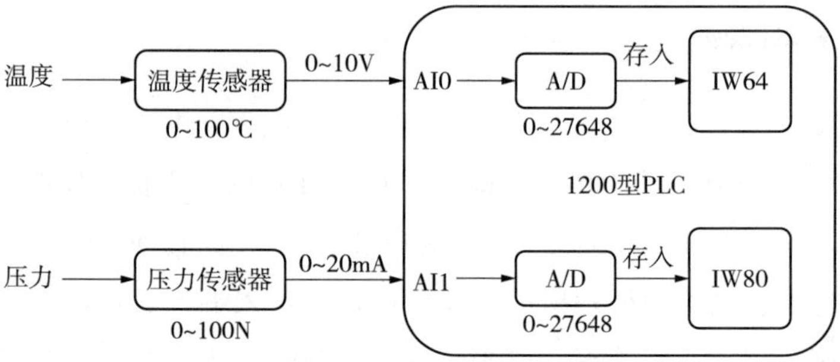

图8-15　模拟量输入过程

根据以上内容，使用信号发生器或V20变频器自带的10V电源搭配电位器，将0~10V的电压输入给PLC模拟量输入通道，PLC模拟量AI0的接线如图8-16所示。

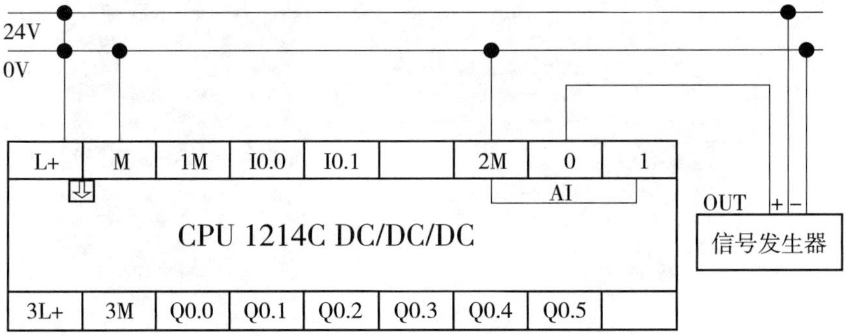

图8-16　PLC模拟量AI0的接线

通过旋转信号发生器旋钮，调节OUT端输出电压在0~10V变化，IW64值会跟随AI0电压在0~27648线性变化，如图8-17所示。

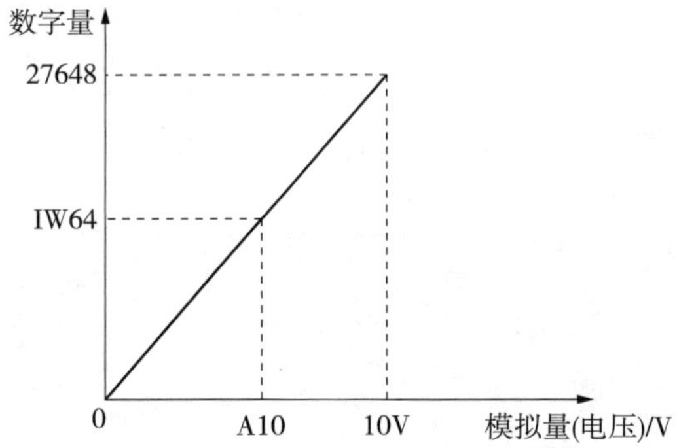

图8-17　I/O地址IW64值的变化图

8.3.2　PLC模拟量输出

PLC的模拟量输出AQ，可以对外部输出标准范围区间内的电压、电流，其用法与模拟量输入的用法相反，根据通道地址在程序中的值，对外输出标准范围区间内的电压、电流。

1. 模拟量输出扩展

1200系列1215C、1217C PLC自带两路模拟量输出AQ0和AQ1，其余型号的PLC均需在机身添加模拟量输出扩展模块或扩展板，才可正常使用模拟量输出功能。1200型PLC支持的模拟量输出扩展模块有SB1232、SM1232、SM1234，其中SB1232是扩展板，插在PLC机身正面的扩展槽上。SM1232、SM1234是扩展模块，插在PLC右侧的扩展孔上。SB1232、SM1232的外观如图8-18所示。

将硬件模块插入对应的扩展槽后，需要在博途软件上进行“设备组态”，才可正常使

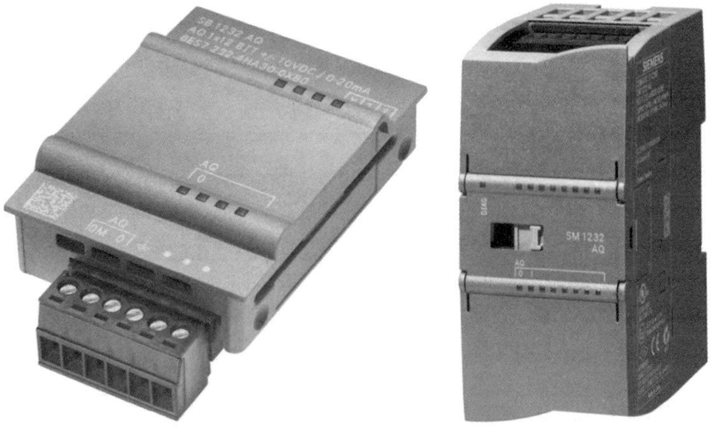

SB1232　　　　SM1232

图8-18　SB1232、SM1232外观图

用，否则添加在PLC上的硬件指示灯会闪烁报警。在“项目树”中展开已添加的PLC，PLC下方有“设备组态”，双击“设备组态”，进入组态界面。

在组态界面中心的是PLC设备预览图，右侧有“硬件目录”。打开“硬件目录”，从“硬件目录”中找到“信号板”→“AQ”→“6ES7 232-4HA30-0XB0”模块（SB1232），直接双击，或将SB1232拖动至PLC设备预览图正面的扩展孔上，添加完成后如图8-19所示。

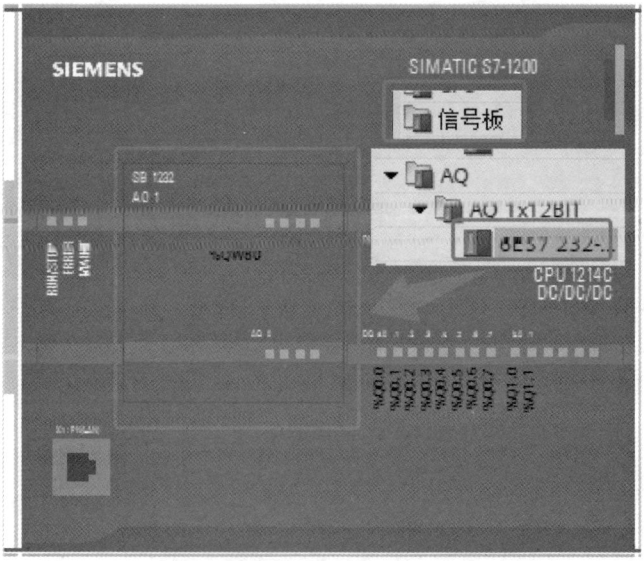

图8-19　SB1232硬件组态

2. D/A转换

PLC模拟量输出AQ通道具有对应的D/A转换模块，可以将程序中通道对应地址的值，转换成标准范围区间内的电压、电流并对外输出，供外部设备处理。例如，SB1232扩展板

支持输出 –10~10V 的电压、0~20mA 的电流，SM1232 扩展模块支持输出 –10~10V 的电压、0~20mA 和4~20mA 的电流。D/A 转换过程如图8–20所示。

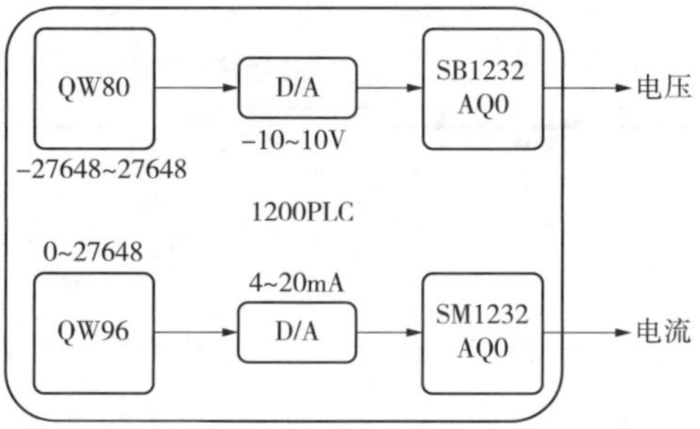

图8–20　D/A转换过程

在设备属性中，可以查看或修改通道地址。在已添加的模拟量输出设备预览图中，右击，单击“属性”，在“常规”中单击“模拟量输出”→“通道0”。可以看到AQ0通道，通道地址为QW80。当模拟量输出的类型选择“电压”时，AQ0输出 –10~10V 的电压，如图8–21所示。

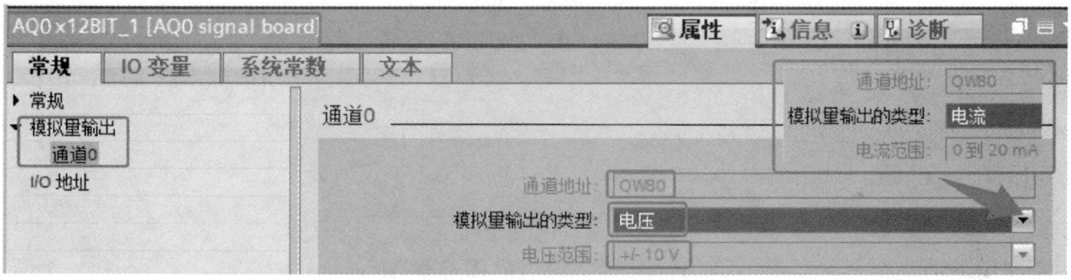

图8–21　AQ0通道地址

3. 模拟量输出过程

以AQ0通道电压输出为例，PLC模拟量输出接线如图8–22所示。PLC程序控制AQ0对应的通道地址QW80的值在 –27648~27648 变化，AQ0的电压在 –10~10V 对应输出。

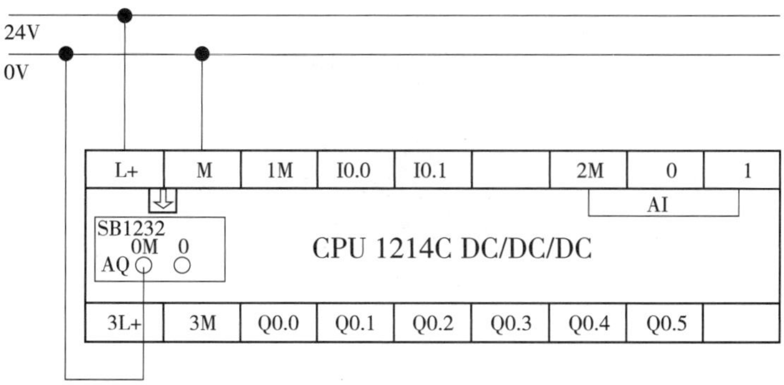

图8–22　PLC模拟量输出接线

给通道地址QW80赋值，可以通过触摸屏I/O域给定，也可以通过程序给定，例如QW80的值为13824，则AQ0输出电压+5V，PLC程序设计如图8–23所示。

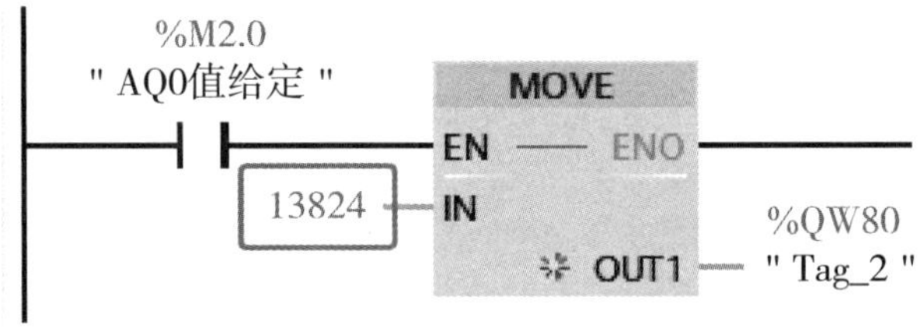

图8–23　PLC程序设计（PLC模拟量输出）

通过触摸屏给定或程序修改QW80的值。经测量，AQ0输出电压会跟随QW80的值在–10~10V线性变化，如图8–24所示。

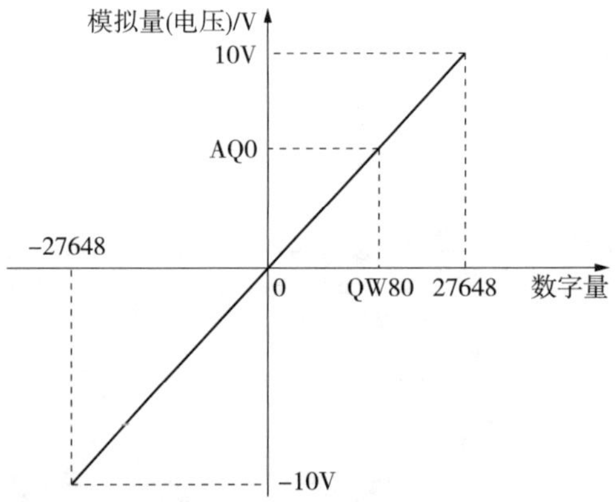

图8–24　AQ0电压变化图

8.3.3　PLC模拟量控制变频器运行

1. 变频器参数设置

设置P0010=30、P0970=1，恢复出厂设置。在设置菜单中，设置P0100、P0304、P0305等电动机数据。

变频器参数设置

2. 宏连接

设置完电动机数据后，将宏选择为Cn002模拟量给定的频率模式。Cn002对应的参数设置如表8–7所示。

表8–7 Cn002对应的参数设置表

参数	描述	出厂默认值	Cn002默认值	备注
P0700	选择命令源	1	2	以端子为命令源
P1000	选择频率	1	2	以模拟量为频率源
P0701	DI1的功能	0	1	ON/OFF1命令
P0702	DI2的功能	0	12	反转
P0703	DI3的功能	9	9	故障确认
P0704	DI4的功能	15	10	正向点动

Cn002的接线参考图如图8–25所示。

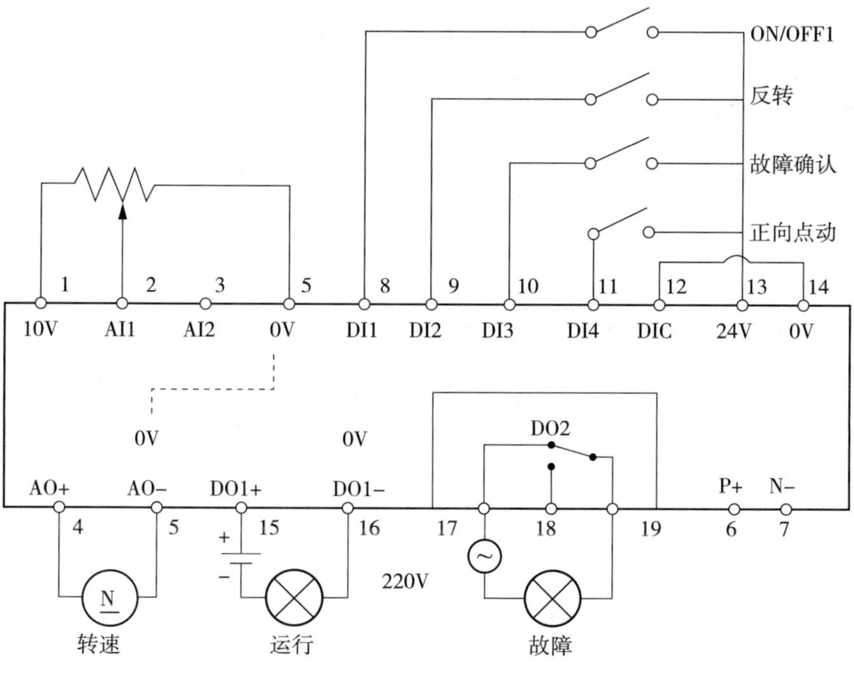

图8–25 Cn002接线参考图

根据Cn002的参数设置和接线参考图可知，Cn002的频率来源是变频器的AI1模拟量输入。将PLC的模拟量输出AQ接入变频器的AI1，就能实现用PLC的模拟量输出控制变频器频率输入。

3. PLC输出与变频器接线

变频器控制端与PLC输出端连接，PLC的AQ0连接变频器的AI1，控制变频器的频率给定。Q0.0连接变频器的DI1，控制变频器的ON/OFF1起停。Q0.1连接变频器的

DI2，控制变频器的反向功能，即电动机的正反转，变频器与PLC硬件接线如图8-26所示。

4. 变频器主电路接线

变频器主电路中，L1、L2接220V交流电源，U、V、W、PE接三相电动机，如图8-27所示。

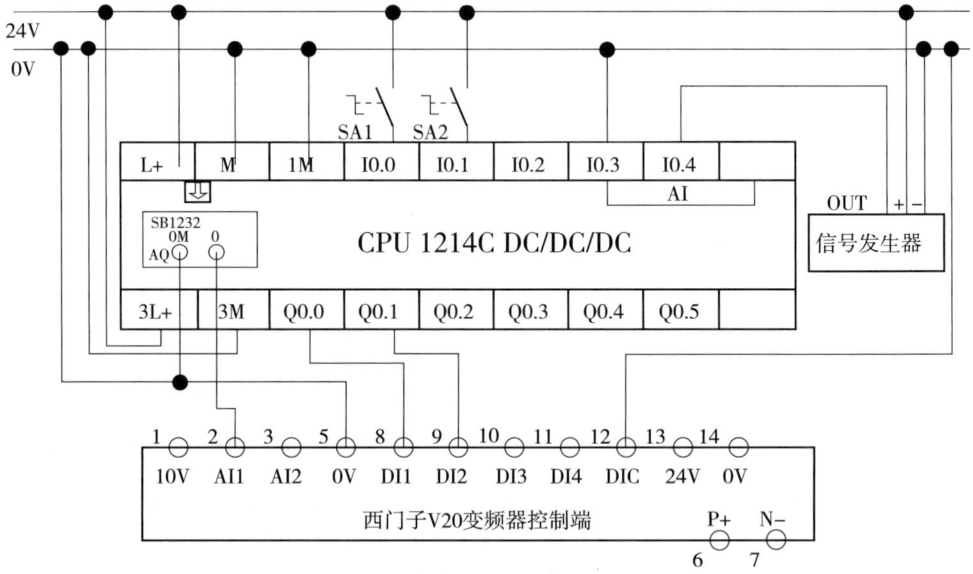

图8-26　变频器与PLC硬件接线图（PLC模拟量控制变频器运行）

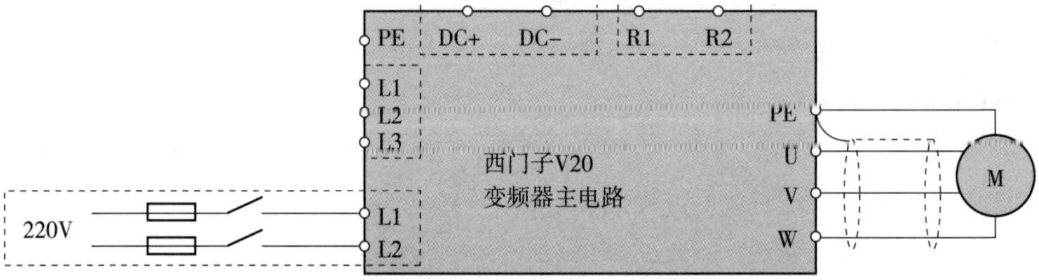

图8-27　变频器主电路（PLC模拟量控制变频器运行）

5. PLC控制要求

PLC控制系统要求旋转开关SA1接通时，变频器起动；SA1断开时，变频器停止。旋转开关SA2接通时，变频器反向；SA2断开时，变频器正向。

用信号发生器OUT端的0~10V电压，或用变频器自带的10V电源配合电位器，输入给PLC，作为PLC的模拟量输入源。PLC利用AI0接收到的电压，线性等比例控制AQ0的电压输出，最终控制V20变频器在0~50Hz输出、三相电动机在0~50Hz运行。PLC的输入端SA1接I0.0，SA2接I0.1，信号发生器的OUT端接AI0。

6. PLC 程序

在PLC程序中，I0.0连接Q0.0，控制变频器起停、I0.1连接Q0.1，控制变频器反向。使用MOVE指令，将AI0通道地址IW64，赋值给AQ0通道地址QW80，PLC程序设计如图8–28所示。

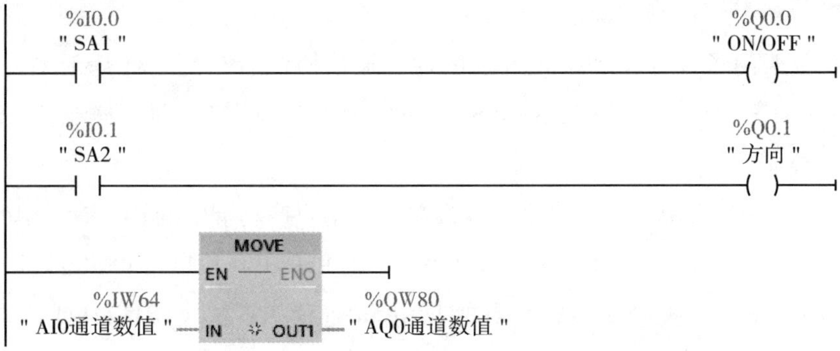

图 8–28　PLC 程序设计（PLC 模拟量控制变频器运行）

PLC 模拟量控制变频器运行

任务8.4 USS通信控制运行

【任务描述】

USS协议是西门子专为驱动装置开发的通用通信协议，它是一种基于串行总线进行数据通信的协议。USS指令可以通过RS485规格的通用串行端口，对同样支持USS协议的变频器进行驱动控制。

V20变频器支持USS协议，且自带RS485端口，用户控制端中的P+、N-端口就是变频器的RS485端口。1200系列PLC同样支持USS协议，但PLC机身不自带RS485端口，如果1200系列PLC要通过USS协议控制变频器，需要使用串口通信扩展模块CM1241或扩展板CB1241。

本任务使用1214C PLC，通过添加CM1241扩展模块，使用USS协议控制V20变频器运行。变频器的频率、方向通过触摸屏设置。

【任务目标】

1. 知识目标

（1）掌握USS通信协议。

（2）掌握Cn010宏使用及参数设置。

（3）掌握USS通信指令。

2. 技能目标

（1）能设置变频器参数。

（2）能使用USS通信指令控制变频器运行。

（3）能配合触摸屏对PLC进行数值设定。

【任务实施】

8.4.1 USS通信

1. USS协议

USS协议，全称为Universal Serial Interface Protocol，即通用串行接口协议，是西门子专为驱动装置开发的通用通信协议，它是一种基于串行总线进行数据通信的协议。

USS协议是主从结构的协议，总线上的每个从站都有唯一的从站地址。USS通信总是由主站发起，USS主站不断轮询各个从站，从站根据收到的主站报文，决定是否响应以及如何响应。

从站必须在接收到主站报文之后的一定时间内发回响应到主站，否则主站将视该从站出错。从站不会主动发送数据。

2. 通信接口

USS通信基于RS485规格的串行通信端口，1200型PLC不自带RS485通信端口，需要通过CM1241通信扩展模块使用RS485端口。CM1241模块中的端口3是RS485信号+，连接到变频器的P+，CM1241模块中的端口8为RS485信号−，连接到变频器的N−。

3. CM1241 设备组态

在博途软件的“项目树”中，单击已添加的PLC，下方有“设备组态”。双击“设备组态”，打开组态界面，在右侧的“硬件目录”→“通信模块”→“点到点”→“CM1241（RS422/485）”中，双击“6ES7 241−1CH32−0XB0”模块，自动将CM1241组态到PLC中，同时，将实物CM1241插入PLC左侧的扩展口，如图8−29所示。

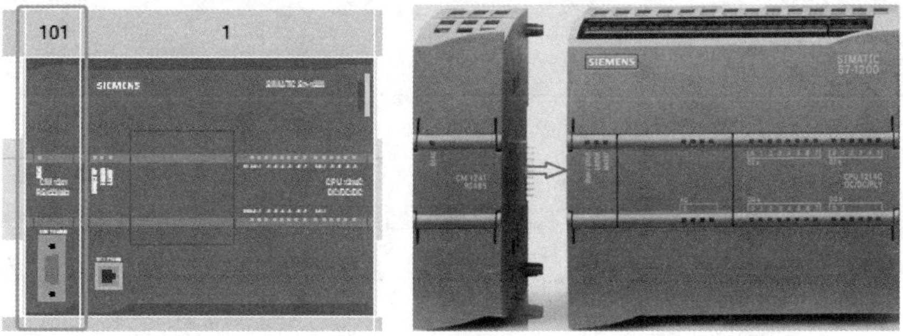

图 8−29　CM1241 组态及实物安装图

4. 变频器 USS 通信参数

设置P0010=30、P0970=1，恢复出厂设置。在设置菜单中，设置P0100、P0304、P0305等电动机数据，将宏连接为Cn010，工作在USS通信控制模式。

Cn010的接线参考如图8−30所示。P+为RS485信号+，连接CM1241端口3；N−是RS485信号−，连接CM1241端口8。

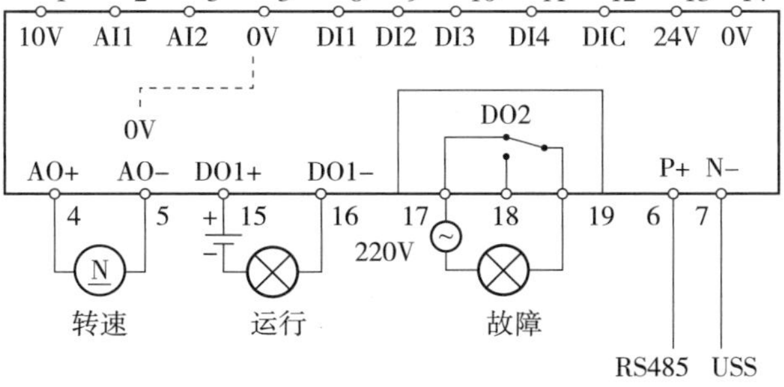

图 8−30　Cn010的接线参考图

设置访问级别参数P0003为3，即专家级。设置参数P2010为6，即波特率为9600bps。设置P2013为4，即USS通信报文PKW的长度为4。Cn010的参数设置如表8-8所示。

表8-8　Cn010的参数设置（USS通信控制运行）

参数	描述	工厂默认值	Cn010默认值	参数修改	备注
P0700	选择命令源	1	5		RS485为命令源
P1000	选择频率	1	5		RS485为速度源
P2023	RS485协议选择	1	1		USS协议
P2010	波特率	8	8	6	9600bps
P2011	USS地址	0	1		变频器USS地址
P2012	USS PZD长度	2	2		USS PZD长度
P2013	USS PKW长度	127	127	4	USS PKW长度为4
P2014	报文间断时间	2000	500		接收数据时间

CN010参数中，变频器的命令源、频率源均为RS485通信端口。波特率是通信数据传送速度，设置为每秒9600个位。变频器在USS通信协议中的地址是1，需填写USS通信指令。PZD、PKW均为USS通信报文，需填写长度，PZD的长度填2、PKW的长度填4。

8.4.2　USS控制指令

在右侧的“指令树”中，选择“通信”→“通信处理器”→“USS通信”，USS_Port_Scan、USS_Drive_Control两条USS通信指令可以控制变频器。

1. USS_Port_Scan指令

USS_Port_Scan指令用于扫描处理USS网络上的通信，如图8-31所示。

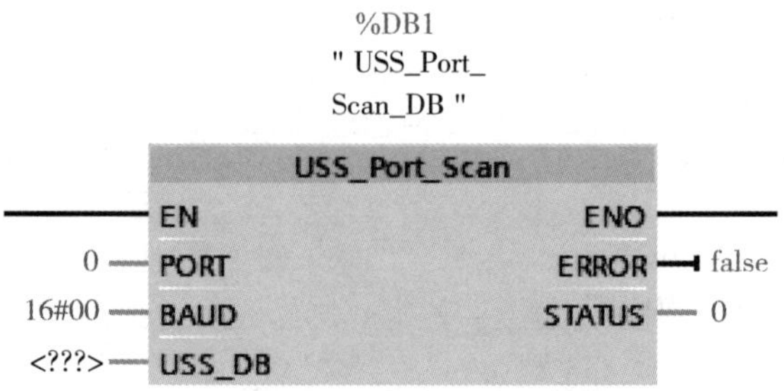

图8-31　USS_Port_Scan指令

EN是使能端，可以直接接通母线。BAUD端口表示波特率，填写9600。PORT端口，需选中模块名称“Local~CM_1241_（RS422_485）”，如图8-32所示。

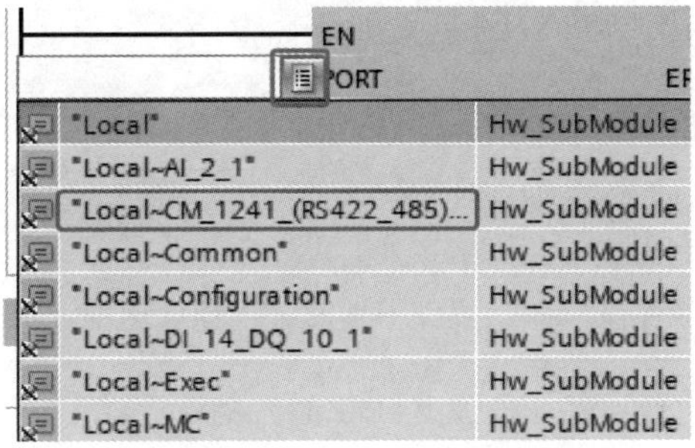

图 8–32　PORT 端口设置图

USS_DB 端口，选中 USS_Drive_Control 指令的数据块名称。选中之前需要在指令树中先拖动 USS_Drive_Control 指令，否则无法选中，如图 8–33 所示。

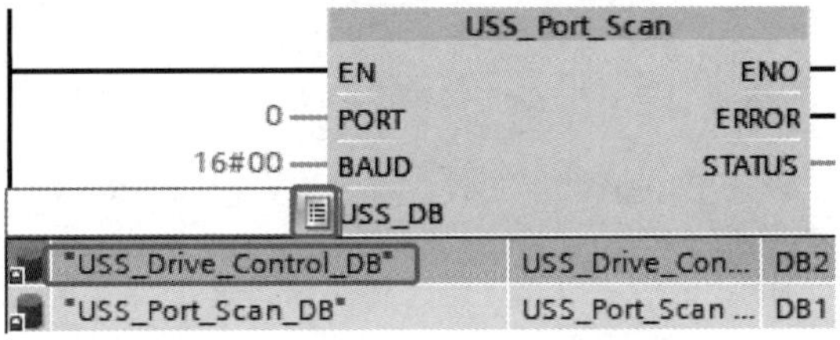

图 8–33　USS_DB 端口设置图

2. USS_Drive_Control 指令

USS_Drive_Control 指令可以对变频器进行起停、方向和速度控制，使用 USS_Drive_Control 指令时，USS_Port_Scan 扫描指令必须同时运行，USS_Drive_Control 指令如图 8–34 所示。

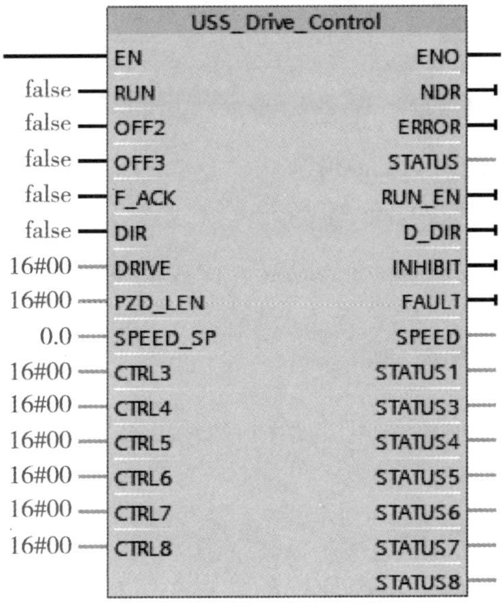

图 8–34　USS_Drive_Control 指令

USS_Drive_Control指令引脚参数的定义如表8-9所示。

表8-9　USS_Drive_Control指令引脚参数的定义

参数	数据类型	说明
RUN	BOOL	变频器起始位，为TRUE时，以预设速度运行变频器
OFF2	BOOL	滑行至静止位，为FALSE时，变频器会滑行至静止
OFF3	BOOL	快速停止位，为FALSE时，变频器快速停止
F_ACK	BOOL	错误确认位，复位变频器的错误位
DIR	BOOL	变频器方向控制，为TRUE时变频器正向运行，参数SPED_SP为正值；为FALSE时变频器负向运行，参数SPED_SP为负值
DRIVE	USInt	变频器地址，输入控制对象变频器的USS地址，范围是1~16
PZD_LEN	USInt	字长度，PZD数据字数，有效值为2、4、6、8
SPEED_SP	Real	速度设定值，以百分比控制变频器速度
CTRL3 ~CTRL8	Word	控制字，写入变频器用户定义参数的字

RUN控制起停，如果接通母线，则变频器起动运行，否则停止。

OFF2、OFF3是停止位，如果断开母线，则分别控制变频器自由停止、紧急停止。停止位实现电动机停止后，若要恢复起动，应先恢复停止位，接通母线，然后重新起动RUN控制端。

DIR控制方向，如果接通母线，则变频器正向起动，否则反向起动。

DRIVE是变频器的USS地址，Cn010默认设置为1。

PZD_LEN是通信报文的数据区长度，填2。

SPEED_SP控制变频器的频率输出，以百分比控制变频器在0~50Hz输出。

8.4.3　USS通信控制变频器运行

用1214C PLC的USS指令控制三相电动机在0~50Hz起停、调速、正反向运行，操控界面设置在KTP700触摸屏。

1. 添加扩展模块CM1241

PLC添加扩展模块CM1241，将模块中的端口3与变频器P+连接、端口8与变频器N-连接。同时用网线将KTP700触摸屏连接PLC，如图8-35所示。

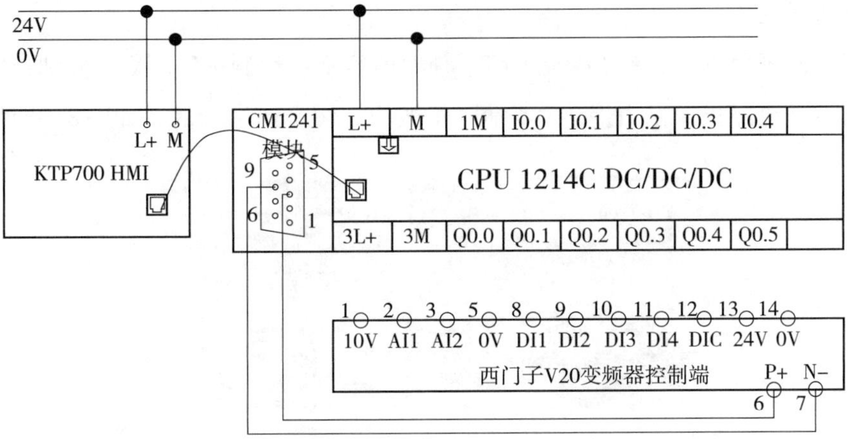

图 8–35　PLC、触摸屏硬件接线（USS 通信控制变频器运行）

2. 变频器主电路连接

变频器主电路连接如图 8–36 所示。

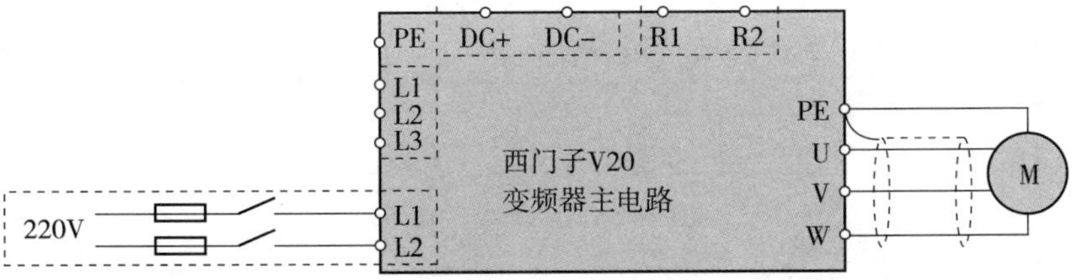

图 8–36　变频器主电路连接（USS 通信控制变频器运行）

3. 变频器参数设置

设置参数 P0010=30、P0970=1，恢复出厂设置。设置电动机数据、宏连接为 Cn010。设置 P0003=3，专家级。将 P2010 改为 6，P2013 改为 4。

4. PLC 变量表设计

PLC 变量表设计如图 8–37 所示。

	名称	数据类型	地址
	起动运行	Bool	%M10.0
	自由停止	Bool	%M10.1
	紧急停止	Bool	%M10.2
	错误确认	Bool	%M10.3
	旋转方向	Bool	%M10.4
	输入频率	Real	%MD20
	比例值	Real	%MD24
	百分比	Real	%MD28

图 8–37　PLC 变量表设计（USS 通信控制变频器运行）

5. 画面设计

在人机界面画面中，绘制I/O域，用于频率值给定；绘制4个开关，分别控制变频器的起停、方向、紧急停止、自由停止；绘制1个按钮，用于错误确认，如图8–38所示。

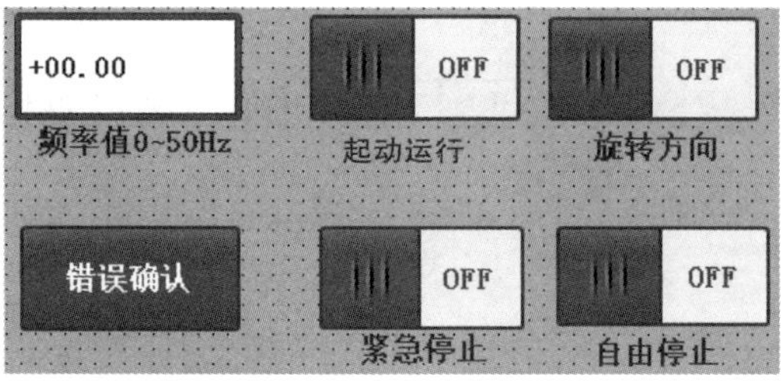

图8–38　触摸屏画面设计（USS通信控制变频器运行）

6. 频率值I/O域元素设计

在I/O域“属性”中，变量关联PLC变量的“输入频率”，将显示格式设置为“十进制”，格式样式为“s99.99”，精确到小数点后2位，如图8–39所示。

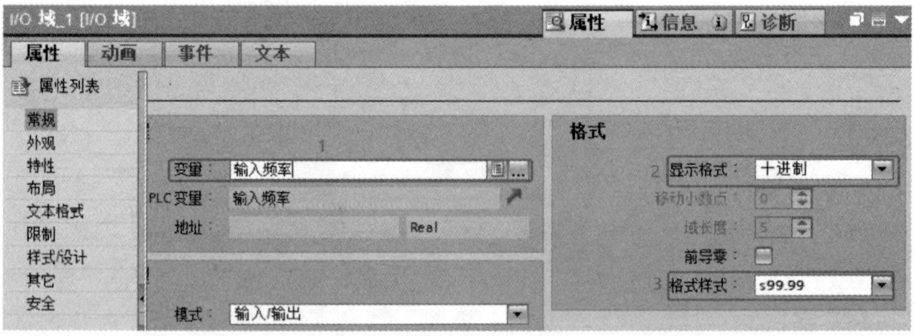

图8–39　I/O域属性（USS通信控制变频器运行）

设置完成后，在HMI变量表中设置范围为0~50。在左侧“项目树”已添加的HMI中，单击“HMI变量”→“显示所有变量”。找到HMI变量中的“输入频率”，右击选择“属性”，如图8–40所示。

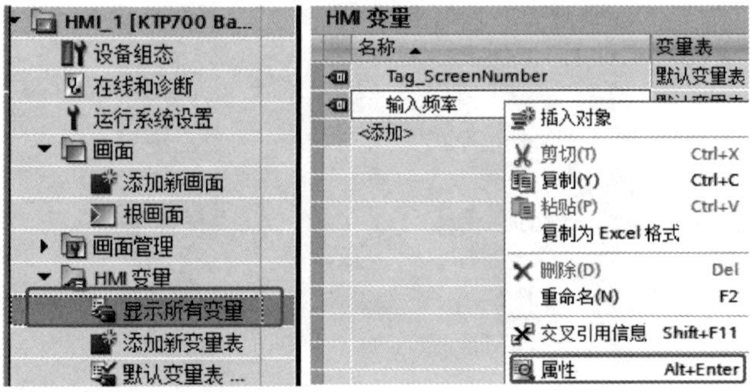

图8–40　HMI变量属性（USS通信控制变频器运行）

在输入频率“属性”中，对此变量设置范围为0~50，如图8–41所示。

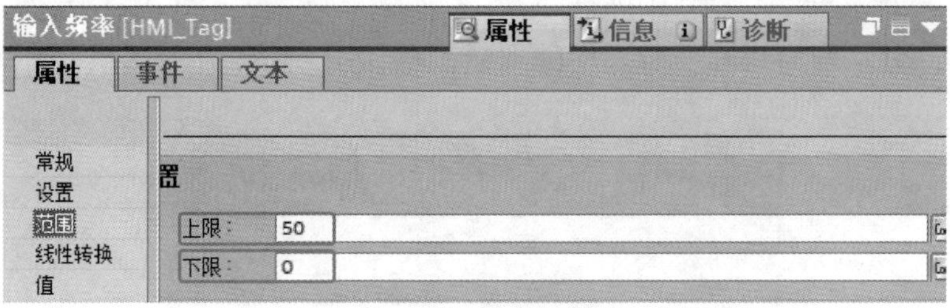

图8–41　I/O域值上限、下限（USS通信控制变频器运行）

7. 开关元素设计

在开关“属性”中，关联变量至PLC变量表中对应的变量，例如“起动运行”，如图8–42所示。

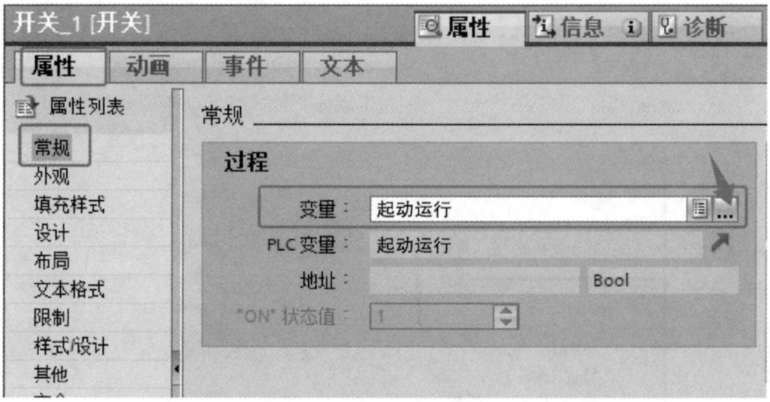

图8–42　开关属性设置（USS通信控制变频器运行）

关联变量后，在“属性”的“事件”选项卡中，设置“打开”“关闭”事件分别为“置位位”“复位位”，对象则是已关联的变量，例如“起动运行”开关的事件设置，如图8–43所示。其他开关均采用同样的方法设置事件。

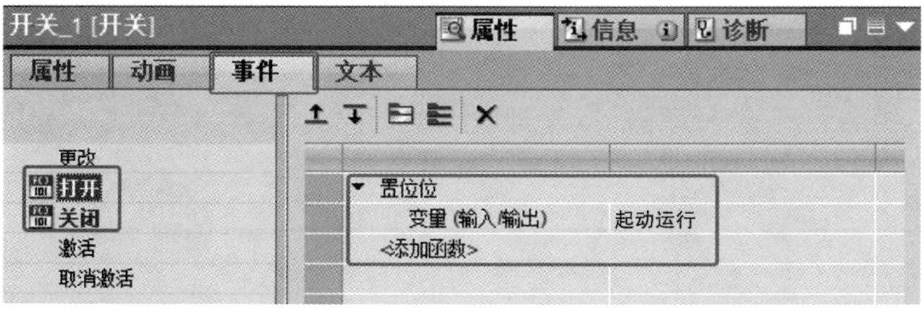

图8–43　开关的事件设置（USS通信控制变频器运行）

8. 按钮元素设计

在按钮“属性”的“事件”选项卡中，设置“按下”“释放”事件分别为“置位位”“复位位”，对象均为PLC变量表中的“错误确认”变量，如图8-44所示。

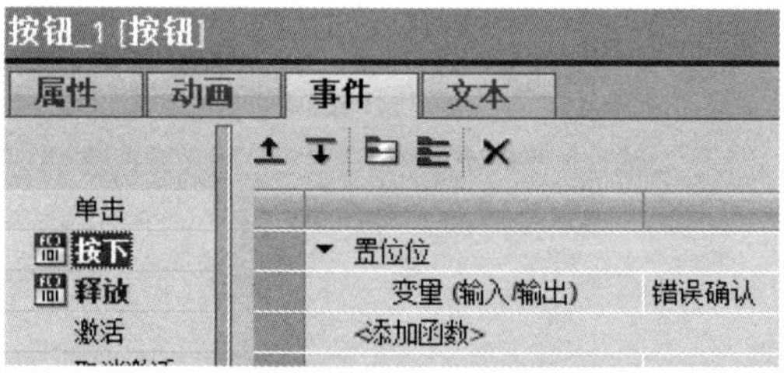

图8-44　按钮的事件设置（USS通信控制变频器运行）

9. PLC程序设计

USS_Port_Scan指令的PLC程序如图8-45所示，通信端口是CM1241的RS485端口，波特率是9600，控制程序是随后的USS_Drive_Control指令。

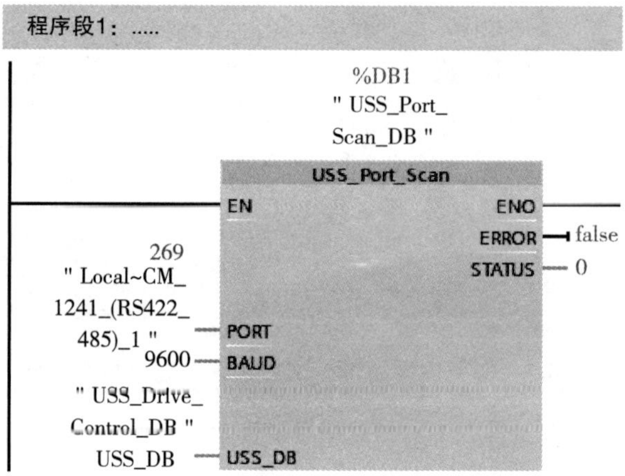

图8-45　PLC程序段1（USS通信控制变频器运行）

设置DIV、MUL四则运算指令，将触摸屏输入的0~50的频率值，转换成百分比值，如图8-46所示。

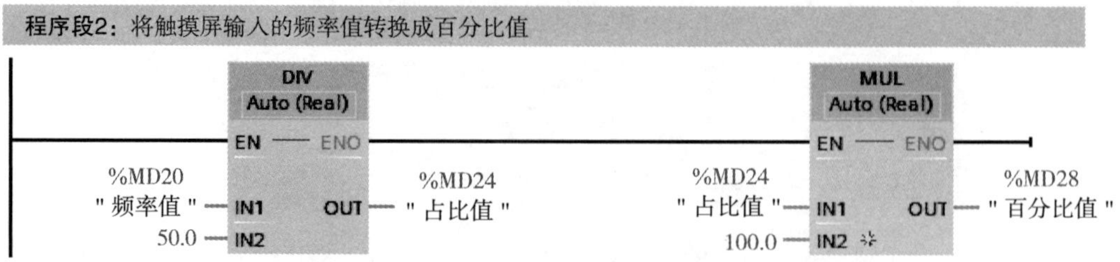

图8-46　PLC程序段2（USS通信控制变频器运行）

将相应的条件填入USS_Drive_Control控制指令，如图8-47所示。

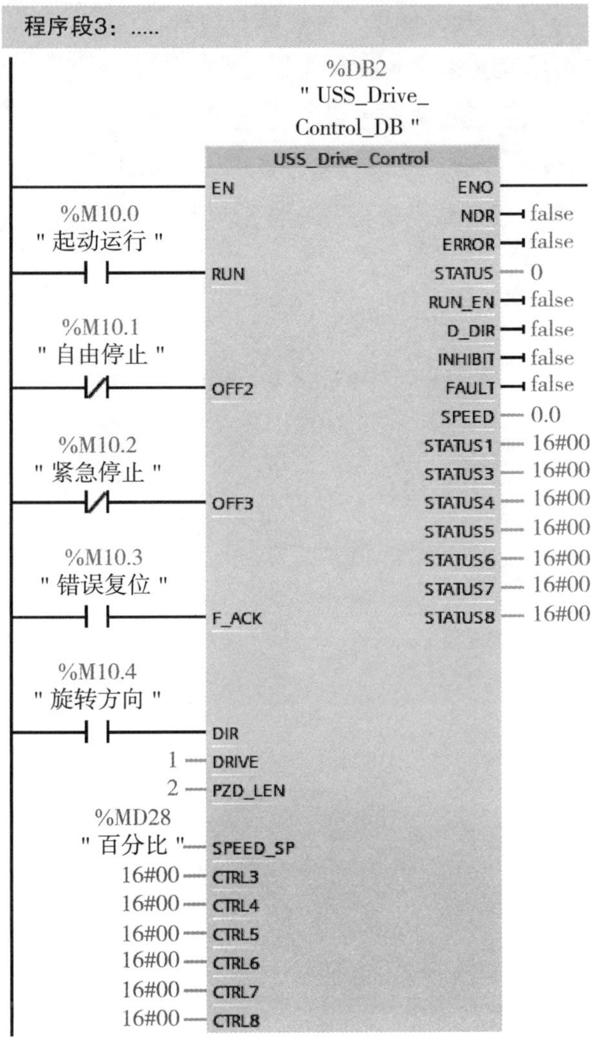

图8-47　PLC程序段3（USS通信控制变频器运行）

USS通信控制变频器运行

项目小结

变频器是电气控制中的一种常用的设备，通过变频器可以方便、迅速地调节三相电动机的运行频率。本项目讲解了变频器的面板控制、端口控制、模拟量控制、通信控制四种频率输出方式，以及PLC的接线和程序控制方式。

思考与练习

1. 变频器通过改变电动机的什么特性以达到调速的目的?
2. V20 变频器以什么形式的物理量来实现模拟量输入?
3. 如何将V20 变频器的访问级别设置成专家级?
4. 通过面板控制变频器的频率输出，应该将宏连接设置为多少?
5. 通过USS通信方式控制变频器的频率输出，应将变频器的什么端口连接到PLC?

参考文献

［1］赵春生.西门子S7-1200 PLC从入门到精通［M］.北京：化学工业出版社，2021.

［2］廖常初.S7-1200/1500 PLC应用技术［M］.北京：机械工业出版社，2018.

［3］李方圆.西门子S7-1200 PLC从入门到精通［M］.北京：电子工业出版社，2018.

［4］陈贵银，祝福.西门子S7-1200 PLC编程技术与应用工作手册式教程［M］.北京：电子工业出版社，2022.